国家出版基金项目
NATIONAL PUBLICATION FOUNDATION

"十三五"国家重点出版物出版规划项目

高超声速科学与技术丛书

高速飞行器的发动机排气系统

徐惊雷　莫建伟　于洋　顾瑞　编著

U0340740

国防工业出版社

·北京·

内 容 简 介

　　针对高超声速飞行器技术的发展对超燃冲压发动机和组合循环发动机排气系统的迫切需求,以及超声速高机动飞行器对高性能气动矢量喷管的特殊要求,本书首先介绍了相关的国内外研究现状和关键技术问题,然后以排气系统的设计方法、性能研究及实验验证为侧重点,循序渐进地介绍了常规的喷管型面设计方法、非对称喷管型面的缩短设计方法、考虑进口非均匀的非对称二元喷管设计技术、考虑化学非平衡效应的非对称二元喷管设计方法、考虑侧向膨胀的三维非对称喷管的二维设计方法、基于双向流线追踪的三维变截面喷管设计方法等,并且详细研究了过膨胀非对称喷管内的非定常分离现象及机理。在此基础上,以并联式涡轮基组合循环发动机排气系统为对象,给出了相关的设计方法、实验结果及气动性能参数。本书的最后研究了新型双喉道气动矢量喷管的设计方法和气动性能变化规律。本书所得设计方法和结果,可以为航空、航天相关的大专院校师生和研究院所的技术研究人员提供参考。

图书在版编目(CIP)数据

　　高速飞行器的发动机排气系统/徐惊雷等编著. ——
北京:国防工业出版社,2019.6
　　(高超声速科学与技术丛书)
　　ISBN 978 - 7 - 118 - 11786 - 8

　　Ⅰ. ①高… Ⅱ. ①徐… Ⅲ. ①高速度 – 飞行器 – 发动
机排气 – 排气系统 Ⅳ. ①V47

　　中国版本图书馆 CIP 数据核字(2019)第 121650 号

※

*国防工业出版社*出版发行
(北京市海淀区紫竹院南路 23 号　邮政编码 100048)
天津嘉恒印务有限公司印刷
新华书店经售

＊

开本 710×1000　1/16　印张 22　字数 415 千字
2019 年 6 月第 1 版第 1 次印刷　印数 1—1500 册　定价 138.00 元

(本书如有印装错误,我社负责调换)

国防书店:(010)88540777　　　发行邮购:(010)88540776
发行传真:(010)88540755　　　发行业务:(010)88540717

丛书编委会

序

　　高超声速飞行器是指在大气层内或跨大气层以马赫数 5 以上的速度远程巡航的飞行器,其巡航飞行速度、高度数倍于现有的飞机。以超燃冲压发动机为主的高超声速飞行器,其燃料比冲高于传统火箭发动机,能实现水平起降与重复使用,从而大大降低空间运输成本。高超声速飞行器技术将催生高超声速巡航导弹、高超声速飞机和空天飞机等新型飞行器的出现,成为人类继发明飞机、突破音障、进入太空之后又一个划时代的里程碑。

　　在国家空天安全战略需求牵引下,国家自然科学基金委员会分别于 2002 年、2007 年启动了"空天飞行器的若干重大基础问题""近空间飞行器的关键基础科学问题"两个重大研究计划,同时我国通过其他计划(如 863 计划、重大专项等),重点在高超声速技术领域的气动、推进、材料、控制等方面进行前瞻布局,加强中国航天航空科技基础研究,增强高超声速科学技术研究的源头创新能力,这些工作对我国高超声速技术的发展起到了巨大的推动和支撑作用。

　　由于航空航天技术涉及国防安全,美国航空航天学会(American Institute of Aeronautics and Astronautics, AIAA)每年举办的近 30 场系列国际会议大都仅限于美国本土举办。近年来,随着我国高超声速技术的崛起,全球高超声速业界都将目光聚焦中国。2017 年 3 月,第 21 届国际航天飞机和高超声速系统与技术大会首次在中国厦门举办,这也标志着我国已成为高超声速科学与技术领域的一支重要力量,受到国际同行高度关注。

　　高超声速技术作为航空和航天技术的结合点,涉及高超声速空气动力学、计算流体力学、高温气动热力学、化学反应动力学、导航与控制、电子信息、材料结构、工艺制造等多门学科,是高超声速推进、机体/推进一体化设计、超声速燃烧、热防护、控制技术、高超声速地面模拟和飞行试验等多项前沿技术的高度综合。高超声速飞行器是当今航空航天领域的前沿技术,是各航空航天强国激烈竞争的热点领域。近年来国内相关科研院所、高校等研究机构广泛开展了高超声速相关技术的研究,取得了一大批基础理论和工程技术研究成果,推动了我国高超声速科学技术的蓬勃发展。

在当前国际重要航空航天强国都在全面急速推进高超声速打击武器实用化发展的时代背景下,我国在老中青几代科研工作者的传承和发展下,形成了具有我国自主特色的高超声速科学技术体系,取得了举世瞩目的成果。从知识传承、人才培养和科技成果展示的视角,急需总结提炼我国在该领域取得的研究成果,"高超声速科学与技术丛书"的诞生恰逢其时。本套丛书的作者均为我国高超声速技术领域的核心专家学者,丛书系统地总结了我国近20年高超声速科学技术领域的理论和实践成果,主要包括进排气设计、结构热防护、发动机控制、碳氢燃料、地面试验、组合发动机等主题。

相信该丛书的出版可为广大从事高超声速技术理论和实践研究的科技人员提供重要参考,能够对我国的高超声速科研和教学工作起到较大的促进作用。

"高超声速科学与技术丛书"编委会

2018 年 4 月

前　言

　　高超声速技术在军事和经济上都具有重大的战略意义,是目前航空航天领域研究的尖端技术。其中推进系统是关键技术之一,而尾喷管是其重要部件,并且受发动机总体的约束较强。为了与飞行器后体实现一体化,尾喷管常常采用非对称的几何构型,这样不仅会影响整个发动机的推力性能,而且会影响飞行器的升力和俯仰力矩,特别是在跨宽马赫数范围工作时(以涡轮基组合循环(Turbine Based Combined Cycle,TBCC)发动机为代表),其影响更加显著。因此尾喷管气动型面的设计方法存在较大的困难。目前,相关的研究专著还不多。

　　作者课题组从 2000 年以来,开始关注超燃冲压发动机和组合循环发动机排气系统的发展,并且持续不断地开展了相关的研究,至今已经有 19 年。同时从 2008 年开始,针对高性能气动矢量喷管也开展了一些探索和研究。本书就是这些年来相关研究工作的一个阶段性的总结。

　　本书梳理了相关的国内外研究现状和关键技术问题,以排气系统的设计方法、性能研究及实验验证为重点,系统地介绍了非对称喷管型面的各种设计方法,分析了相关的非定常流动现象及机理,并且以并联式 TBCC 发动机排气系统为对象,给出了相关的设计方法及性能变化规律。作为补充,本书也给出了新型双喉道气动矢量喷管的设计方法和详细的气动性能变化规律。

　　本书主要内容取自课题组历届研究生的工作积累,并经过梳理、加工而成。其中:超燃冲压发动机非对称尾喷管的型面设计方法及 TBCC 发动机排气系统的设计与性能研究,主要是基于莫建伟的博士学位论文(2015 年);过膨胀非对称喷管内的流动分离机理与控制,主要来源于于洋的博士学位论文(2016 年);新型双喉道气动矢量喷管的内容主要来源于顾瑞的硕士学位论文(2014 年)。书中所涉及的其他研究生的工作,限于篇幅,此处不再一一列举。另外,对南京航空航天大学能源与动力学院张堃元教授、余少志副教授的指导和帮助致以诚挚的谢意。

　　本书工作得到了国家××中心、国家自然科学基金、国家国防科技工业局、中国燃气涡轮研究院、北京动力机械研究所、沈阳飞机设计研究所、国防科技大学、成都飞机设计研究所、北京航空航天大学、西北工业大学等单位的大力支持,在此一并表示感谢!

作者
2019 年 1 月

目　录

第1章 绪 论

1.1 研究背景和意义

高超声速技术一般是指飞行马赫数大于5、以吸气式发动机或组合循环发动机为动力、在大气层及跨大气层中实现高超声速远程飞行的技术。相关技术的不断进步,将促使高超声速巡航导弹、高超声速飞机和空天飞机等新型飞行器的出现,这在军事和经济上都具有重大的战略意义。高超声速技术不仅是一个国家科技与工业实力的体现,更是一个国家政治地位和军事力量的体现,因此高超声速技术成为世界各主要航空航天大国竞相研究的尖端技术之一。

超燃冲压发动机是高超声速飞行器的最佳动力选择。相比于火箭发动机,它可以直接从大气中捕获空气,无须自身携带氧化剂,因而航程更远,同时也不需要压气机、涡轮等旋转部件,可减小飞行器的结构复杂度,从而减轻重量,提高推重比。其作为高超声速技术的核心,已成为各国竞相研究的热点[1-6]。

自20世纪50年代超燃冲压发动机概念提出以来,各国都陆续制订了相应的高超声速飞行器研究计划或者国际合作计划。美国一直致力于高超声速技术的研究,从最早的空天飞机[7](图1.1)到国家空天飞机计划(NASP)[8],以及20世纪90年代之后实施的:高超声速技术(HyTech)/碳氢燃料超燃冲压发动机(Hyset)计划[9-11]、X-43A高超声速研究飞行器(Hyper-X)计划[12,13](图1.2)、高超声速行飞(HyFly)计划[14]、X-51A计划[15](图1.3)、猎鹰(FALCON)计划[16,17]等。同样,俄罗斯(苏联)也对高超声速飞行技术的研究有着极大的热忱,有多家单位一直在开展高超声速技术和基础理论的研究,也制订了一系列高超声速飞行器的研究计划,包括"冷"(Kholod)计划[18,19]、"鹰"计划[20](图1.4)和"彩虹"-D2计划[21]等。其他国家,如澳大利亚、法国、德国、日本、韩国等,也制订了一些国际合作计划来发展高超声速飞行器技术,主要包括高超声速发射(HyShot)计划[22](图1.5)、澳大利亚-美国高超声速合作试验(HyCAUSE)计划[23](图1.6)、高超声速国际飞行研究与试验(HiFire)计划[24,25]、吸气式高超声速推进联合应用研究

（JAPHAR）计划[26]、Promethee 计划[27]、LEA 计划[28]（图 1.7）、SANGER 计划[29]（图 1.8）等。

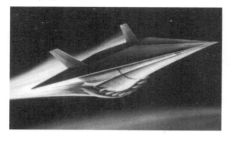

图 1.1　空天飞机

图 1.2　美国国家 Hyper－X 计划中航空航天局（NASA）的 X－43A 飞行器

图 1.3　美国 X－51A 计划飞行器

图 1.4　俄罗斯"鹰"计划飞行器示意图

图 1.5　HyShot 计划中的
HyShot－2 发射照片

图 1.6　HyCAUSE 计划试验装置

图 1.7　LEA 计划飞行器示意图

图 1.8　SANGER 计划飞行器模型图

　　经过 60 多年的不懈探索,超燃冲压发动机技术已经得到了快速的发展,并且从最初的概念和原理探索阶段步入到飞行演示验证阶段。在 1991 年 11 月 27 日,俄罗斯"冷"计划飞行器在飞行马赫数 5.6 的条件下,实现了超燃冲压发动机的工作模态,让人们对超燃冲压发动机的前景充满信心。美国作为超燃冲压发动机技术领先的国家,先后进行了多次以超燃冲压发动机为动力的高超声速飞行实验,其中 X - 43A 飞行器在 2004 年 3 月 27 日的第二次飞行实验中其超燃冲压发动机工作了近 10s,飞行速度接近 $Ma7$,同年 11 月 16 日,第三次飞行实验中其飞行马赫数达到了 9.6。之后,在 2010 年 5 月 26 日,X - 51A 飞行器通过"飞马"助推火箭加速到 $Ma4.8$,然后以碳氢燃料超燃冲压发动机为动力自主飞行,飞行时间超过了 140s,创下了以吸气式超燃冲压发动机为动力的飞行器的纪录。

　　总的来说,超燃冲压发动机的点火、燃烧、防热等关键技术已被基本突破,目前已进入飞行演示验证阶段,距离工程应用更近了一步,未来实现天地往返的高超声速飞行指日可待。然而,超燃冲压发动机必须在一定的飞行马赫数下才能起动工作,不能实现从地面起飞到高超声速的独立飞行。而现阶段已有成熟的涡轮发动机和火箭发动机均能完成在低飞行马赫数阶段的飞行,因此,可将涡轮、冲压和火箭三种发动机在各自任务段的优势进行组合,形成一种组合循环发动机,以实现从起飞到高超声速的自主飞行。

　　为此,研究者提出了涡轮基组合循环(TBCC)发动机、火箭基组合循环(Rocket Based Combined Cycle,RBCC)发动机及空气涡轮/火箭/冲压组合循环(ATR)发动机等几种组合循环动力系统概念(图 1.9)。其中 TBCC 发动机在低速段使用涡轮发动机提供动力,比利用火箭助推产生的比冲大一个数量级,能采用普通的燃料和润滑剂,具有更好的经济性[30-32]。另外,以 TBCC 为动力的飞行器能够实现水平起飞和着陆,可有效利用现有的飞机地面设施,从而大大减少发射费用和提高系统的安全性。因此,TBCC 组合动力系统具有很好的应用前景,各航空航天大国相继开展了许多关于 TBCC 技术发展的研究计划,如美国的革新涡轮发动机(RTA)计划[33]、日本的高超声速运输推进系统项目(HYPR)计划[34]和欧洲的长期先进的推进概念和技术(LAPCAT)计划[35]等。

　　对于乘波构型的高超声速飞行器而言,无论以 TBCC 还是 RBCC 作为动力,出于一体化的需要,飞行器的后体下表面通常与推进系统的尾喷管融合,成为尾喷管的一部分,这样就形成了非对称的尾喷管膨胀型面,即单边膨胀喷管(Single Expansion Ramp Nozzle,SERN)[37]。对于 TBCC 组合动力系统来说(图 1.10),由于其要在从起飞到高超声速飞行的宽马赫数范围内工作,尾喷管面临着多种复杂的工作环境和考验,例如:跨声速范围内严重过膨胀导致的推力下降;模态转换过程中推力、升力、力矩变化过大,导致飞行器的配平与控制的难题;涡轮/冲压发动机接

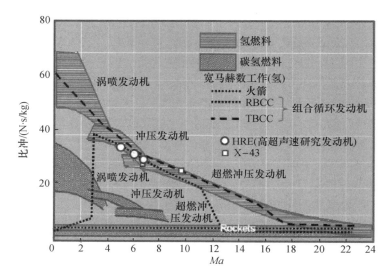

图 1.9　不同类型推进系统的效率[36]

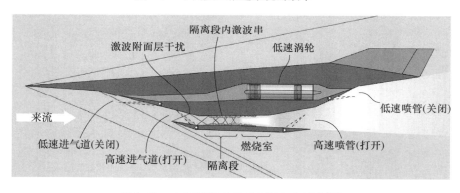

图 1.10　上下并联式 TBCC 概念飞行器[32]

力点附近的"推力陷阱"问题;高超声速飞行中超燃冲压发动机工作时喷管进口参数非均匀、流动非平衡造成的尾喷管性能损失;等等。而尾喷管又是动力系统产生净推力的主要部件,它对整个推进系统的性能影响很大。有关研究表明:在 *Ma*6 时,非对称膨胀喷管产生的推力占推进系统总推力的 70%[38]。另有研究表明:尾喷管的推力系数下降 1% 会造成安装净推力 4% 的下降[39]。因此,尾喷管的设计非常重要,其设计水平直接关系到动力系统的性能。特别是 TBCC 发动机排气喷管的设计,不仅要满足巡航点性能,而且要兼顾宽飞行马赫数内非设计点下尾喷管的性能,另外还要考虑尾喷管与燃烧室相容(图 1.11)、尾喷管与机体一体化(图 1.12)、尾喷管几何可调等问题,设计难度大,已成为组合循环发动机研究中所要解决的关键技术之一。可惜的是,在高超声速推进系统的研究中,尾喷管的研究通常都滞后于其他部件(如进气道、燃烧室)的研究,因此针对组合动力系统排气喷管设计开展详细的研究是非常必要和迫切的。

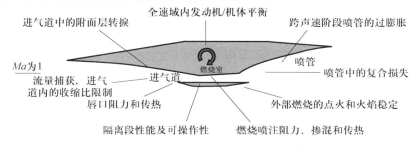

图 1.11 吸气式推进系统面临的问题[40]

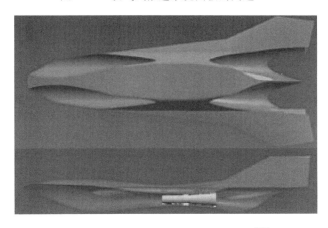

图 1.12 与机体一体化的三维内流道[41]

1.2 国内外研究现状

1.2.1 超燃冲压发动机非对称喷管研究现状

由于所采用的设计方法的难易程度不同,飞行器和发动机总体单位的几何约束不同,特别是由于超声速燃烧室与排气系统的相容设计以及飞行器后体/排气系统一体化设计的需求不同等,导致非对称喷管型面的设计方法也经历了二维喷管、三维喷管、进出口形状可定制、多通道并联等的发展过程。

1. 二元非对称喷管研究

随着各国针对高超声速技术的研究和相关计划的实施,超燃冲压发动机尾喷管的设计技术也得到了快速发展,主要航空航天大国都针对尾喷管进行了相关的设计方法、数值模拟、测量技术、冷热流风洞实验等研究。

其中美国由于实施了多项高超声速计划,相对而言对尾喷管的研究也最为充分。在早期的尾喷管设计方面:Nickerson 等[42]给出了二元最大推力喷管设计方法;Argrow[43]研究了最短长度喷管的设计方法。由于通常情况下获得均匀水平出口气流的理想等熵喷管很长,即使利用最短喷管理论,所获得的喷管仍然较长,很多情况下仍然不适合作为推力喷管。针对这个问题,1966 年 Gogish[44]提出了对截短后的理想喷管型面再进行线性缩短,来获得更短的喷管型面;Hoffman[45]发展了一种压缩型截短喷管的设计方法,设计结果表明压缩型截短喷管的性能与 Rao 喷管的差别非常小,表明压缩型截短理想喷管也是一种缩短喷管型面的好方法;Shyne 等[46]提供了另外一种截短喷管长度的方法,可在喷管性能损失较小的情况下大大缩短喷管长度;NASA 兰利(Langley)研究中心的 Edwards 等[47]对尾喷管与飞行器后体的一体化等问题进行了相关研究。

在尾喷管实验及测量方面:Harvey 等[48]研究了尾喷管壁面摩擦力的测量方法;洛克希德·马丁公司的 Baker 等[49]针对尾喷管的再层流化和气膜冷却进行了相应的实验研究,研究表明通过气膜冷却,能有效降低尾喷管下唇板的壁面温度;Sangiovanni 等[50]研究了液氢、空气化学反应对尾喷管性能的影响,指出与气体膨胀加速的冲量相比,化学反应贡献的冲量较小,但是不能忽略;麦道公司的 Spaid 等[51]对 NASP 计划中的尾喷管模型(图 1.13)进行了风洞实验研究,通过壁面的油流图谱、出口流场的纹影图(图 1.14)等方法获得了喷管的流场特性。针对过膨胀状态下尾喷管推力性能下降的问题,Gamble 等[52]采用计算流体动力学方法,研究了通过在下唇口注入二次流来产生斜激波,从而造成上膨胀面处的流动分离来改善 SERN 的过膨胀性能(图 1.15)。

图 1.13　NASP 计划尾喷管模型　　图 1.14　NASP 计划中尾喷管出口流场纹影

日本国家宇航实验室的 Mitani 等[53]对超燃冲压发动机尾喷管开展了数值模拟和冷热流实验研究;日本名古屋大学的 Kaneko 等[54]对高超声速飞行器尾喷管

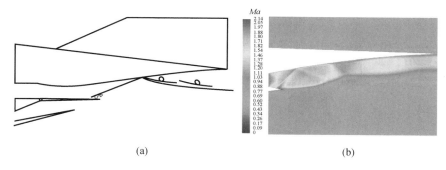

(a)   (b)

图 1.15　通过下唇板二次流改善喷管过膨胀
（a）二次流改变过膨胀；（b）对称面上马赫数云图。

内的非定常激波运动过程进行了数值模拟研究,对非定常激波结构、激波与边界层相互作用以及尾喷管的起动过程进行了详细研究;Araki 等[55]采用气动突片来抑制高超声速飞行器起飞时尾喷管的气动噪声,指出射流的穿透深度是减小气动噪声的最关键因素。

在法国高超声速推进计划（PREPHA）中,研究了高超声速飞行器后体/喷管的一体化设计技术[56],对尾喷管的长度、高度、进口气流角度、下唇板的长度和倾角、侧板的构型等对其性能的影响规律进行了参数化研究。

德国发动机及涡轮机联盟弗里德希哈芬股份有限公司（MTU）的 Goeing[57]给出了非对称喷管的设计方法,通过控制非对称因子,可以获得不同的非对称喷管构型。德国宇航中心的 Weisgerber 等[58]开展了高超声速喷管的热流实验研究,测量了尾喷管壁面的沿程压力和温度,并采用单脉冲光谱测量氮气的方法测量了尾喷管出口气流温度的振荡和畸变程度,指出热非平衡效应造成尾喷管推力下降了1% 左右;德国宇航中心的 Hirschen 等[59]采用压敏涂层、美国压力系统公司（PSI）压力扫描阀对尾喷管壁面压力进行了定量测量,并采用皮托管、纹影对尾喷管的尾流进行测量,风洞实验台和尾喷管模型等如图 1.16 ~ 图 1.18 所示;德国空气动力学研究所的 Meiss 等[60]采用大涡模拟（Large Eddy Simulations,LES）研究了尾喷管进口气流的边界层厚度、壁面温度、气体成分和唇板角度对尾喷管推力矢量的影响。在内外流相互干扰方面,Gruhn 等[61,62]通过设计下唇板外形来减小底阻,改善喷管性能,并进行了带外流的风洞实验（图 1.19）。

瑞典航空研究院对 HYTEXR - A$_3$ 喷管及后体的流场开展了研究[63],研究了流动化学反应、热非平衡、壁面催化、湍流模型等对尾喷管性能的影响。研究结果表明:相对于冻结流和平衡流,考虑化学反应后喷管有 5% 的推力增益;有限速率反应模型和平衡模型对喷管推力的预测相差了约 3% ;黏性造成了尾喷管 2% 的推力损失;不同的湍流模型对壁面摩擦和换热的计算结果影响较大,B - L 模型和

$k-\omega$模型对壁面摩擦力的预测相差 30%，换热效率相差 20% 左右。

图 1.16　实验现场

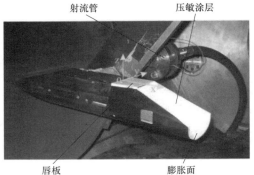

图 1.17　实验喷管模型

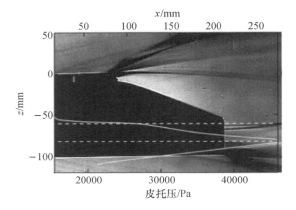

图 1.18　实验纹影照片

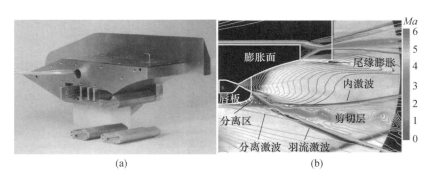

（a）　　　　　　　　　　　　（b）

图 1.19　通过下唇板外形设计改变喷管性能

（a）喷管模型；（b）实验和数值模拟对比。

　　近年来,国内也对冲压发动机尾喷管进行了大量的研究,在喷管的设计方法[64-67]、型面的优化设计[68-72]、冷流实验[73-75]、过膨胀状态下改善喷管性能的方案[73]、分离预测及分离准则[76]、喷管化学非平衡流动计算[77,78]等方面取得了一些很好的进展和成果。

　　但是也应该看到:上述研究均是在尾喷管进口参数均匀分布的假设下完成的,而在超燃冲压发动机实际工作中,无论是进气道中高速自由来流的激波系、隔离段内非对称激波串的振荡,还是燃烧室内空气与燃料的掺混、振荡燃烧等,均会造成喷管进口流场参数分布的非均匀。再加上超燃冲压发动机尾喷管没有几何喉道,无法像通常的拉瓦尔喷管那样对气流进行有效整流,因此尾喷管的进口气流具有较大的不均匀性(图 1.20)。在初期的研究中可以做出一些假设(如进口参数均匀、流动过程等熵等)以简化喷管的研究工作,但是随着研究工作的逐步深入,需要进一步挖掘尾喷管的性能,因此必须考虑真实进口非均匀以及流动非平衡工况下的尾喷管设计问题。

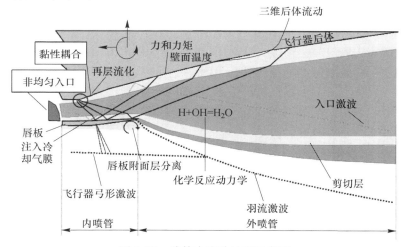

图 1.20　喷管中流动过程示意图

　　关于进口气流非均匀对超燃冲压发动机尾喷管气动性能的影响,国内外曾开展了有限的研究。Snelling[79]对高超声速飞行器尾喷管进口非均匀进行了数值模拟,认为进口非均匀使得飞行器的推力增加,整体力矩减小。Schindel[80]采用两股不同马赫数的射流模拟喷管的非均匀进口,与均匀进口气流等熵膨胀到相同环境压力,然后比较二者的出口动量大小,认为进口气流速度分布非均匀造成喷管推力性能的下降程度很小,一般不会超过 1%。Goel 等[81]用数值模拟研究了进口参数不同的非均匀分布形式对喷管性能的影响,表明喷管性能与进口非均匀分布形式有很大关系。Kushida 等[82]采用一维混合流的处理方法,估算得到非均匀进口对喷管造成的影响约为 1%。Ebrahimi 等[83]认为进口非均匀对喷管前段的压力分布有一定影响,并认为非均匀对喷管推力的影响不超过 2%。王晓栋等[84]采用数值模拟的方法研究了入口温度的非均匀分布对超燃冲压发动机尾喷管流场结构的影响,结果表明温度非均匀对喷管影响很小。全志斌等[85]就马赫数非均匀入口对尾喷管性能的影响进行了详细的实验与数值研究,结果表明非均匀进口造成了尾喷管推力性能下降、负升力显著增加及俯仰力矩明显减小。

上述研究结果都表明,尾喷管进口气流的非均匀对基于均匀参数设计的尾喷管流场结构、气动性能等会产生一定的影响,但是对影响程度和效果看法还不太一致,需要开展进一步研究。另外,能否在喷管的设计之初就考虑进口气流的非均匀性,从而获得与进口非均匀气流匹配的喷管型面,目前还没有相关的研究报道,相近的只有 NASA 兰利研究中心的 Gaffney[86]采用有旋特征线方法设计了考虑进口气流非均匀性的超声速风洞喷管。而关于考虑进口非均匀的非对称推力喷管的设计则还没有相关研究,但这对于真实进口条件下超燃冲压发动机尾喷管的性能研究又是迫切需要的。

2. 三元非对称喷管研究现状

为了便于进行模块化安装,当前主流的冲压发动机流道设计一般都采用矩形截面的构型。但是与圆形截面的相比,矩形截面构型也有许多不足,例如:不利于防热、隔热结构设计,高温高压情况下燃烧室的结构刚性不好,不利于燃料与空气来流的充分混合等。另外,矩形截面的湿面积大,产生的摩擦阻力也较大,在目前发动机净推力严重不足的背景下,尽可能减小摩擦阻力就具有非常重要的意义。

近年来,随着机体/推进系统一体化设计的重要性日益凸显,矩形转圆形/椭圆形的内转式进气道和圆形/椭圆形燃烧室的流道设计理念再次成为国际上的研究热点[87,88],采用这种流道不仅有利于提高超燃冲压发动机的气动和热结构性能,而且可有效减轻发动机的结构重量。为了与这些上游部件的超声速流场匹配,并且实现与后机体一体化,其喷管也不再是传统的二元或轴对称构型,而是圆形/椭圆形到复杂出口形状的三维空间曲面(图 1.21)。因此进出口形状都可控的非对称三维曲面推力喷管的设计面临新的挑战,不仅需要在满足飞行器几何约束的条件下实现进口到出口的复杂变截面设计问题,而且需要提供优异的气动性能。

国内外对这种带强几何约束的、进出口形状可以任意指定的三维非对称喷管还没有成熟的设计方法。最早 Thompson 等[89,90]曾采用变分的方法对进出口受约束的三维过渡喷管设计问题进行了研究(图 1.22),但是这种方法非常复杂,很难为一般科技工程人员理解和使用。现阶段设计这种受约束的三维喷管最常用的方法是用 CFD 并结合优化理论进行优化筛选。Wang 和 Damodaran 等[91-93]采用 CFD 结合模拟退火的优化方法对圆形转椭圆形的三维喷管过渡型面进行了一些优化分析。贺旭照等[94]通过参数化建模对高超声速飞行器三维后体尾喷管构型进行了多目标优化设计。卢鑫等[95]基于密切法做了一些尝试(图 1.23),但其对强约束条件下的三维非对称喷管设计存在一定的困难。总体而言,针对三维非对称尾喷管的设计方法很少,大多从优化层面开展设计研究,因此设计周期很长。但是随着圆形/椭圆形截面超燃燃烧室的不断应用,探索新的高超声速飞行器三维变截面非对称尾喷管设计方法是非常必要的。

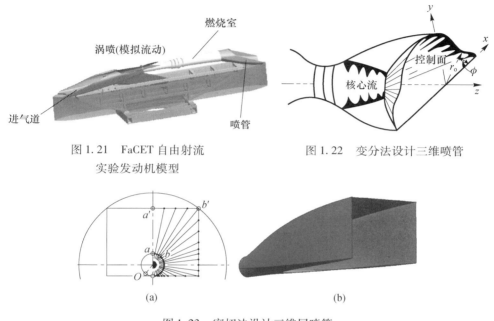

图 1.21　FaCET 自由射流　　　　图 1.22　变分法设计三维喷管
　　　　实验发动机模型

图 1.23　密切法设计三维尾喷管
(a)基准流场;(b)三维尾喷管。

1.2.2　TBCC 组合动力非对称喷管研究现状

根据涡轮和冲压两类发动机主要部件的布局,TBCC 可分为串联式和并联式布局。总体上,并联式布局不需要对现有成熟的涡轮发动机和冲压双模态燃烧室进行大的改进设计,研制难度较小,设计周期短。但是其设计难点主要在于飞/发一体化设计和进气、排气系统的设计。构成并联式 TBCC 发动机排气系统的基础仍然是非对称膨胀喷管,与一般的非对称尾喷管不同的是,TBCC 发动机排气系统由于要满足涡轮和冲压发动机不同的设计状态及工作要求,一般都采用双通道喷管(图 1.24),且由于工作的飞行马赫数涵盖了亚声速、跨声速、超声速、高超声速等很宽的范围,几何可调不可避免。另外,当涡轮发动机单独工作时,由于喷管过膨胀程度严重,可能还需要通过二次流来减缓过膨胀而导致的气流分离,以减小排气系统的底部阻力。因此如何寻求两个喷管通道最优的位置关系,以及如何确保TBCC 发动机排气系统在全包线宽工作范围内的综合性能最优等,都需要开展细致的研究。

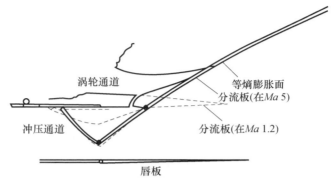

图 1.24　双通道 TBCC 发动机排气喷管构型

　　然而由于 TBCC 发动机排气系统研究的滞后性,从公开发表的文献情况来看,目前国内外专门针对并联式 TBCC 发动机排气系统的研究很少,大多是从总体角度对排气系统提出了要求。Bulman 等[96]认为推进系统的加速性对组合循环发动机的成败至关重要,以 $Ma0\sim7$ TBCC 发动机推进系统为例,在加速到 $Ma7$ 之前,飞过的航程不足整个航程的 18%,但是已经消耗掉 54% 的燃油(图 1.25),从而极大地限制了整个飞行器的巡航时间和巡航距离。因此,排气系统在加速阶段需要提供高效的推力性能。

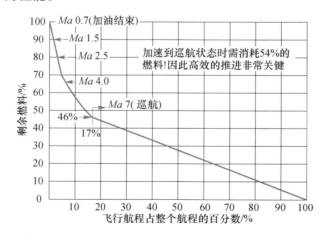

图 1.25　$Ma0\sim7$ 级 TBCC 发动机动力系统燃油消耗率

Dusa[97]讨论了 TBCC 发动机排气系统设计时可能遇到的问题,指出:TBCC 发动机排气喷管的工作压比范围很宽,必须几何可调才能保证较优的推力性能;发动机在冲压模态工作时,必须采取新的高效的冷却措施和结构设计,来降低排气系统的热负荷及气动载荷;可以通过喷管的引射效应来解决进气道溢流问题;等等。Espinosa[98]认为高超声速飞行器需要高度一体化的喷管以提升飞行器的性能,在 TBCC 发动机排气系统的设计过程中,低速喷管(涡喷发动机喷管)的设计必须尽可能减小其对高速排气喷管(冲压发动机喷管)的结构和性能的影响。另外,低速排气喷管需要与高速排气喷管实现高度的融合,可以转动中间分流板来调节涡喷发动机通道的喉道面积,喉道之前需要接一个圆转矩的转接段实现与涡喷发动机的过渡(图1.26)。当中间分流板向下转动时,在冲压发动机通道的出口会形成一个压缩拐角,因此中间分流板的铰接位置需要详细设计,以减少和下唇板所产生激波的相互干扰。

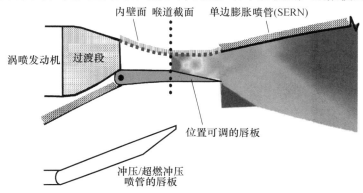

图 1.26 涡喷发动机喷管调节方式

Hinz 等[99]在论述 $Ma0 \sim 7$ 可重复使用组合循环动力系统设计所面临的挑战中,特别提到了排气系统所面临的两个问题:①低马赫数下的流动过膨胀使喷管推力性能下降(图1.27);②转级过程中进排气系统的力矩匹配(图1.28)。这些问题能否得到解决关系到 TBCC 发动机推进系统的设计成败,因此在排气系统的设计过程中需要重点考虑。

在并联式 TBCC 发动机排气系统流场及性能研究方面,Chang 等[100]用 CFD 初步研究了并联式 TBCC 发动机排气喷管的流场结构以及冲压和涡喷发动机通道相互干扰的问题,并对比了三维和二维计算结果。Lam[101]对几套不同构型的 TBCC 发动机排气系统在跨声速时的流场结构开展了数值模拟研究,发现喷管的过膨胀程度较大,造成推力性能恶化,并尝试通过偏斜唇口板的方法来改善推力性能,结果发现虽然轴向推力系数有所增加,但升力系数却有较大下降。针对跨声速飞行时排气喷管内的严重过膨胀问题,Gamble 等[52]在喷管下唇口引入二次流产生激

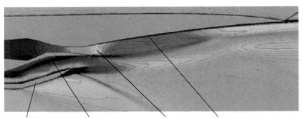

超燃冲压发动机　不工作的超燃冲压　涡轮发动机　过膨胀流场
排气系统膨胀面　发动机排气系统　排气系统

图 1.27　低马赫数下过膨胀

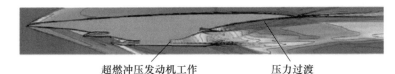

超燃冲压发动机工作　　　　　　压力过渡

图 1.28　转级过程

波,来改善喷管的推力特性,数值模拟结果表明该方法能够获得较好的效果。文献[102]介绍了引射对 TBCC 排气系统过膨胀性能改善的重要作用,以及引射系统参数对 TBCC 排气系统的影响,从而为引射系统的设计提供参考。同样在德国的 Sanger 项目中[103,104],Berens[105]通过在喷管上膨胀面注入二次流来改善喷管的推力和矢量特性,并通过数值模拟和实验进行了验证。

上述针对并联式 TBCC 排气系统的研究仍然比较有限,主要集中在排气系统流场数值模拟以及跨声速时排气系统性能改善等方面。而从前面 TBCC 发动机研究现状的分析中可以看到,排气系统的设计已经列为组合循环发动机研制的关键技术之一,其工作范围宽、内部流动复杂、可动部件多(图 1.29)、调节方式复杂[106],设计难度很大。此前还没有详细设计方法的相关报道,也没有转级过程、几何调节方案与调节规律等方面的研究,特别是缺乏相关的实验验证。因此针对 TBCC 排气系统的详细研究已经刻不容缓。

1.2.3　双喉道气动矢量喷管研究现状

早在 20 世纪 70 年代,为了满足战斗机的高机动性,提出了机械式矢量喷管技术。到了 90 年代,为了追求更低的喷管重量和更佳的隐身性能,又开始研究固定几何的气动矢量喷管技术。

经过 20 年的发展,气动矢量推力技术已经演化出四种主要的类型:激波矢量控制型(Shock Vectoring Control,SVC)、逆流型(Counter Flow)、喉道偏移型(Throat Shift)和双喉道型(Dual Throat Nozzle)。综合考虑各方面气动性能和典型战机的

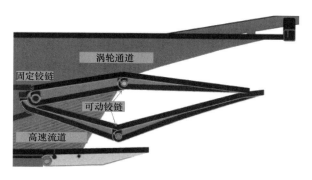

图 1.29 并联式 TBCC 排气喷管调节机构示意图

飞行包线范围,双喉道气动矢量喷管都很有应用前景。

2003 年,在 NASA 兰利研究中心的一份关于气动矢量喷管的总结报告中最先提出了双喉道气动矢量喷管的构型[107],如图 1.30 所示。该喷管是在喉道偏移法的基础上提出的,是一种二维的收敛 - 扩张 - 收敛喷管,有两个几何最小区域,称为"双喉道"。在两个最小区域之间形成一段空腔,射流注入点就设在上游几何喉道的附近,在该点注入非对称的二次流,使上游几何喉道附近的声速面发生偏移,引导主流产生非对称流场结构,并强迫气流在分离腔内形成二次回流区,导致该处的壁面压力降低,同时次流另一侧的空腔内壁面处充满了高压主流,迫使主流最终发生了较大的矢量偏转。在同年的一份技术报告中,NASA 兰利研究中心给出了 Deere 等[108] 采用数值模拟方法对二元双喉道喷管所做的参数化研究的结果:①上游喉道声速线的偏移不是使主流偏转的主要原因,控制凹腔内的流动分离才是获得较大矢量偏转角的关键;②为了获得较大的气动矢量偏转角可以通过设置较大的次流入射角和凹腔的收敛角;③上游喉道高度比下游喉道高度小可以获得较高的矢量偏转角,但同时推力系数会有所下降;④缩短凹腔的长度可以增加推力系数,同时也在一定程度上提高了推力矢量效率。

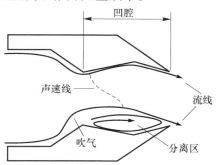

图 1.30 双喉道气动矢量喷管示意图[107]

2005 年，Deere 等[109]对双喉道气动矢量喷管做了更加系统的数值模拟研究，获得的主要研究结果如下：①容腔的扩张角大于 10° 后将对推力矢量效率不利，图 1.31 给出了不同容腔扩张角计算得到的推力矢量效率；②容腔的扩张角为 10° 时，计算和实验获得的各落压比下的矢量偏转角情况，如图 1.32 所示；③脉冲喷注次流与持续喷注次流的效果相当。Flamm 等[110]在同年首次对双喉道气动矢量喷管开展了模型风洞实验，如图 1.33 所示，实验的落压比范围为 2 ~ 10，在落压比 NPR = 4 的工况下最大矢量偏转角达到 15°，最大的矢量效率为 6.1° 每 1% 次流流率，对应的推力系数为 0.968。与该喷管的无矢量状态相比，由于矢量偏转导致的推力损失小于 0.5%。2006 年，Flamm 等[111]再次将数值计算和实验结果做了总结和整理，获得了双喉道气动矢量喷管与其他气动矢量喷管的性能对比，如图 1.34 所示，分别给出了推力系数和推力矢量效率的对比图，通过实验证明双喉道气动矢量喷管确实优于其他方式。

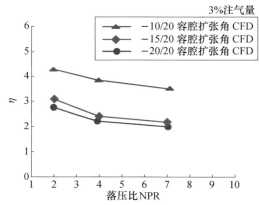

图 1.31　不同容腔扩张角推力矢量效率[109]

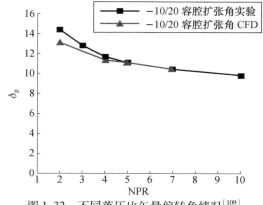

图 1.32　不同落压比矢量偏转角情况[109]

图 1.33 双喉道气动矢量喷管模型照片[110]

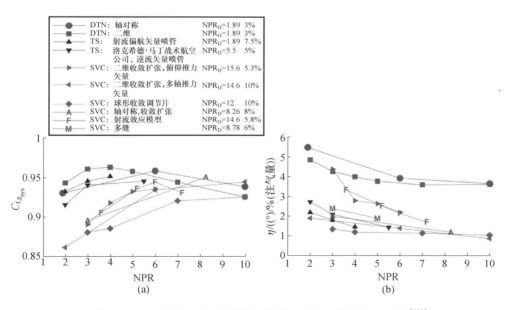

(a)

(b)

图 1.34 双喉道气动矢量喷管与其他形式的喷管性能对比图[111]
（a）推力系数；（b）推力矢量效率。

2007 年,Deere 等[112]开展了轴对称的双喉道气动矢量喷管的数值模拟研究,结果表明:沿周向 60°设置次流喷注口效果最佳,如图 1.35 所示;缩短凹腔长度可以提高推力系数和流量系数,但是同时也会降低推力矢量效率;喷管的膨胀面积比随着落压比的改变并不能提高推力矢量效率,如图 1.36 所示。同年,Flamm 等[113]开展了轴对称双喉道气动矢量喷管的模型实验,如图 1.37 所示,并提出了双喉道气动矢量喷管面积随喷管包线可调的技术方案,如图 1.38 所示。图 1.39 分别给出了各落压比情况下,实验与计算获得的矢量偏转角对比图,由图可见实验结果与 Deere 等[112] 的数值模拟结果一致。

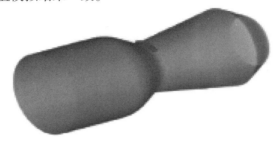

图 1.35　轴对称双喉道气动矢量喷管构型及次流喷注口示意图[112]

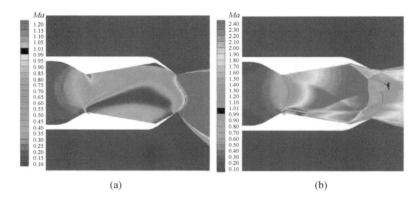

(a)　　　　　　　　　　　　(b)

图 1.36　不同上下游喉道面积比情况下的马赫数云图(NPR = 8,3% 次流流率)[112]

(a) $A_e/A_t = 1$；(b) $A_e/A_t = 1.7$。

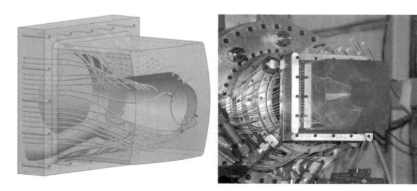

图 1.37　轴对称双喉道气动矢量喷管实验模型[113]

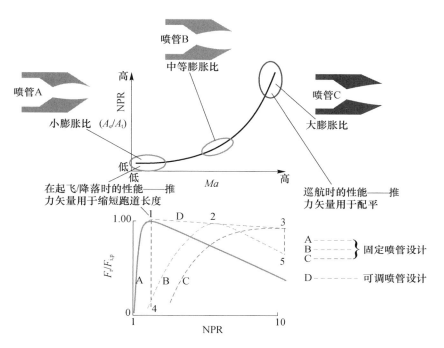

图 1.38 双喉道气动矢量喷管面积随喷管包线可调方案示意图[113]

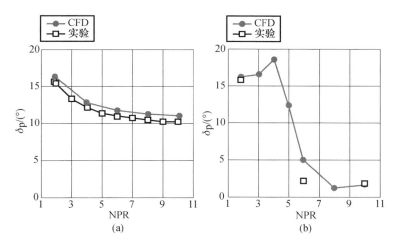

图 1.39 实验与计算获得的矢量偏转角对比图(3% 次流流率)[113]

(a) $A_e/A_t = 1$ 定几何喷管;(b) A_e/A_t 随 NPR 可调喷管。

2009 年,Bellandi 等[114]对双喉道气动矢量喷管进行了优化,在 NPR = 4、次流流率为 3% 情况下将矢量偏转角从原先公布的 13.5°优化至 24.5°,图 1.40 给出了数值模拟及实验结果。2010 年,Shin 等[115]再次利用数值模拟研究了次流流率0% ~10% 对双喉道气动矢量喷管性能的影响。结果表明:①次流流率增加至 5% ~6% 时矢量偏转角有较为明显的增加,进一步增加次流流率,矢量偏转角变化不大;②随着次流流率的增加,喷管的流量系数降低,会对发动机的工作带来较大影响。

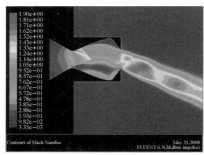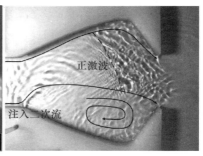

图 1.40   计算与实验获得的矢量偏转角对比图(3% 次流流率)[114]

我国的研究略晚于国外几年,在 2007 年,谭慧俊等[116]开展了二元双喉道气动矢量喷管的数值模拟工作,针对主流落压比为 4、次/主流压比为 1.08、次流流率为主流的 2.5% 的情况,进行了细致的计算。图 1.41 给出了矢量效率随各结构参数的变化曲线。研究结果表明:空腔长度、空腔扩张角、空腔收敛角、上游喉道高度等设计参数对双喉道射流矢量喷管的推力系数、矢量效率以及喷管的流态均有着显著影响。

2008 年,汪明生等[117]对双喉道气动矢量喷管的内流特性进行了研究,为了实现喷管在矢量状态和无矢量状态下都有较好的内流综合性能,建议设计参数为:落压比为 3 ~4,次流流率为 3% ,凹腔扩张角为 10°左右,收敛角为 20° ~30°,次流入射角度为 150°。

2009 年,卿太木等[118]对轴对称的双喉道气动矢量喷管进行了三维数值模拟研究,主要结果与 Flamm 等[110]一致。当喷管主流落压比固定时,随着次流落压比的升高,矢量偏转角增加,推力系数无明显变化,而流量系数则呈下降趋势。同年,周慧晨[119]为了增加高落压比下双喉道气动矢量喷管的有效矢量偏转角,在喷管后体对称增加了两个扩张段,通过实验证明该设计概念是可行的,但是当矢量射流附体于扩张段之后又将带来矢量偏转角切换过程的气动迟滞问题。

2011 年,额日其太等[120,121]针对 Deere 等[112]和 Flamm 等[113]提出的扩张型双喉道气动矢量喷管的起动问题进行了研究,并提出了在扩张段注气的方式来

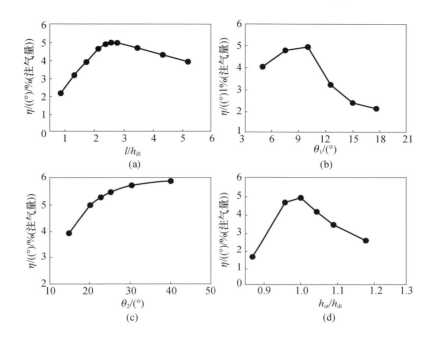

图 1.41 矢量效率随各结构参数的变化曲线[116]

（a）矢量效率随空腔长度的变化曲线；（b）矢量效率随空腔扩张角的变化曲线；
（c）矢量效率随空腔收敛角的变化曲线；（d）矢量效率随上游喉道高度的变化曲线。

改善喷管起动性能。图 1.42 给出了该喷管两种模型的压力等值线图。同年，李明[122] 基于当时的研究情况，为了避免对高压有源二次流的消耗，提出了两种基于"零质量"流动控制的方案，均产生了有效的矢量偏转角。其中的新型双喉道气动矢量喷管在 NPR = 2 的工况下，取得最大矢量偏转角 23°，稳定无振荡的偏转射流，图 1.43 和图 1.44 分别给出了 NPR = 2 时的流场密度云图和纹影照片。

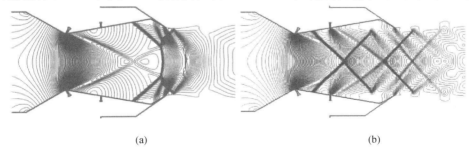

(a) (b)

图 1.42 扩张型双喉道气动矢量喷管压力等值线图（NPR = 4）[120]

（a）原始模型；（b）改进模型。

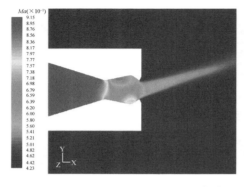

图 1.43　NPR = 2 时流场密度云图[122]

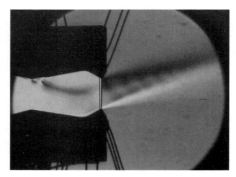

图 1.44　NPR = 2 时的纹影照片[122]

1.3　主要技术需求与关键问题

通过上述对排气系统的研究现状分析可以看到,国内外针对非对称尾喷管开展了一系列的研究工作,取得了一定的成效。但仍有许多尚待解决的问题,特别是针对非对称尾喷管设计方法的研究仍有一定的欠缺。然而,随着高超声速推进系统研究的进一步深入,对非对称尾喷管的设计又有了许多新的需求,例如:与燃烧室相容的、考虑真实喷管进口条件的非对称尾喷管设计方法;与飞行器机体高度一体化的三维非对称尾喷管设计方法;以并联式 TBCC 为代表的、组合循环发动机排气系统的设计方法及其结构实现;可调排气系统的动态响应特性及其调节规律;其包线范围内的流动特性和风洞实验验证;等等。

对双喉道气动矢量喷管而言,10 余年间已经获得了可喜的成绩,但是离工程实际应用还有较大差距。相关发动机总体单位迫切关注着如下几个问题:①双喉道气动矢量喷管需要额外的高压或者低压气源作为矢量偏转角控制的动力源,从国内外的报告中看,一般需要耗费 3% ~ 5% 的主流流量作为二次流,这对于发动机总体性能的提高显然是不利的;②目前常规的双喉道气动矢量喷管在较高落压比下的矢量偏转角较小,如在落压比为 10 时的矢量偏转角一般只有 10° 左右;③现在国内外尚未对矢量调节过程中的过渡态响应特性展开过详细的研究;④军用发动机喷管有巡航状态和加力状态两种工况,因此发动机流量会随工作状态的不同而变化,如何实现流量的有效调节,上述问题值得进一步深入研究。

参考文献

[1] Curran E T, Murthy S N B. Scramjet propulsion, progress in astronautics and aeronauties[R]. Reston:AIAA,

2000.

［2］ Kazmar R R. Hypersonic propulsion at pratt & whitney – overview［C］. AIAA 2005 – 3256, Reston：AIAA,2005.

［3］ Serre L, Falempin F. PROMETHEE：the French Military Hypersonic Propulsion Program Status in 2002［C］. AIAA 2002 – 5246, Reston：AIAA,2002.

［4］ Kobayashi S. Japanese spaceplane program overview［C］. AIAA 95 – 6002,Reston：AIAA,1995.

［5］ 刘陵. 超音速燃烧与超音速燃烧冲压发动机［M］. 西安：西北工业大学出版社,1993.

［6］ 刘英姿. 国外高超音速飞行器研制动态［J］. 飞航导弹,1998（7）：11 – 16.

［7］ Anon. Aspects of the aerospace plane［J］. Flight International, 1964（2）：36 – 37.

［8］ Tank M H. National Aero – Space Plane（NASP）program［R］. NASA – N91 – 28214, Washington：NASA,1991.

［9］ Boudreau A H. Status of the U. S. Air Force HyTech program［C］. AIAA 2003 – 6947, Reston：AIAA,2003.

［10］ Mercier R A,Ronald T M F. Hypersonic Technology（HyTech）program overview［C］. AIAA 98 – 1566, Reston：AIAA,1998.

［11］ Norris R B. Freejet test of the AFRL Hyset scramjet engine model at Mach 6. 5 and 4. 5［C］. AIAA 2001 – 3196, Reston：AIAA,2001.

［12］ Holland S D, Woods W C, Engelund W C. Hyper – X research vehicle experimental aerodynamics test program overview［J］. Journal of Spacecraft and Rockets, 2001,38（6）：121.

［13］ Marshall L A, Corpening G P. A chief engineer's view of the NASA X – 43A scramjet flight test［C］. AIAA 2005 – 3332, Reston：AIAA,2005.

［14］ Feolsche R O, Leylegian J C, Betti A A, et al. Progress on the development of a freeflight atmospheric scramjet test technique［C］. AIAA 2005 – 3297, Reston：AIAA,2005.

［15］ Rondeau C M, Jorris T R. X – 51A scramjet demonstrator program：waverider ground and flight test［R］. AD – A593742, 2013.

［16］ Walker S H. FALCON hypersonic technology overview［C］. AIAA 2005 – 3253, Reston：AIAA,2005.

［17］ Walker S H, Tang M, Hamilton B A, et al. FALCON HTV – 3X a reusable hypersonic test bed［C］. AIAA 2008 – 2544, Reston：AIAA,2008.

［18］ Bouchez M, Roudakov A S, Kopchenov V I, et al. French – russian analysis of kholod dual – mode ramjet flight experiments［C］. AIAA 2005 – 3320, Reston：AIAA,2005.

［19］ Roudakov A S, Semenov V L, Hicks J W. Recent flight test results of the joint CIAM – NASA Mach 6. 5 scramjet flight program［R］. NASA/TP – 1998 – 206548, Washington：NASA,1998.

［20］ Kislykh V V, Kondratov A A, Semenov V L. The program for the complex investigation of the Hypersonic Flight Laboratory（HFL）'IGLA' in the PGU of TSNIIMASH［C］. AIAA 2001 – 1875, Reston：AIAA,2001.

［21］ Sacher P W, Zellner B. Flight testing objectives for small hypersonic flight test vehicles featuring a ramjet engine［C］. AIAA 95 – 6014, Reston：AIAA,1995.

［22］ Hass N E, Smart M K, Paul A. Flight data analysis of HyShot – 2［C］. AIAA 2005 – 3354, Reston：AIAA,2005.

［23］ Walker S, Rodgers F, et al. HyCAUSE flight test program［C］. AIAA 2008 – 2580, Reston：AIAA,2008.

［24］ Jackson K R, Gruber M R, Barhorst T F. The HIFiRE flight 2 experiment：An overview and status update［C］. AIAA 2009 – 5029, Reston：AIAA,2009.

[25] Smart M K, Suraweera M V. HIFiRE 7 – development of a 3 – D scramjet for flight testing[C]. AIAA 2009 – 7259, Reston: AIAA, 2009.

[26] Eggers T, Novell P, Haupt M. Design of the japhar experimental vehicle for dual mode Ramjet demonstration [C]. AIAA 2001 – 1921, Reston: AIAA, 2001.

[27] Falempin F, Serre L. Promethee the french millitary hypersonic propulsion program[C]. AIAA 2003 – 6950, Reston: AIAA, 2003.

[28] Falempin F, Serre L. French flight testing program LEA status in 2009[C]. AIAA 2009 – 7227, Reston: AIAA, 2009.

[29] Hogenauer E, Koelle D. SANGER The german aerospace vehicle program[C]. AIAA – 89 – 5007, Reston: AIAA, 1989.

[30] Snyder L E, Escher D W. Turbine Based Combination Cycle (TBCC) propulsion subsystem integration[C]. AIAA – 2004 – 3649, Reston: AIAA, 2004.

[31] Kelly M J, Menich R P, Olds J R. What's cheaper to fly: rocket or TBCC? Why? [C]. AIAA 2010 – 2326, Reston: AIAA, 2010.

[32] McDaniel J C, Chelliah H, Goyne C P. US national center for hypersonic combined cycle propulsion: an over-view[C]. AIAA 2009 – 7280, Reston: AIAA, 2009.

[33] Bartolotta P A, McNelis N B, Shafer D G. High speed turbines: development of a Turbine Accelerator (RTA) for space access 2003[C]. AIAA 2003 – 6943, Reston: AIAA, 2003.

[34] Miyagi H, Kishi K, Kimura H, et al. Combined cycle engine research in Japanese HYPR program[C]. AIAA 98 – 3728, Reston: AIAA, 1998.

[35] Steelant J. Achievements obtained for sustained hypersonic flight within the LAPCAT project[C]. AIAA 2008 – 2578, Reston: AIAA, 2008.

[36] McClinton C R. High speed/hypersonic aircraft propulsion technology development[R]//In advances on pro-pulsion technology for high – speed aircraft (pp. 1 – 32). Educational Notes RTO – EN – AVT – 150, Brus-sels: NATD, 2008.

[37] McDaniel J C, Chelliah H, Goyne C, et al. US National Center for Hypersonic Combined Cycle Propulsion: an overview[C]. AIAA 2009 – 7280, Reston: AIAA, 2009.

[38] Edwards C L Q, Small W J, Weidner J P, et al. Studies of scramjet/airframe integration techniques for hyper-sonic aircraft[C]. AIAA 75 – 58, Reston: AIAA, 1975.

[39] Lederer R, Kruger W. Nozzle develpment as a key for hypersonics [C]. AIAA 93 – 5058, Reston: AIAA, 1993.

[40] Van Wie D M, D'Alessio S M, White M E. Hypersonic airbreathing propulsion[J]. Johns Hopkins APL Tech-nical Digest, 2005, 26(4):430 – 437.

[41] Siebenhaar A, Bogar T J. The impact of round combustors on TBCC propulsion and hypersonic cruise vehicles [C]. AIAA 2006 – 7986, Reston: AIAA, 2006.

[42] Nickerson G R, Dunn S S. Optimized supersonic exhaust nozzles for hypersonic propulsion[C]. AIAA 88 – 3161, Reston: AIAA, 1988.

[43] Argrow B M. Comparison of minimum length nozzles[J]. Journal of Fluids Engineering, 1988, 110(3):283 – 288.

[44] Gogish L V. A study of short supersonic nozzles[J]. Fluid Dynamics, 1966, 1(2):175 – 180.

［45］ Hoffman J D. Design of compressed truncated perfect nozzles［C］. AIAA － 85 － 1172, Reston:AIAA,1985.

［46］ Shyne R J, Keith T G. Jr. Analysis and design of optimized truncated scarfed nozzles subject to external flow effects［C］. AIAA 90 － 2222, Reston:AIAA,1990.

［47］ Edwards C L Q, Small W J, Weidner J P, et al. Studies of scramjet/airframe integration techniques for hypersonic aircraft［C］. AIAA 75 － 58, Reston:AIAA,1975.

［48］ Harvey W D, Clark F L. Measurements of skin friction on the wall of a hypersonic nozzle［J］. AIAA Journal, 1972,10(9):1256 － 1258.

［49］ Baker N R, Northam G B, et al. Evaluation of scramjet nozzle configuration and film cooling for reduction of wall heating［C］. AIAA 93 － 0744, Reston:AIAA,1993.

［50］ Sangiovanni J J, Barber T J. Role of hydrogen/air chemistry in nozzle performance for a hypersonic propulsion system［J］. Journal of Propulsion and Power, 1993,9(1):78.

［51］ Spaid F W, Keener E R. Experimental results for a hypersonic nozzle/afterbody flow field［C］. AIAA 92 － 3915, Reston:AIAA,1992.

［52］ Gamble E, Haid D. Improving off － design nozzle performance using fluidic injection［C］. AIAA 2004 － 1206, Reston:AIAA,2004.

［53］ Mitani T, Tani K, et al. Experimental validation of scramjet nozzle performance［C］. AIAA 92 － 3290, Reston:AIAA,1992.

［54］ Kaneko M, Men'shov I, Nakamura Y. Numerical study of unsteady shock waves in hypersonic nozzle flows［C］. AIAA 2002 － 3118, Reston:AIAA,2002.

［55］ Araki M, Fukuda M, Kojima T, et al. Effect of local parameters on skin － friction coefficient in hypersonic air-breathing engines［J］. Journal of Propulsion and Power, 2012,28(1):3.

［56］ Perrier P, Rapuc M, Rostand P, et al. Nozzle and afterbody design for hypersonic airbreathing vehicles［C］. AIAA 96 － 4548, Reston:AIAA,1996.

［57］ Goeing M. Nozzle design optimization by method － of － characteristics［C］. AIAA 90 － 2024, Reston:AIAA,1990.

［58］ Weisgerber H, Fischer M. Experimental analysis of the flow of exhaust gas in a hypersonic nozzle［C］. AIAA 98 － 1600, Reston:AIAA,1998.

［59］ Hirschen C, Gülhan A, Beck W H, et al. Experimental study of the interaction between internal and external flows of a scramjet nozzle using various diagnostic techniques［C］. AIAA 2007 － 5088, Reston:AIAA,2007.

［60］ Meiss J H, Meinke M, Schroder W. Numerical investigation to enhance the thrust vector of a scramjet nozzle［C］. AIAA 2011 － 2346, Reston:AIAA,2011.

［61］ Gruhn P, Henckels A, Sieberger G. Improvement of the SERN nozzle performance by aerodynamic flap design［J］. Aerospace Science and Technology, 2002(6):395 － 405.

［62］ Gruhn P, Henckels A, Kirschstein S. Flap contour optimization for highly integrated SERN nozzles［J］. Aerospace Science and Technology, 2000(4):555 － 565.

［63］ Gronland T A, Cambier J L. Sensitivity to physical modeling for nozzle/afterbody flowfields［C］. AIAA 96 － 4547, Reston:AIAA,1996.

［64］ 张艳慧,徐惊雷,张堃元. 超燃冲压发动机非对称喷管设计点性能［J］. 推进技术,2007,28(3): 282 － 286.

［65］ 全志斌,徐惊雷,莫建伟. 单边膨胀喷管膨胀型面的非线性缩短设计［J］. 推进技术,2012,33(6):

951 – 955.

[66] 赵强,徐惊雷,于洋. 基于膨胀度可控的 SERN 设计及实验验证[J]. 航空学报,2014,35(1):125 – 131.

[67] 郝东兴,王占学. 下斜板可调的单边膨胀斜面喷管型面设计和流场模拟[J]. 机械设计和制造,2009(12):8 – 10.

[68] 陈兵,徐旭,蔡国飚. 二维超燃冲压发动机尾喷管优化设计[J]. 推进技术,2002,23(5):433 – 437.

[69] 贺旭照,张勇,汪广元,等. 高超声速飞行器单壁膨胀喷管的自动优化设计[J]. 推进技术,2007,28(2):148 – 151.

[70] 车竞,唐硕. 高超声速飞行器后体/尾喷管一体化设计[J]. 飞行力学,2006,24(3):74 – 77.

[71] 曹德一,李椿萱. 高超声速飞行器尾喷管的优化设计[J]. 北京航空航天大学学报,2007, 33(10):1162 – 1165.

[72] 黄伟,罗世彬,王振国. 超燃冲压发动机尾喷管构型参数灵敏度分析[J]. 推进技术,2009,30(6):691 – 695.

[73] 张堃元,张荣学,徐辉. 非对称大膨胀比喷管研究[J]. 推进技术,2001,22(5):380 – 382.

[74] 晏至辉. 超燃冲压发动机尾喷管仿真和实验研究[D]. 长沙:国防科学技术大学,2005.

[75] 谭杰,金捷,杜刚,等. 过膨胀单边膨胀喷管实验和数值模拟[J]. 推进技术,2009,30(3):292 – 296.

[76] 葛建辉,徐惊雷,王明涛,等. 非对称喷管流动分离的预测[J]. 航空学报,2012,31(8):1394 – 1399.

[77] 王新月,杨振鹏,王彦青. 化学非平衡流动对超燃冲压发动机尾喷管性能的影响[J]. 航空动力学报,2009, 24(5):1022 – 1027.

[78] 程诚,覃粒子,刘宇. 基于支板燃烧室的喷管化学非平衡效应[J]. 北京航空航天大学学报,2013, 39(1):1 – 6.

[79] Snelling S L. Effect of nonuniform entrance flow profile on hypersonic nozzle pitching moment[Z]. AD – A244 050,1991.

[80] Schindel L. Effect of nonuniform nozzle flow on scramjet performance[J]. Journal of Propulsion and Power, 1998, 15(2):363 – 364.

[81] Goel P. Barson S L,Halloran S D. Effect of combustor flow nonuniformity on the perforance of hypersonic nozzles[R]. AGARD Hypersonic combined cycle proplusion,1990.

[82] Kushida R,Falconer F,Seiveno D. Advanced Air Breathing Engine Study[Z]. AD – 0355503, 1964.

[83] Ebrahimi H B,Lankford D W. Numerical study of phenomena affecting the prediction of scramjet combustor and nozzle performance[C]. AIAA – 93 – 20142,Reston:AIAA,1993.

[84] 王晓栋,乐嘉陵. 入口温度剖面对喷管流场结构的影响[J]. 推进技术,2002, 23(4):283 – 286.

[85] 全志斌,徐惊雷,李斌,等. 超燃冲压发动机尾喷管非均匀进口的冷流实验与数值模拟研究[J]. 航空学报, 2013,34(10):2308 – 2315.

[86] Gaffney R L Jr. Design of a Mach – 15 total – enthalpy nozzle with non – uniform inflow using rotational MOC [C]. AIAA – 2005 – 691,Reston:AIAA,2005.

[87] Bulman M J,Siebenhaar A. The rebirth of round hypersonic propulsion[C]. AIAA 2006 – 5035, Reston: AIAA,2006.

[88] Beckel S A,Garrett J L,Gettinger C G. Technologies for robust and affordable scramjet propulsion[C]. AIAA – 2006 – 7980, Reston:AIAA,2006.

[89] Thompson H D,Murthy S N B. Design of optimized three – dimensional nozzles[J]. Journal of Spacecraft, 1966,3(9):1384 – 1393.

[90] Snyder L E, Thompson H D. Three – dimensional thrust nozzle design for maximum axial thrust[J]. AIAA Journal,1971,9(10) :1891 – 1892.

[91] Wang X, Damodaran M. Optimal three – dimensional nozzle shape using CFD and parallel simulated annealing [J]. J. Propulsion, 2015,18(1) :217 – 221.

[92] Xing X Q, Damodaran M. Design of three – dimensional nozzle shape using NURBS, CFD and hybrid optimization strategies[C]. AIAA Paper 2004 – 4368,Reston:AIAA,2004.

[93] Xing X Q, Damodaran M. Design of three – dimensional nozzle shapes using hybrid optimization techniques [C]. AIAA Paper 2004 – 26,Reston:AIAA,2004.

[94] 贺旭照,倪虹礼,周正,等. 吸气式高超声速飞行三维后体尾喷管优化设计[J]. 推进技术,2009,30 (6) :687 – 690.

[95] 卢鑫,岳连捷,肖雅彬,等. 超燃冲压发动机三维变截面尾喷管设计[C]//第三届高超声速科技学术会议. 无锡:中国力学学会,2010.

[96] Bulman M J, Siebenhaar A. Combined cycle propulsion:aerojet innovations for practical hypersonic vehicles [C]. AIAA 2011 – 2397,Reston:AIAA,2011.

[97] Dusa D J. Exhaust nozzle system design considerations for turboramjet propulsion systems[R] ISABE 89 – 7077,Bedfordshire:ISABE,1989.

[98] Espinosa A M. Integration of turbine engines in hypersonic airbreathing vehicles[C]. AIAA 2003 – 4408,Reston:AIAA,2003.

[99] Hinz W W, King J M. Aeropropulsion design challenges for Mach 7 reusable combined – cycle flight demonstrator[J]. Technology Review Journal, 2006,Fall/Winter: 14 – 28.

[100] Chang I,Hunter L G. Over – under nozzle CFD study and comparison with data[C]. AIAA 94 – 2949,Reston:AIAA,1994.

[101] Lam D W. Use of the PARC code to estimate the off – design transonic performance of an over/under turboramjet nozzle[C]. AIAA 95 – 2616,Reston:AIAA,1995.

[102] Beylich A E. Performance of a hypersonic twin – nozzle system[J]. AIAA Journal, 1996,34(5) :953 – 960.

[103] Krammer P, Hietmeir F, Bissinger N, et al. German hypersonics technology program, propulsion technology – status[C]. AIAA Paper 93 – 5094,Reston:AIAA,1993.

[104] Hirschel E H. Aerothermodynamics and propulsion integration in the sänger technology programme[C]. AIAA Paper 91 – 5041, Reston:AIAA,1991.

[105] Berens T. Experimental and numerical analysis of a two – duct nozzle/afterbody model at supersonic Mach Numbers[C]. AIAA Paper 95 – 6085,Reston:AIAA,1995.

[106] Gamble E J, Haid D. Hydraulic and kinematic system model for TBCC dynamic simulation[C]. AIAA 2010 – 6641,Reston:AIAA,2010.

[107] Deere K A. Summary of fluidic thrust vectoring research conducted at NASA Langley research center[C]. AIAA 2003 – 3800,Reston:AIAA,2003.

[108] Deere K A, Berrier B L, Flamm J D. Computational study of fluidic thrust vectoring using separation control in a nozzle[C]. AIAA 2003 – 3803,Reston:AIAA,2003.

[109] Deere K A,Berrier B L. A computational study of a dual throat fluidic thrust vectoring nozzle concept[C]. AIAA 2005 – 3502,Reston:AIAA,2005.

[110] Flamm J D,Deere K A, Berrier B L. An experimental study of a dual throat fluidic thrust vectoring nozzle con-

cept[C]. AIAA 2005 – 3503,Reston:AIAA,2005.

[111] Flamm J D, Deere K A, Mason M L, et al. Design enhancements of the two – dimensional, dual throat fluidic thrust vectoring nozzle concept[C]. AIAA 2006 – 3701,Reston:AIAA,2006.

[112] Deere K A, Flamm J D, Berrier B L, et al. Johnson computational study of an axisymmetric dual throat fluidic thrust vectoring nozzle for a supersonic aircraft application[C]. AIAA 2007 – 5085,Reston:AIAA,2007.

[113] Flamm J D,Deere K A,Berrierand Johnson S K. Experimental study of an axisymmetric dual throat fluidic thrust vectoring nozzle concept for supersonic aircraft application [C]. AIAA 2007 – 5084, Reston: AIAA,2007.

[114] Bellandi E G,Slippey A J. Preliminary analysis and design enhancements of a dual – throat FTV Nozzle concept[C]. AIAA 2009 – 3900,Reston:AIAA,2009.

[115] Shin C S, Kim H D, Setoguchi T. A computational study of thrust vectoring control using dual throat nozzle [J]. Journal of Thermal Science, 2010 , 19(6):486 – 490.

[116] 谭慧俊,陈智. 二元双喉道射流推力矢量喷管的数值模拟研究[J]. 航空动力学报,2007,22(10):1678 – 1686.

[117] 汪明生,杨平. 双喉道推力矢量喷管的内流特性研究[J]. 推进技术,2008,29(5):566 – 572.

[118] 卿太木,廖华琳,朱川. 轴对称双喉道流体控制矢量喷管三维数值模拟[J]. 燃气涡轮实验与研究,2009,22(3):14 – 18.

[119] 周慧晨. 一种矢量增强型双喉道射流矢量喷管的数值模拟及实验验证研究.[D]南京:南京航空航天大学,2009.

[120] 王健,额日其太. 扩张段注气对扩张型双喉道喷管起动的影响研究[J]. 航空工程进展, 2011,2(3):318 – 329.

[121] 额日其太,邓双国. 扩张型双喉道喷管的流动特性和起动方法[J]. 北京航空航天大学学报, 2011,37(3):320 – 324.

[122] 李明. 双喉道气动矢量喷管特性研究[D]. 南京:南京航空航天大学,2011.

第2章　喷管流动的基础理论

2.1　广义一维定常流的基本方程组

2.1.1　几个制约因素在基本方程中的数学表示

广义一维定常流是指在一维定常流动中有几个因素同时对流动起制约作用（图 2.1）。为了推导广义一维定常流的基本方程组，先分别写出每个制约因素将在哪些基本方程中出现及其数学表示形式[1]。

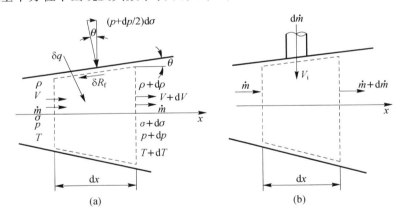

图 2.1　在广义一维管流中取开口系统示意图

1. 变截面管流

根据连续性方程有

$$\dot{m} = \rho V \sigma = 常数 \tag{2.1}$$

其微分形式为 $\mathrm{d}\dot{m} = 0$，即

$$\frac{\mathrm{d}\rho}{\rho} + \frac{\mathrm{d}V}{V} + \frac{\mathrm{d}\sigma}{\sigma} = 0 \tag{2.2}$$

对于面积为 σ 的非圆截面管道,可以转换为当量圆截面计算,由此定义水力学直径为

$$D = \frac{4\sigma}{C_w} \tag{2.3}$$

式中　C_w——非圆截面的周长,称为润湿周长。

2. 摩擦管流

长为 dx 的一段管壁对气流的摩擦力 δR_f 的大小为

$$\delta R_f = \tau_w C_w dx / \cos\theta$$

δR_f 在 x 轴上的投影为

$$\delta R_{fx} = \delta R_f \cos(\pi - \theta) = -\tau_w C_x dx \tag{2.4}$$

式中　τ_w——壁面剪切应力,可以表示为

$$\tau_w = f \frac{1}{2} \rho V^2 \tag{2.5}$$

式中　f——摩擦阻力系数(无量纲量)。

利用式(2.3)和式(2.5),δR_{fx} 可表示为

$$\delta R_{fx} = -\frac{1}{2} \rho V^2 \frac{4f}{D} \sigma dx \tag{2.6}$$

对图 2.1(a)所示的开口系统列出动量方程,有

$$\dot{m}(V + dV)(\sigma + d\sigma) - \dot{m}V\sigma$$

$$= -(p + dp)(\sigma + d\sigma) + p\sigma + \left(p + \frac{dp}{2}\right)d\sigma + \delta R_{fx}$$

略去高阶项,简化得

$$VdV = -\frac{dp}{\rho} - \frac{2fV^2}{D}dx \tag{2.7}$$

3. 加热管流

设 δq 和 $\dot{q}$ 分别表示对开口系统内的单位质量气体的加热量和加热率,又设 $\dot{Q}$ 为对开口系统内气体的总加热率,则有

$$\delta q = \dot{q} dx / V \tag{2.8}$$

$$\dot{Q} = \rho \dot{q} \sigma dx = \rho V \sigma \delta q \tag{2.9}$$

现对图示开口系统写出能量方程,有

$$(\rho + d\rho)\left[\left(e + \frac{V^2}{2}\right) + d\left(e + \frac{V^2}{2}\right)\right](V + dV)(\sigma + d\sigma) - \rho\left(e + \frac{V^2}{2}\right)V\sigma$$

$$= -(p + \mathrm{d}p)(V + \mathrm{d}V)(\sigma + \mathrm{d}\sigma) + pV\sigma + \dot{Q}$$

略去高阶小量,代入式(2.9),上式简化为

$$\mathrm{d}\left(e + \frac{V^2}{2} + \frac{p}{\rho}\right) = \delta q$$

利用焓的定义 $h = e + p/\rho$,于是一维定常加热流的能量方程(微分形式)为

$$\mathrm{d}\left(h + \frac{V^2}{2}\right) = \delta q \qquad (2.10)$$

也可写成积分形式:

$$h_2 + \frac{V_2^2}{2} = h_1 + \frac{V_1^2}{2} + \Delta q \qquad (2.11)$$

4. 简单添质流

设添质流 $\mathrm{d}\dot{m}$ 垂直于主流方向 x,且添质流和主流属同一气体,热力学变量也彼此等值,例如 $p = p_i, \rho = \rho_i, T = T_i, c_p = c_{p_i}$,此处下标"$i$"表示添质流的变量。

由于添质作用,连续性方程、动量方程和能量方程都要重新推导。

(1)连续性方程为

$$\dot{m}(x) = \rho V \sigma \neq 常数 \qquad (2.12)$$

其微分形式为

$$\frac{\mathrm{d}\dot{m}}{\dot{m}} = \frac{\mathrm{d}\rho}{\rho} + \frac{\mathrm{d}V}{V} + \frac{\mathrm{d}\sigma}{\sigma} \qquad (2.13)$$

(2)动量方程。对图示开口系统列出动量方程:

$$(\dot{m} + \mathrm{d}\dot{m})(V + \mathrm{d}V) - \dot{m}V = -(p + \mathrm{d}p)(\sigma + \mathrm{d}\sigma) + p\sigma + \left(p + \frac{\mathrm{d}p}{2}\right)\mathrm{d}\sigma$$

由此简化得

$$V\mathrm{d}V = -\frac{\mathrm{d}p}{\rho} - V^2\frac{\mathrm{d}\dot{m}}{\dot{m}} \qquad (2.14)$$

(3)能量方程。对图示开口系统列出能量方程:

$$(\dot{m} + \mathrm{d}\dot{m})\left[\left(h + \frac{V^2}{2}\right) + \mathrm{d}\left(h + \frac{V^2}{2}\right)\right] - \dot{m}\left(h + \frac{V^2}{2}\right) = \left(h_i + \frac{V_i^2}{2}\right)\mathrm{d}\dot{m}$$

由此简化得

$$\mathrm{d}\left(h + \frac{V^2}{2}\right) = -(h_0 - h_{0i})\frac{\mathrm{d}\dot{m}}{\dot{m}} \qquad (2.15)$$

式中　$h_0 = h + V^2/2$;

$$h_{0i} = h_i + V_i^2/2。$$

它们分别表示主流和添质流的总焓。如果主流和添质流具有相等的总焓值，则添质作用对能量方程没有影响。

2.1.2 广义一维定常流的基本方程组

前面已经导出了单个制约因素在有关基本方程中的数学表示，这样，不难把它们叠加在一起，组成广义一维定常流的基本方程组。

（1）连续性方程。由式（2.12）和式（2.13）给出：

$$\dot{m}(x) = \rho V \sigma \tag{2.16}$$

由此得

$$\frac{\mathrm{d}\dot{m}}{\dot{m}} = \frac{\mathrm{d}\rho}{\rho} + \frac{\mathrm{d}V}{V} + \frac{\mathrm{d}\sigma}{\sigma} \tag{2.17}$$

（2）动量方程。由式（2.7）和式（2.14）给出：

$$\mathrm{d}p + pV^2\frac{\mathrm{d}V}{V} + \rho V^2\frac{2f}{D}\mathrm{d}x + \rho V^2\frac{\mathrm{d}\dot{m}}{\dot{m}} = 0 \tag{2.18}$$

对于热完全气体，式（2.18）可化为包含 Ma 的形式。已知 $\rho = \gamma p/a^2$，其中 $\gamma = \gamma(T)$，因此，有

$$\rho V^2 = \gamma p Ma^2 \tag{2.19}$$

于是动量方程在这条件下化为

$$\frac{\mathrm{d}p}{p} + \gamma Ma^2\left[\frac{\mathrm{d}V}{V} + 2f\frac{\mathrm{d}x}{D} + \frac{\mathrm{d}\dot{m}}{\dot{m}}\right] = 0 \tag{2.20}$$

（3）能量方程。由式（2.10）和式（2.15）给出：

$$\mathrm{d}\left(h + \frac{V^2}{2}\right) = \delta q - (h_0 - h_{0i})\frac{\mathrm{d}\dot{m}}{\dot{m}} \tag{2.21}$$

或写成

$$\mathrm{d}\left(h + \frac{V^2}{2}\right) = \mathrm{d}h_0$$

其中

$$\delta q - (h_0 - h_{0i})\frac{\mathrm{d}\dot{m}}{\dot{m}} = \mathrm{d}h_0 \tag{2.22}$$

对于量热完全气体，能量方程可写成包含 Ma 的形式。现推导如下：已知 $\mathrm{d}h = c_p\mathrm{d}T, \mathrm{d}h_0 = c_p\mathrm{d}T_0, c_pT = \gamma RT/(\gamma - 1) = a^2/(\gamma - 1)$，把这些关系式代入式（2.21）

中,再同除以 $c_p T$,经整理得

$$\frac{\mathrm{d}T}{T} + (\gamma - 1)Ma^2\frac{\mathrm{d}V}{V} - \frac{\mathrm{d}T_0}{T} = 0 \tag{2.23}$$

但

$$\frac{\mathrm{d}T_0}{T} = \frac{\mathrm{d}T_0}{T_0} \cdot \frac{T_0}{T} = \left(1 + \frac{\gamma - 1}{2}Ma^2\right)\frac{\mathrm{d}T_0}{T_0}$$

利用绝热流动关系,最终适用于量热完全气体的能量方程为

$$\frac{\mathrm{d}T}{T} + (\gamma - 1)Ma^2\frac{\mathrm{d}V}{V} - \left(1 + \frac{\gamma - 1}{2}Ma^2\right)\frac{\mathrm{d}T_0}{T_0} = 0 \tag{2.24}$$

(4)气体热状态方程。对于热完全气体,有

$$p = \rho RT \tag{2.25}$$

或

$$\frac{\mathrm{d}p}{p} - \frac{\mathrm{d}\rho}{\rho} - \frac{\mathrm{d}T}{T} = 0 \tag{2.26}$$

以上给出了广义一维定常流的基本方程组,这个方程组包括四个独立的方程。只要给定各个制约因素的有关量:$\mathrm{d}\sigma/\sigma$、$4f/D$、δq、$(T_0 - T_{0i})\mathrm{d}\dot{m}/\dot{m}$,再给定边界条件,则从基本方程组就可确定四个物理量:V、p、ρ、T。但是对于这种具有普遍意义的方程,是得不出解析解的,只能利用数值方法来求解。

2.1.3　流动特性参数的微分关系式

为了便于探讨几个制约因素对管道流动的各特性参数的影响,并给出管道流动参数变化的计算公式,需要以广义一维定常流的基本方程组为基础,导出各个流动参数与几个制约因素以及马赫数之间的关系。

先把适用于量热完全气体的基本方程组重列如下:

$$\frac{\mathrm{d}\dot{m}}{\dot{m}} = \frac{\mathrm{d}\rho}{\rho} + \frac{\mathrm{d}V}{V} + \frac{\mathrm{d}\sigma}{\sigma}$$

$$\frac{\mathrm{d}p}{p} + \gamma Ma^2\left[\frac{\mathrm{d}V}{V} + 2f\frac{\mathrm{d}x}{D} + \frac{\mathrm{d}\dot{m}}{\dot{m}}\right] = 0$$

$$\frac{\mathrm{d}T}{T} + (\gamma - 1)Ma^2\frac{\mathrm{d}V}{V} - \left(1 + \frac{\gamma - 1}{2}Ma^2\right)\frac{\mathrm{d}T_0}{T_0} = 0$$

$$\frac{\mathrm{d}p}{p} - \frac{\mathrm{d}\rho}{\rho} - \frac{\mathrm{d}T}{T} = 0$$

根据马赫数定义:

$$Ma^2 = V^2/a^2 = V^2/\gamma RT$$

取对数,再微分,得

$$\frac{\mathrm{d}V}{V} = \frac{\mathrm{d}Ma}{Ma} + \frac{1}{2}\frac{\mathrm{d}T}{T} \tag{2.27}$$

将式(2.27)代入式(2.20)和式(2.24),有

$$\frac{\mathrm{d}p}{p} + \frac{\gamma Ma^2}{2}\frac{\mathrm{d}T}{T} + \gamma Ma^2\frac{\mathrm{d}Ma}{Ma} + \gamma Ma^2\frac{2f}{D}\mathrm{d}x + \gamma Ma^2\frac{\mathrm{d}\dot{m}}{\dot{m}} = 0 \tag{2.28}$$

$$\frac{\mathrm{d}T}{T} = \frac{\mathrm{d}T_0}{T_0} - \frac{(\gamma-1)Ma^2}{1 + \dfrac{\gamma-1}{2}Ma^2} \cdot \frac{\mathrm{d}Ma}{Ma} \tag{2.29}$$

总压的微分变量为

$$\frac{\mathrm{d}p_0}{p_0} = \frac{\mathrm{d}p}{p} + \frac{\gamma Ma^2}{\left(1 + \dfrac{\gamma-1}{2}Ma^2\right)} \cdot \frac{\mathrm{d}Ma}{Ma} \tag{2.30}$$

在喷气推进问题中,要用到冲量函数,对于任意截面,它定义为

$$F = p\sigma + \dot{m}V = p\sigma\left(1 + \frac{\rho V^2}{p}\right) = p\sigma(1 + \gamma Ma^2) \tag{2.31}$$

对式(2.31)取对数,再微分,得

$$\frac{\mathrm{d}F}{F} = \frac{\mathrm{d}p}{p} + \frac{\mathrm{d}\sigma}{\sigma} + \frac{2\gamma Ma^2}{1 + \gamma Ma^2} \cdot \frac{\mathrm{d}Ma}{Ma} \tag{2.32}$$

熵方程为

$$\frac{\mathrm{d}s}{c_p} = \mathrm{d}\left[\ln\left(\frac{T}{p^{\frac{\gamma-1}{\gamma}}}\right)\right] = \frac{\mathrm{d}T}{T} - \frac{\gamma-1}{\gamma} \cdot \frac{\mathrm{d}p}{p} \tag{2.33}$$

以上导出了八个独立的微分方程,即式(2.17)、式(2.26)~式(2.30)、式(2.32)和式(2.33)。其中包含八个流动特性参数的微分变量,即 $\mathrm{d}p/p$、$\mathrm{d}V/V$、$\mathrm{d}\rho/\rho$、$\mathrm{d}T/T$、$\mathrm{d}Ma/Ma$、$\mathrm{d}p_0/p_0$、$\mathrm{d}F/F$、$\mathrm{d}s/c_p$,又包含了四个制约因素的微分变量,即 $\mathrm{d}\sigma/\sigma$、$4f\mathrm{d}x/D$、$\mathrm{d}T_0/T_0$、$\mathrm{d}\dot{m}/\dot{m}$。于是可以把这四个制约因素取为自变量,而把八个流动特性参数作为因变量,来求解这八个联立的微分方程组。好在这些微分方程都是线性的,因而可采用解联立线性代数方程组的办法,解出用这四个自变量的函数表示的每一个因变量,其结果见表2.1。

表 2.1 量热完全气体广义一维定常流动的影响系数

影响系数	$\dfrac{\mathrm{d}\sigma}{\sigma}$	$4f\dfrac{\mathrm{d}x}{D}$	$\dfrac{\mathrm{d}T_0}{T_0}$	$\dfrac{\mathrm{d}\dot{m}}{\dot{m}}$
$\dfrac{\mathrm{d}p}{p}$	$\dfrac{\gamma Ma^2}{1-Ma^2}$	$-\dfrac{\gamma Ma^2\left[1+(\gamma-1)Ma^2\right]}{2(1-Ma^2)}$	$-\dfrac{\gamma Ma^2\left(1+\dfrac{\gamma-1}{2}Ma^2\right)}{1-Ma^2}$	$-\dfrac{2\gamma Ma^2\left(1+\dfrac{\gamma-1}{2}Ma^2\right)}{1-Ma^2}$
$\dfrac{\mathrm{d}V}{V}$	$-\dfrac{1}{1-Ma^2}$	$\dfrac{\gamma Ma^2}{2(1-Ma^2)}$	$\dfrac{1+\dfrac{\gamma-1}{2}Ma^2}{1-Ma^2}$	$\dfrac{1+\gamma Ma^2}{1-Ma^2}$
$\dfrac{\mathrm{d}\rho}{\rho}$	$\dfrac{Ma^2}{1-Ma^2}$	$-\dfrac{\gamma Ma^2}{2(1-Ma^2)}$	$-\dfrac{1+\dfrac{\gamma-1}{2}Ma^2}{1-Ma^2}$	$-\dfrac{(\gamma+1)Ma^2}{1-Ma^2}$
$\dfrac{\mathrm{d}T}{T}$	$\dfrac{(\gamma-1)Ma^2}{Ma^2}$	$-\dfrac{\gamma(\gamma-1)Ma^4}{2(1-Ma^2)}$	$\dfrac{(1-\gamma Ma^2)\left(1+\dfrac{\gamma-1}{2}Ma^2\right)}{1-Ma^2}$	$-\dfrac{(\gamma-1)Ma^2(1+\gamma Ma^2)}{1-Ma^2}$
$\dfrac{\mathrm{d}Ma}{Ma}$	$-\dfrac{\left(1+\dfrac{\gamma-1}{2}Ma^2\right)}{1-Ma^2}$	$\dfrac{\gamma Ma^2\left(1+\dfrac{\gamma-1}{2}Ma^2\right)}{2(1-Ma^2)}$	$\dfrac{(1+\gamma Ma^2)\left(1+\dfrac{\gamma-1}{2}Ma^2\right)}{2(1-Ma^2)}$	$\dfrac{(1+\gamma Ma^2)\left(1+\dfrac{\gamma-1}{2}Ma^2\right)}{1-Ma^2}$
$\dfrac{\mathrm{d}p_0}{p_0}$	0	$-\dfrac{\gamma Ma^2}{2}$	$-\dfrac{\gamma Ma^2}{2}$	$-\gamma Ma^2$
$\dfrac{\mathrm{d}F}{F}$	$\dfrac{1}{1+\gamma Ma^2}$	$-\dfrac{\gamma Ma^2}{2(1+\gamma Ma^2)}$	0	0
$\dfrac{\mathrm{d}s}{c_p}$	0	$\dfrac{(\gamma-1)Ma^2}{2}$	$1+\dfrac{\gamma-1}{2}Ma^2$	$(\gamma-1)Ma^2$

现在来说明表 2.1 的表示方法。表中第一列的八个参数为待定的因变量,而表中的第一行是给定的制约因素,属于自变量,在每个因变量与自变量所对应的格子中列出了马赫数的函数,这是自变量的系数,称为影响系数。若写成等式,则每个因变量等于四个自变量分别乘上对应的影响系数后取其和。

2.2 特征线理论简介[2]

超声速喷管设计大都是基于特征线理论。特征线定义为这样一种曲线,沿着这种曲线可以把偏微分方程变为全微分方程。从严格数学观点来看,穿过特征线,物理参数是连续的,但是物理参数的导数可以是不连续的。在超声速流场中,马赫线就是特征线。

现在应用特征线法的一般理论给出一种用于分析定常二维、平面的与轴对称的无旋超声速流场的数值方法。应用特征线理论,流动控制方程可以由偏微分方程转化为特征线方程和相容方程。控制可压缩流体的定常二维、平面和轴对称无旋流动的气体动力学方程及无旋条件如下:

$$
\begin{cases}
(u^2 - a^2)u_x + (v^2 - a^2)v_x + 2uvu_y - \delta a^2 v/y = 0 \\
u_y - v_x = 0
\end{cases}
\tag{2.34}
$$

特征线方程为

$$
\left(\frac{\mathrm{d}y}{\mathrm{d}x}\right)_\pm = \lambda_\pm = \tan(\theta \pm \alpha)
\tag{2.35}
$$

相容方程为

$$
(u^2 - a^2)\mathrm{d}u_\pm + (2uv - (u^2 - a^2)\lambda_\pm)\mathrm{d}v_\pm - (\delta a^2 v/y)\mathrm{d}x_\pm = 0
\tag{2.36}
$$

其中,$\delta = 0$ 为平面流动,$\delta = 1$ 为轴对称流动。有了特征线方程和相容方程后,需要确定数值求解这些方程的有限差分方程:

$$
\Delta y_\pm = \lambda_\pm \Delta x_\pm
\tag{2.37}
$$

$$
Q_\pm \Delta u_\pm + R_\pm \Delta v_\pm - S_\pm \Delta x_\pm = 0
\tag{2.38}
$$

$$
\lambda_\pm = \tan(\theta \pm \alpha)
\tag{2.39}
$$

$$
Q_\pm = u_\pm^2 - v_\pm^2
\tag{2.40}
$$

$$
R_\pm = 2u_\pm v_\pm - (u_\pm^2 - a_\pm^2)\lambda_\pm
\tag{2.41}
$$

$$
S_\pm = \delta a_\pm^2 v_\pm / y_\pm
\tag{2.42}
$$

"+""−"分别对应左行特征线和右行特征线。下面以图 2.2 所示的特征线法的有限差分网格(内点)给出求内点的计算方法。采用欧拉预估 – 校正算法求解差分方程:

$$
y_4 - \lambda_+ x_4 = y_2 - \lambda_+ x_2
\tag{2.43}
$$

$$
y_4 - \lambda_- x_4 = y_1 - \lambda_- x_1
\tag{2.44}
$$

$$
Q_+ u_4 + R_+ v_4 = T_+
\tag{2.45}
$$

$$
Q_- u_4 + R_- v_4 = T_-
\tag{2.46}
$$

$$
T_+ = S_+ (x_4 - x_2) + Q_+ u_2 + R_+ v_2
\tag{2.47}
$$

$$
T_- = S_- (x_4 - x_1) + Q_- u_1 + R_- v_1
\tag{2.48}
$$

$$
V_\pm = \sqrt{u_\pm^2 + v_\pm^2}
\tag{2.49}
$$

$$
\theta_\pm = \arctan(v_\pm / u_\pm)
\tag{2.50}
$$

$$
a_\pm = a(V_\pm)
\tag{2.51}
$$

$$M_{\pm} = V_{\pm}/a_{\pm} \tag{2.52}$$

$$\alpha_{\pm} = \sin(1/M_{\pm}) \tag{2.53}$$

$$
\begin{cases}
u_{+} = u_2 \\
u_{-} = u_1 \\
v_{+} = v_2 \\
v_{-} = v_1 \\
y_{+} = y_2 \\
y_{-} = y_1
\end{cases}
\qquad （预估步） \tag{2.54}
$$

$$
\begin{cases}
u_{+} = \dfrac{u_2 + u_4}{2} \\[2mm]
u_{-} = \dfrac{u_1 + u_4}{2} \\[2mm]
v_{+} = \dfrac{v_2 + v_4}{2} \\[2mm]
v_{-} = \dfrac{v_1 + v_4}{2} \\[2mm]
y_{+} = \dfrac{y_2 + y_4}{2} \\[2mm]
y_{-} = \dfrac{y_1 + y_4}{2}
\end{cases}
\qquad （校正步） \tag{2.55}
$$

图 2.2 ~ 图 2.5 分别给出了在特征线法当中遇到的四种不同类型的单元过程,其余三种与内点的求法大同小异。图中的实线是特征线,虚线是连接两端点的直线段,计算过程中用直线段来代替特征线。在知道了内点的确定过程后,可以类似地处理壁面点。壁面点有直接壁面点和逆置壁面点,直接壁面点只有一条特征线和一个相容方程,1 点在物理上是不存在的,但是,在壁面上有, $y = y(x)$、$\mathrm{d}y/\mathrm{d}x = \tan(\theta) = v/u$,这样就可以确定 4 点的位置和流动参数。在流场中参数变化梯度极大的区域,直接壁面点会导致沿壁面所得解点的间隔太大,在这种情况下可以应用逆置壁面点的方法,沿着壁面预先确定解点的位置,再应用特征线法来确定这些预定的壁面点的流动参数。对于对称轴上的点,1 点是已知点,2 点是 1 点的镜像点,这样就可以按内点处理了。但是,在这种情况下 $y_4 = v_4 = \theta_4 = 0$,只需要用右行特征线和该条件就可以确定 x_4 和 u_4。

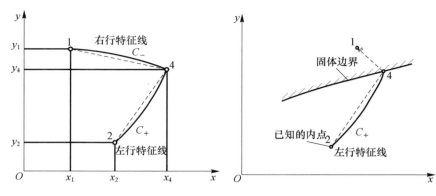

图 2.2 特征线法的有限差分网格（内点）　　图 2.3 直接壁面点单元过程

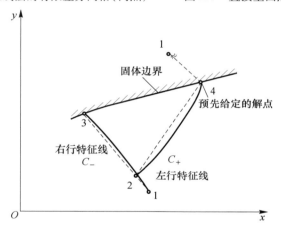

图 2.4 逆置壁面点单元过程

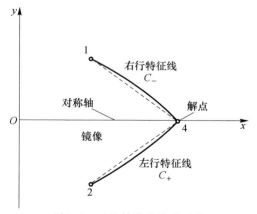

图 2.5 对称轴线点单元过程

根据上面的基本特征线理论,可以得到理想等熵二维对称和轴对称喷管壁面型线,其出口气流水平,一般主要用于设计风洞喷管。

2.3　喷管的主要性能指标

喷管的推力定义为喷管出口气流的动量和出口表压之和,即出口富裕冲量。由于出口与轴向并不垂直,所以推力可分解为轴向推力和升力两个分量。轴向推力就是出口冲量在 x 方向的分量,表达式如下:

$$F_x = \int_{AB} \rho V_x (\boldsymbol{V} \cdot \boldsymbol{n}) \mathrm{d}A + \int_{AB} (p_{AB} - p_b) \mathrm{d}A \sin\theta \tag{2.56}$$

而升力则是出口冲量在 y 负方向的分量,表达式如下:

$$F_l = -\int_{AB} \rho V_y (\boldsymbol{V} \cdot \boldsymbol{n}) \mathrm{d}A + \int_{AB} (p_{AB} - p_b) \mathrm{d}A \cos\theta \tag{2.57}$$

式中　θ——出口截面 AB 与 x 轴的夹角;

p_{AB}——出口截面 AB 上的压强。

根据以上公式,喷管轴向实际推力定义为喷管出口冲量,记为 F_x,则简化后有

$$F_x = \dot{m}_e V_e + (p_e - p_b) A_e \tag{2.58}$$

式中　e——出口参数下标;

x——轴向参数;

$\dot{m}_e$——出口质量流量;

V_e——出口速度;

A_e——出口面积;

p_e——出口静压;

p_b——环境压力。

由动量定理可知(取排气系统内壁及出口斜面为控制体):

$$\dot{m}_e V_{ex} + (p_e - p_b) A_{ex} = \dot{m}_i V_{ix} + (p_i - p_b) A_{ix} - R_x \tag{2.59}$$

式中　i——进口参数下标;

$\dot{m}_i$——进口质量流量;

V_i——进口速度;

p_i——进口静压;

A_i——进口面积;

R_x——控制体中气体对排气系统作用力在 x 方向的投影。

排气系统的等熵推力记为 F_s,定义为

$$F_s = \dot{m} \sqrt{\frac{2\gamma}{\gamma - 1} RT^* \left[1 - \left(\frac{p_b}{p^*} \right)^{\frac{\gamma - 1}{\gamma}} \right]} \qquad (2.60)$$

式中 $\dot{m}$ ——排气系统通道的流量;

　　γ、R——气体的比热比和热力学常数;

　　T^*、p^*、p_b——排气系统通道内气体的总温、总压及环境压力。

喷管轴向推力系数定义为喷管轴向实际推力 F_x 与等熵推力 F_s 之比,记为 C_{fx},有

$$C_{fx} = F_x / F_s \qquad (2.61)$$

喷管总压与环境压力之比为喷管落压比,记为 NPR,有

$$\text{NPR} = p^* / p_b \qquad (2.62)$$

喷管的流量系数记为 C_d,定义为喷管喉道实际流量 $\dot{m}$ 与理想等熵流量 $\dot{m}_t$ 之比,即

$$C_d = \frac{\dot{m}}{\dot{m}_t} = \frac{\dot{m}}{K \dfrac{p^*}{\sqrt{T^*}} A_t} \qquad (2.63)$$

式中 A_t ——喉道面积。

喷管的总压恢复系数记为 σ,定义为喷管出口总压与进口总压之比,即

$$\sigma = \frac{p_e^*}{p^*} \qquad (2.64)$$

式中 p_e^* ——喷管出口总压。

升力定义为控制体中气体对排气系统作用力在 y 方向的投影,记为 L。

排气系统内表面作用力对发动机喷管喉道中心点的力矩,记为 M。

📖 参考文献

[1] 梁德旺. 流体力学基础[M]. 北京:航空工业出版社,1998.

[2] 左克罗 M J,霍夫曼 J D. 气体动力学[M]. 王汝涌,等译,北京:国防工业出版社,1984.

第3章　常规喷管的型面设计方法简介

3.1　最大推力喷管型面设计

由于出口气流平行均匀的理想喷管太长,对于大型化学火箭发动机喷管来说,这样的推力喷管太重了。Guderley 和 Hantsch 最早提出了,在一定的喷管长度和出口背压的条件下,能产生最大推力的喷管型面设计理论,该方法使用变分法[1]。由于 Guderley 和 Hantsch 使用的求解方法太复杂,直到 Rao 把这种方法简化才获得了广泛的应用。在俄罗斯,Shmyglevsky 独立提出了这种最大推力喷管设计方法,称为 Shmyglevsky 喷管。Rao 提出的这种方法设计的推力喷管能对锥形喷管的性能产生较大的改进,因此在火箭发动机上得到了广泛的应用。

罗氏喷管在两个约束条件下能产生最大的推力:一个是给定喷管长度;一个是一定的喷管质量流量。在数学上这是一个受约束的极大值问题,应用拉格朗日乘子法可以得到它的解。

图 3.1、图 3.2 给出了最大推力喷管设计过程。与用基本特征线理论设计风洞喷管一样,初值线 TT' 和初始膨胀线 TB' 是已知的。用基本特征线理论确定核心区域,图 3.1 中 CDE 线是控制面与通过核心区中任意一点 D 的子午平面的交线,C 和 E 分别表示这个控制面与喷管轴线和出口边缘的交点。CDE 线上任意一点处相对于喷管轴线的倾角用 φ 表示,它是 y 的函数。气体通过这个控制面的质量流量为

$$\dot{m_{CE}} = \int_C^E \rho V \frac{\sin(\varphi - \theta)}{\sin\varphi} 2\pi y \mathrm{d}y = 常数 \tag{3.1}$$

喷管的长度为

$$L = x_C + \int_C^E \cot\varphi \mathrm{d}y \tag{3.2}$$

对于喷管选定的长度 L 确定了 x_C,所以长度约束可以由下式确定:

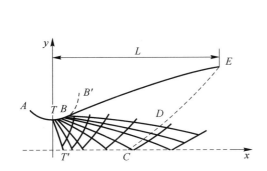

图 3.1　最大推力喷管特征线网格

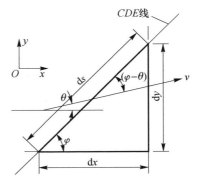

图 3.2　最大推力喷管
控制面微元的流动

$$\int_C^E \cot\varphi \, \mathrm{d}y \; = \; 常数 \tag{3.3}$$

令 p_a 和 p 分别表示环境压力和 $\mathrm{d}s$ 上的静压,作用在喷管上的推力为

$$F_{CE} = \int_C^E \left((p - p_a) + \rho V^2 \frac{\sin(\varphi - \theta)\cos\theta}{\sin\varphi} \right) 2\pi y \mathrm{d}y \tag{3.4}$$

用拉格朗日乘子法求下面积分的最大值:

$$I = \int_C^E (f_1 + \lambda_2 f_2 + \lambda_3 f_3) \, \mathrm{d}y \tag{3.5}$$

其中

$$f_1 = \left((p - p_a) + \rho V^2 \frac{\sin(\varphi - \theta)\cos\theta}{\sin\varphi} \right) y \tag{3.6}$$

$$f_2 = \rho V \frac{\sin(\varphi - \theta)}{\sin\varphi} y \tag{3.7}$$

$$f_3 = \cot\varphi \tag{3.8}$$

根据最大值原理,可得

$$\varphi = \theta + \alpha(沿控制面 \, DE) \tag{3.9}$$

$$\lambda_2 = -\frac{V\cos(\theta - \alpha)}{\cos\alpha} \tag{3.10}$$

$$\lambda_3 = -y\rho V^2 \sin^2\theta \tan\alpha \tag{3.11}$$

$$\sin 2\theta = \frac{(p - p_a)\cot\alpha}{\frac{1}{2}} \rho V^2 \, (E \, 点) \tag{3.12}$$

根据上面这些关系式,找到 E 点,在根据流量连续,即可确定壁面 BE。

3.2　最短长度喷管型面设计

短喷管就是把全部膨胀段压缩为喉部的一个锐角(尖角),所以得到长度最短的喷管,也称为锐角式喷管。图 3.3 和图 3.4 给出了一般风洞喷管和短喷管理论的风洞喷管的气动型面。图 3.3 中的初始段在短喷管设计理论中压缩为图 3.4 中喉部的一个尖点。短喷管有两种设计理论[2]:一是直线声速线理论,即假定喉部声速线为直线;二是曲线声速线理论,即假定喉部声速线为一段圆弧。两种理论可以获得四种喷管外型,即两种轴对称喷管外型,两种二维对称喷管外型。两种轴对称喷管外型长度都比两种二维对称喷管外型的短,直线声速线理论获得的二维对称喷管比曲线声速线理论获得的短。考虑喷管的重量和热负荷,本书采用直线声速线理论。

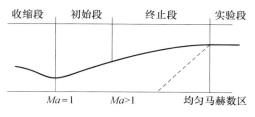

图 3.3　一般风洞喷管气动型面

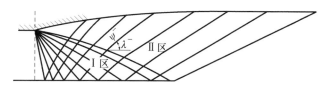

图 3.4　直声速线短喷管理论喷管气动型面

短喷管设计理论的单元过程与前面讲过的基本特征线理论稍有不同,以内点单元过程为例来说明。对于流场中任意一个内点,首先确定该点的气流转折角 Ψ 和气流方向角 θ,然后根据普朗特 – 迈耶关系式求出该点的马赫数,进而确定该点的流动参数,再由特征线方程确定该点的坐标。

基本的短喷管设计方法,只能设计二维对称或者轴对称喷管。德国的 Goeing[3] 提出了一种设计一簇二维最短长度喷管的方法,对应同一个进出口条件,该方法可以获得一系列不同的喷管外型,喷管下、上壁面长度比为 0 ~ 1。本书基于该方法获得了二维非对称喷管的设计程序。

参考文献

[1] Jan Östlund. Flow processes in rocket engine nozzles with focus on flow separation and side – loads[D]. Stockholm：Royal Institute of Technology Department of Mechanics,2002.

[2] Argrowb M. Comparison of minimum length nozzles[J]. Journal of Fluids Engineering, 1988,110(3)：283 – 288.

[3] Goeing M. Nozzle design optimization by method – of – characteristics[C]. AIAA 90 – 2024, Reston：AIAA,1990.

第4章 喷管型面的缩短设计

4.1 喷管的常规缩短设计方法

喷管喉道下游较短的长度是产生推力的主要部分,因此对此段型面不压缩,而对其后的型面增加压缩量以达到指定的长度,因而为非线性压缩。由喉道开始计算,压缩后的水平长度与压缩前的水平长度之比用平均压缩因子 C 表示[1]。本书中压缩因子 $C(x)$ 是关于喷管上壁面型线水平坐标 x 的函数,且压缩函数 $F(x)$ 是关于 x 的单调递增函数,即离喉道越远压缩程度越大,其中 $C(x) \cdot F(x) = 1$。本书只对上壁面进行压缩,下壁面不压缩。

4.1.1 临界点位置的确定

由不压缩段到压缩段必然存在一个临界点,本书这样确定临界点:首先,将由喉道开始计算的上壁面 20%～40% 段按 2% 长度分为 10 小段;然后,用 Fluent 软件模拟流场,读出这 10 小段壁面的压力积分,相邻的两小段作差并比较差值的大小,发现 28%～30% 这一小段之后压力积分的差值变化较小,于是确定 30% 处为临界点,命名为点 A。

4.1.2 线性压缩函数

平均压缩因子 C 分别取 0.6、0.7、0.8,因而每一种压缩方式下有三次压缩。若压缩前某点的横坐标是 X_0,则压缩后对应点的横坐标是 $X_0' = (X_0 - X_A)/F(X_0) + X_A$,纵坐标与压缩前的相同。虽然紧连着临界点的部分压缩得非常小,但这样得到的型线在临界点 X_A 点处的导数仍是不连续的,为了消除不连续,将压缩得到的一系列点与临界点之前未压缩的点一起拟合成一条光滑的曲线作为压缩后的型面。线性压缩函数表达式为

$$F(x) = \begin{cases} 1, & x < x_a \\ a(a - x_a) + 1, & x \geqslant x_a \end{cases} \qquad (4.1)$$

其中参数 a 可由平均压缩因子 C 确定。图 4.1 为线性压缩函数压缩后拟合得到的型线,其中 $C=1$ 的型线为给定的 SERN 型线。

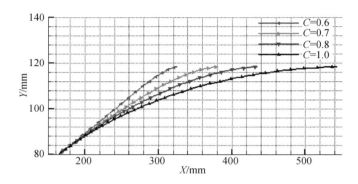

图 4.1　线性压缩函数压缩得到的型线(局部放大)

4.1.3　指数压缩函数

指数压缩函数 $F(x)$ 在初始阶段压缩比线性压缩函数的缓慢,而到喷管出口截面处的压缩较线性压缩函数压缩得更为剧烈,型线的处理方法与线性压缩函数压缩得到的相同。压缩函数表达式为

$$F(x)=\begin{cases}1, & x < x_a \\ \mathrm{e}^{\frac{a(a-x_a)}{x_0-x_a}}, & x \geqslant x_a\end{cases} \tag{4.2}$$

式中　x_0——喷管出口处点的横坐标。

参数 a 同样可以由平均压缩因子求出。图 4.2 为指数压缩函数压缩后拟合的型线。

4.2　喷管的非线性缩短设计方法

4.2.1　非线性缩短设计

喷管喉道下游初始膨胀段的压力很高,对壁面的作用力很大,并且膨胀角较大,使得作用力的轴向分量较大,是喷管产生轴向推力的主要部分。因此,对这部分型面不缩短以保证缩短后喷管的推力性能,而对喷管推力贡献很少的尾部增加缩短量以达到指定的长度,所以这种缩短方法是非线性的。为了便于比较,本书只对喷管的上膨胀型面进行缩短,下膨胀面不变。

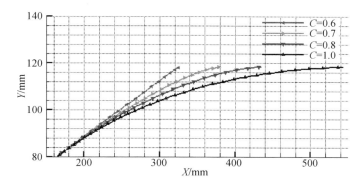

图 4.2　指数压缩函数压缩得到的型线（局部放大）

缩短变换参见图 4.3，缩短过程分三步进行：首先确定起始缩短点 A；然后由平均缩短因子 $\overline{C}$ 确定缩短因子 $C(x)$ 的表达式；最后由缩短因子求出缩短后的型面。平均缩短因子定义为[2]

$$\overline{C} = x_{B'}/x_B \qquad (4.3)$$

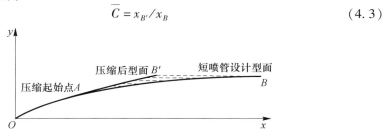

图 4.3　SERN 型面非线性缩短变换

缩短因子定义为

$$C(x) = \frac{x' - x_A}{x - x_A} \qquad (4.4)$$

事实上 $C(x)$ 是关于膨胀型面上点的坐标的函数，本书采用的 $C(x)$ 具体表达式为

$$C(x) = \begin{cases} 1, & x \leqslant x_A \\ \dfrac{1}{\alpha(x - x_A) + 1}, & x > x_A \end{cases} \qquad (4.5)$$

其中参数 α 可由 $\overline{C}$ 和 x_A 求出。若缩短前型面上某点的坐标为 (x, y)，缩短后对应点的坐标为 (x', y)，则

$$x' = (x - x_A) \cdot C(x) + x_A \qquad (4.6)$$

本书就缩短起始点 A 按 $x_A/x_B = 0.25, 0.3, 0.35$ 选取了三个点，并分别对平均

压缩因子 $\bar{C} = 0.6,0.7,0.8$ 展开缩短设计。

4.2.2 CFD 计算及校核

1. CFD 计算及网格无关性验证

本书运用 Fluent 软件对所得喷管进行了数值模拟,采用 RNG $k-\varepsilon$ 湍流模型,选用非平衡壁面函数,二阶迎风格式,耦合隐式求解。对壁面附近进行了网格加密,保证第一层网格的 y^+ 在 30 左右,并且边界层内有足够数目的网格单元。喷管进出口以及延伸面上的边界条件分别取为压力进口、压力出口和压力远场。在不同的网格密度下对理想喷管的流场进行了模拟,粗网格的网格量约为 18700,中等网格的网格量约为 29300,细网格的网格量约为 59000。由图 4.4 可见,网格量对该模型的计算影响很小,本书选择中等密度网格计算,计算残差降到 10^{-4} 以下。

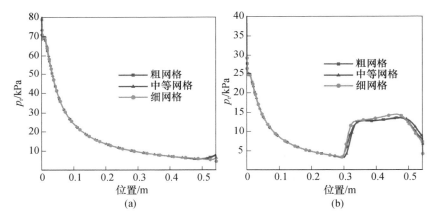

图 4.4 不同网格密度的上膨胀面沿程压降
（a）NPR = 170；（b）NPR = 60。

2. 算例校核

本课题组已多次做过 SERN 冷流实验,并按实验的边界条件运用 Fluent 软件对喷管模型进行了数值模拟。对原尺寸喷管进行 6.8% 缩比后得到图 4.5 所示的截短模型喷管实验件,由进口安装边、圆转矩过渡段、上膨胀壁、下唇板、侧板等构成[3]。在喷管上膨胀面中心线上,沿程布有 16 个 ϕ0.8mm 的静压测点,下唇板中心线上布有 6 个静压测点。图 4.6 和图 4.7 为实验结果与计算结果的压力对比图,由图可见二者吻合得非常好,说明应用 Fluent 软件计算此类流场具有很好的可靠性和准确性。

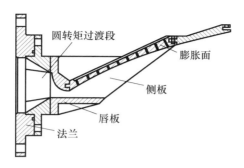

图 4.5 截短实验模型

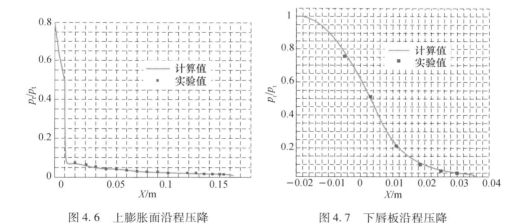

图 4.6 上膨胀面沿程压降

图 4.7 下唇板沿程压降

4.2.3 结果分析与讨论

计算结果按喷管的推力系数随 NPR 的变化规律整理,见图 4.8。图中的命名规则如下:MLN 表示按最短长度理论设计的理想喷管;0.25 ~ 0.6 表示起始缩短点 $\overline{C} = 0.25, 0.6$;linearly -0.6 表示线性缩短,缩短因子 $C = 0.6$。由图 4.8 可以发现:①在较宽的 NPR 范围内,非线性缩短的喷管都显示了较好的推力性能,与理想喷管的推力性能差别不大;②随着 $\overline{C}$ 的减小,非线性缩短的喷管与线性缩短的喷管推力系数之差在不断增加,即随着缩短量的增加非线性缩短相对线性缩短的优势越来越明显;③严重过膨胀流动状态(如 NPR = 60),缩短起始点 A 离喉道越远,喷管的推力性能越好,其他情况下,A 点在一定范围内的选取对喷管的推力性能影响很小。

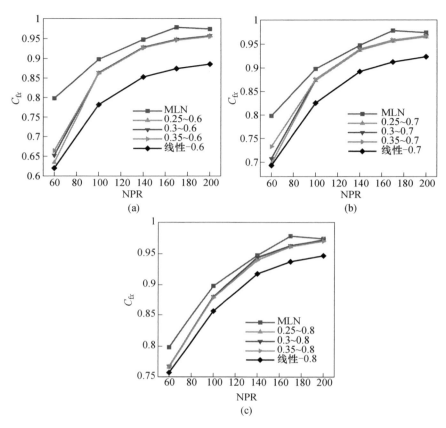

图 4.8　不同 NPR 下各喷管推力系数

（a）$\overline{C}=0.6$；（b）$\overline{C}=0.7$；（c）$\overline{C}=0.8$。

图 4.9 是 $x_A/x_B=0.3$，$\overline{C}=0.6$，$NPR=60$ 的压力云图，图 4.10 和图 4.11 分别是上下膨胀面的沿程压降图。从图 4.9 ~ 图 4.11 中可以明显看到，由于过膨胀，出口处气流压力小于环境压力。由于喷管型面被缩短，在喷管出口附近产生斜激波。下唇板在 0.11m 处气流发生分离后产生了斜激波，激波后压力升高并且逐渐趋于环境压力；上膨胀面在 0.29m 处产生斜激波，激波后压力同样也升高并且逐渐趋于环境压力；上、下膨胀面上产生的两束斜激波在上膨胀面出口附近相交，相交后的气流压力略高于环境压力。$NPR=100$ 时，在喷管出口处也产生了类似的斜激波；$NPR=140$ 时则没有明显的斜激波产生。$\overline{C}=0.7,0.8$ 时的流动状态类似，此处不再赘述。

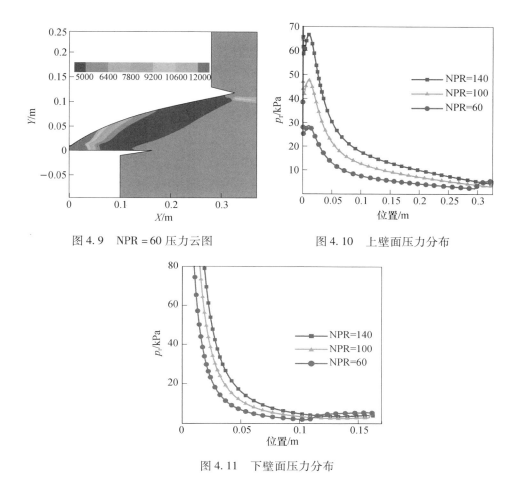

图 4.9　NPR = 60 压力云图　　　　图 4.10　上壁面压力分布

图 4.11　下壁面压力分布

4.3　喷管型面的理想截短方法及其验证

4.3.1　理论分析

现有的喷管设计方法依据的都是完全膨胀理论,如特征线设计方法得到的理想喷管,出口气流均匀,但是喷管很长,并且在结尾很长一段距离内不产生有效推力。这里基于推阻平衡理论给出了一种新型推力喷管截短的方法[4]。喷管壁面受力分析如图 4.12 所示。

图 4.12 中 p_b 为环境压强; p_{in} 为壁面内侧的压强; θ 为微元处的壁面与 x 方向的夹角; τ 为壁面的剪切应力; τ_x 为剪切应力在 x 方向上的投影; dF_x 为微元所受合

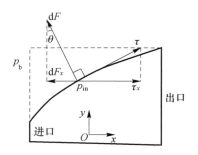

图 4.12 喷管壁面受力分析

力在 x 方向的投影。则有

$$dF_x = (p_{in} - p_b)dL\sin\theta - \tau dL\cos\theta \qquad (4.7)$$

令 $\tau\cos\theta = \tau_x, A = p_{in}\sin\theta, B = \tau_x + p_b\sin\theta$,则有

$$dF_x = dL(A - B) \qquad (4.8)$$

$$\begin{cases} dF_x > 0, & A > B \\ dF_x = 0, & A = B \\ dF_x < 0, & A < B \end{cases} \qquad (4.9)$$

喷管型线确定后,可以得到 θ 值的沿程分布情况,用 Fluent 软件首先对原始的喷管模型精细数值模拟,目的在于得到 p_{in} 和 τ_x 的沿程分布情况,这样就可以比较 A 和 B 的大小来确定 dF_x 的正负。若微元壁面处产生有效的推力,则有 $A > B$;若微元产生的是阻力,则有 $A < B$;若微元为临界情况,即此时 $A = B$,此处为推阻平衡位置。理想喷管型线,在其后部较长范围内,p_{in} 仅略大于 p_b,而壁面剪切应力 τ_x 依然较大,所以必然存在 $A < B$ 的区域,即存在不产生有效推力的部分。用此截短方法找出壁面后面部分 $A = B$ 的位置,即为推阻平衡的截短位置,去除产生阻力的壁面部分可以增大推力,同时可以减小喷管尺寸和重量。

比较 A 和 B 还可以看出:

$$A - B = (p_{in} - p_b)\sin\theta - \tau_x \qquad (4.10)$$

按照完全喷管理论设计喷管时,喷管结尾处有 $p_{in} = p_b$,由于 τ_x 的存在,有 $A < B$,即在结尾处必然会存在产生负推力的部分,因此,从提高喷管推力性能的角度,应该使得结尾处 $p_{in} > p_b$,即在喷管的实际工作情况下推力值最大时的工作状态为欠膨胀状态。

具体的截短过程为:对原始喷管进行数值模拟,由于是左右的对称结构,在1/2的壁面上可以找到推阻平衡点,创建足够多的垂直于 z 轴的平面,每个平面与壁面的交线可以得到一个点,连接这些点之后就可以得到壁面截短的位置。

4.3.2 数值模拟

采用基于推阻平衡的截短方法对本章得到的新型尾喷管进行了截短处理，图 4.13 为喷管截短位置示意图，可以看出，截短后喷管进口几何参数不变，上壁面缩短了 25%，长度变为 6.25H，上壁面出口宽度变为 3.30H，下壁面缩短了 35%，长度变为 5.62H，下壁面出口宽度变为 3.15H。

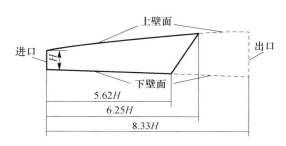

图 4.13 喷管截短位置示意图

表 4.1 列出了喷管截短前后的性能比较，同时考虑到截短方法的适用性，增加了最大推力喷管截短前后的比较结果。其中新型喷管代号为 C，最大推力喷管代号为 M。力矩中心坐标值为 (-8.92H, 0.82H, 0)。从表中可以得到，新型喷管的推力系数截短后比原始喷管增加了 1.5%，说明截去的部分确实是黏性力占主导的产生阻力的部分。截短后由于下壁面长度缩短较大，升力由原始的负值变为正升力，同时，截短后力矩值变大，由于上壁面长度大于下壁面，低头力矩值增加，可以有效平衡部分飞行器前体和进气道产生的抬头力矩，从而适当减小配平的负担，即截短后对飞行器整体的性能是有利的。

表 4.1 喷管截短前后性能比较

喷管类型	升力/N	俯仰力矩差/(N·m)	推力系数/%
初始 - C	-68.04	119.44	85.76
截短 - C	34.15	302.45	87.25
初始 - M	186.61	691.82	86.00
截短 - M	122.53	529.23	87.53

为了进一步说明推阻平衡截短方法的准确性，在保持喷管全封闭构型的情况下，将新型喷管分别截短了 30% 和 20%，长度分别变为 5.83H 和 6.67H。表 4.2 所列为这两种截短比例下的喷管数值模拟结果。结合表 4.2 可以看出，截短后喷管推力系数相比原始喷管都有所提高，证明了确实在原始喷管结尾处存在产生阻

力的壁面部分。同时基于推阻平衡的截短方式得到的喷管性能最好,说明该方法是准确的。

表 4.2　直接截短后喷管性能

截短比例/%	升力/N	俯仰力矩/(N·m)	推力系数/%
30	−50.03	154.11	86.57
20	−58.46	138.74	86.89

图 4.14 为截短前后喷管数值中心截面的马赫数等值图,可以看出两者的流场结构没有明显的改变,马赫数在相同位置处是一样的,这是由于截短没有改变剩余喷管的型线。从图 4.15 壁面压力分布图也能看出,截短前后壁面压力几乎没有变化,由于上壁面膨胀较快,压力下降明显,下壁面压力较大,在 1.5H 处上下壁面压力趋于相等,如图中 Q 点,因此 Q 点之后喷管产生低头力矩,Q 点之前喷管壁面产生抬头力矩,这种壁面压力分布形式可以有效减小非对称喷管的冷热态俯仰力矩差,为飞行器总体性能带来好处。此外还可以从图 4.15 中看出,原始喷管为完全膨胀,而截短后为轻微的欠膨胀状态。

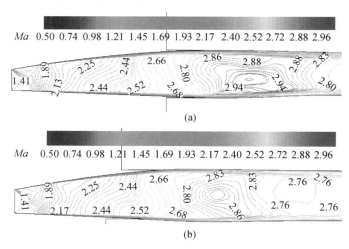

图 4.14　截短前后中心截面马赫数等值图
（a）截短前；（b）截短后。

4.3.3　实验验证

为验证推阻平衡截短方法的正确性,按 1:10 设计了截短喷管实验模型,图 4.16 与图 4.17 分别为实验 UG 图与中心截面剖视图,整个模型分为三个部分:圆

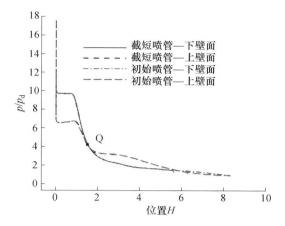

图 4.15　截短前后上下壁面中心线上压力分布图

转方段、设备喷管段和实验喷管段。分别在模型喷管的上、下壁面中心线上布置了 15 个和 13 个 $\phi 0.8\,\text{mm}$ 的静压测点。

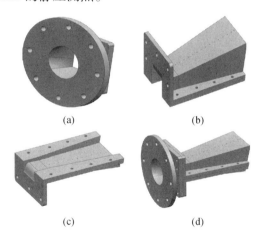

图 4.16　截短喷管 UG 模型
（a）圆转方；（b）上壁面；（c）下壁面；（d）总装图。

　　按照实验时的工作条件对模型进行了三维数值模拟,如图 4.18 所示,实验模型计算时加上了设备喷管段,可以用来产生实验喷管进口所需的超声速条件,设计喷管按照特征线设计,可以保证出口均匀。本组实验主要针对喷管的设计点进行。由此测得测点的压力,得到压力沿程分布,再根据实验时的边界条件进行数值模拟得到压力分布。

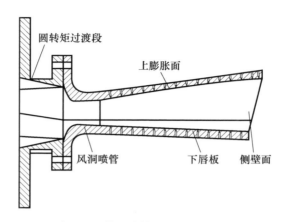

图 4.17　截短喷管实验模型剖视图

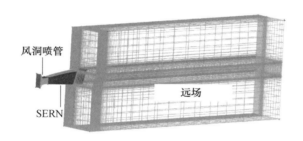

图 4.18　实验模型计算网格

　　选取实验压比为 20、30、50 和 70 时进行了实验与数值模拟的无量纲压力对比,其中横坐标表示无量纲长度,以 D 表示喷管进口无量纲高度,纵坐标为无量纲压力,以背压无量纲化,如图 4.19 ~ 图 4.22 所示,可以看出在各个压比下实验与数值模拟的情况吻合很好,说明采用的计算方法是可行的,也说明新型推力喷管截短方法是可靠的。

　　图 4.23 ~ 图 4.26 为喷管出口流场结构的实验与 CFD 结果对比,在高压比 70 时,出口处产生膨胀波,压比落至 30 附近,处于设计状态,出口气流膨胀较为完全,低压比 20 时,出口处有明显的激波产生。

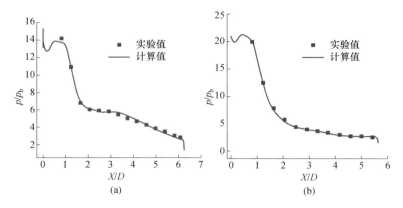

图 4.19 截短后喷管实验与 CFD 壁面沿程压力分布（NPR = 70）

（a）上壁面；（b）下壁面。

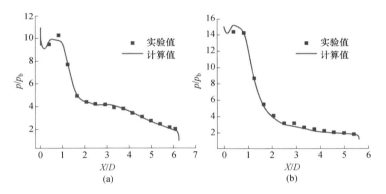

图 4.20 截短后喷管实验与 CFD 壁面沿程压力分布（NPR = 50）

（a）上壁面；（b）下壁面。

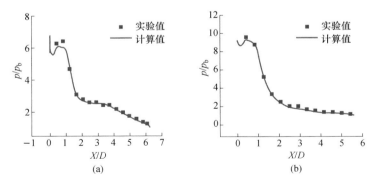

图 4.21 截短后喷管实验与 CFD 壁面沿程压力分布（NPR = 30）

（a）上壁面；（b）下壁面。

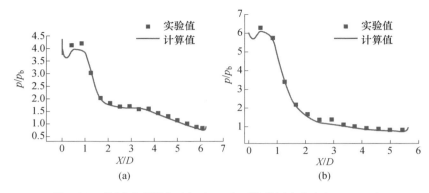

图 4.22　截短后喷管实验与 CFD 壁面沿程压力分布（NPR=20）

（a）上壁面；（b）下壁面。

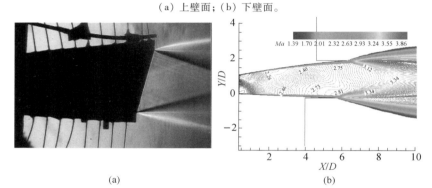

图 4.23　实验与计算流场结构对比（NPR=70）

（a）纹影图；（b）马赫数等值线图。

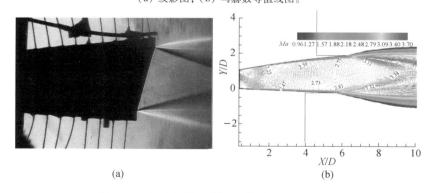

图 4.24　实验与计算流场结构对比（NPR=50）

（a）纹影图；（b）马赫数等值线图。

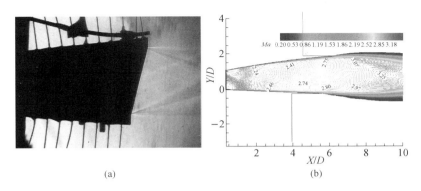

(a)   (b)

图 4.25 实验与计算流场结构对比(NPR = 30)

(a)纹影图;(b)马赫数等值线图。

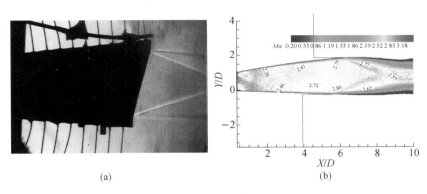

(a)   (b)

图 4.26 实验与计算流场结构对比(NPR = 20)

(a)纹影图;(b)马赫数等值线图。

参考文献

[1] 张艳慧. 非对称大膨胀比喷管设计及性能分析[D]. 南京:南京航空航天大学,2006.

[2] 全志斌,徐惊雷,莫建伟. 单边膨胀喷管膨胀型面的非线性缩短设计[J]. 推进技术,2012,33(6): 951 – 955.

[3] 莫建伟,徐惊雷,全志斌. 截短单边膨胀喷管的实验和数值模拟[J]. 推进技术,2012,33(6): 940 – 945.

[4] 赵强,徐惊雷,范志鹏. 基于推阻平衡的喷管型面截短方法研究及实验验证[J]. 推进技术,2014,35 (2):151 – 156.

第 5 章　考虑进口非均匀的非对称二元喷管设计

5.1　理论基础

特征线法是一种求解双曲型偏微分方程的最精确方法,通过特征线法的一般理论可以发展出一种用于分析定常二维、平面的与轴对称的等熵超声速流动的数值方法,这些数值方法可以很方便地应用于超声速喷管的工程设计中。下式给出了控制可压缩流体的定常二维、平面和轴对称等熵流动的气体动力学方程以及相应的特征线方程和相容性方程[1]:

$$
\begin{cases}
\rho u_x + \rho v_y + u\rho_x + v\rho_y + \delta\rho v/y = 0 \\
\rho u u_x + \rho v u_x + p_x = 0 \\
\rho u v_x + \rho v v_y + p_y = 0 \\
u p_x + v p_y - a^2 u\rho_x - a^2 v\rho_y = 0
\end{cases}
\tag{5.1}
$$

特征线方程为

$$
\left(\frac{\mathrm{d}y}{\mathrm{d}x}\right)_0 = \lambda_0 = \frac{v}{u}
\tag{5.2}
$$

$$
\left(\frac{\mathrm{d}y}{\mathrm{d}x}\right)_\pm = \lambda_\pm = \tan(\theta \pm \alpha)
\tag{5.3}
$$

相容方程为

$$
\rho V \mathrm{d}V + \mathrm{d}p = 0
\tag{5.4}
$$

$$
\mathrm{d}p - a^2 \mathrm{d}\rho = 0
\tag{5.5}
$$

$$
\frac{\sqrt{Ma^2-1}}{\rho V^2}\mathrm{d}p_\pm \pm \mathrm{d}\theta_\pm + \delta\left[\frac{\sin\theta \mathrm{d}x_\pm}{yMa\cos(\theta\pm\alpha)}\right] = 0
\tag{5.6}
$$

其中,$\delta = 0$ 为平面流动,$\delta = 1$ 为轴对称流动。进一步可以确定对应于特征线方程和相容方程的有限差分方程:

$$\Delta y_0 = \lambda_0 \Delta x_0 \tag{5.7}$$

$$R_0 \Delta V_0 + \Delta p_0 = 0 \tag{5.8}$$

$$\Delta p_0 - A_0 \Delta p_0 = 0 \tag{5.9}$$

$$\Delta y_{\pm} = \lambda_{\pm} \Delta x_{\pm} \tag{5.10}$$

$$Q_{\pm} \Delta p_{\pm} \pm \Delta \theta_{\pm} + S_{\pm} \Delta x_{\pm} = 0 \tag{5.11}$$

$$A = a^2 \tag{5.12}$$

$$Q = \frac{\sqrt{Ma^2 - 1}}{\rho V^2} \tag{5.13}$$

$$R = \rho V \tag{5.14}$$

$$S = \frac{\delta \sin\theta}{yMa\cos(\theta \pm \alpha)} \tag{5.15}$$

式中,"+""−""0"分别对应左行特征线、右行特征线及流线。下面将分别给出特征线法数值求解过程中四种不同类型的单元过程。

给出求内点的详细数值计算方法,求解内点的有限差分网格。

1. 内点

采用欧拉预估 − 校正算法求解差分方程:

$$y_4 - \lambda_+ x_4 = y_2 - \lambda_+ x_2 \tag{5.16}$$

$$y_4 - \lambda_- x_4 = y_1 - \lambda_- x_1 \tag{5.17}$$

$$y_3 - \lambda_0 x_3 = y_4 - \lambda_0 x_4 \tag{5.18}$$

$$y_3 - \lambda_{12} x_3 = y_2 - \lambda_{12} x_2 \tag{5.19}$$

$$Q_+ p_4 + \theta_4 = T_+ \tag{5.20}$$

$$Q_- p_4 - \theta_4 = T_- \tag{5.21}$$

$$T_+ = -S_+(x_4 - x_2) + Q_+ p_2 + \theta_2 \tag{5.22}$$

$$T_- = -S_-(x_4 - x_1) + Q_- p_1 + \theta_1 \tag{5.23}$$

$$Q_+ = \frac{\sqrt{Ma_2^2 - 1}}{\rho_2 V_2^2}, S_+ = \frac{\delta \sin\theta_2}{y_2 Ma_2 \cos(\theta_2 + \alpha_2)} \tag{5.24}$$

$$Q_- = \frac{\sqrt{Ma_1^2 - 1}}{\rho_1 V_1^2}, S_- = \frac{\delta \sin\theta_1}{y_1 Ma_1 \cos(\theta_1 - \alpha_1)} \tag{5.25}$$

$$R_0 V_4 + p_4 = R_0 V_3 + p_3 = T_{01} \tag{5.26}$$

$$p_4 - A_0 \rho_4 = p_3 - A_0 \rho_3 = T_{02} \tag{5.27}$$

$$\begin{cases} R_0 = \rho_3 V_3 \\ A_0 = a_3^2 \end{cases} \tag{5.28}$$

根据式(5.16)~式(5.28),可求得 V_4、θ_4、p_4、ρ_4,这样就完成了预估运算,然后进行校正步运算。

$$\begin{cases} p_+ = \dfrac{p_2 + p_4}{2} \\[2mm] \theta_+ = \dfrac{\theta_2 + \theta_4}{2} \\[2mm] V_+ = \dfrac{V_2 + V_4}{2} \\[2mm] \rho_+ = \dfrac{\rho_2 + \rho_4}{2} \end{cases} \tag{5.29}$$

$$\begin{cases} p_- = \dfrac{p_1 + p_4}{2} \\[2mm] \theta_- = \dfrac{\theta_1 + \theta_4}{2} \\[2mm] V_- = \dfrac{V_1 + V_4}{2} \\[2mm] \rho_- = \dfrac{\rho_1 + \rho_4}{2} \end{cases} \tag{5.30}$$

在有限差分网格的数值求解过程中,通常采用直线段来代替相邻节点之间的特征线,如图5.1所示。

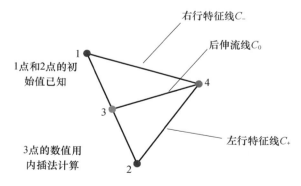

图 5.1　特征线法的有限差分网格(内点)

2. 逆置壁面点

图 5.2 描述了逆置壁面点的过程。初始点 1 点和 3 点的参数是已知的,4 点是预定的解点,2 点是通过 4 点的后伸左行 C_+ 特征线与右行特征线 13 的交点。由于 4 点的位置 (x_4,y_4) 是预定的,所以在 4 点处只有流动参数需要用特征线法去确定。计算后伸特征线 24 与右行特征线 13 的交点,就可确定 2 点的位置。2 点处的流动参数可通过 1 点和 3 点进行线性插值来确定。

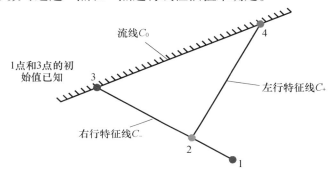

图 5.2　逆置壁面点的单元过程

由于 2 点和 4 点的产生是未知的,特征线 24 的斜率未知,因此需要运用预估 – 校正法来确定 2 点的位置。第一步,取 2 点的流动参数等于 1 点和 3 点处参数的平均值,于是特征线 24 的斜率 λ_+ 就确定了。第二步,应用 λ_+ 就可以计算通过预定 4 点的后伸左行特征线 24 上的 2 点的位置。第三步,在 1 点和 3 点之间进行线性插值来确定 2 点的流动参数。然后应用由第三步所得到的 2 点的参数来进行校正步的计算,重新确定 2 点的位置。重复进行校正步的计算,直到 2 点的位置收敛到允许误差范围之内。在 2 点的位置确定之后,用于确定 2 点流动参数的预估 – 校正法的计算步骤就完成了。结合流线 34,通过预估法确定 4 点的参数,然后再通过校正法重新修正 4 点的参数,直到 4 点的参数值收敛到允许的误差范围内。

3. 对称轴线点

对于二维或轴对称流动,x 轴是一条对称轴,图 5.3 是求解位于对称轴线上的一个典型轴线点 4 点的单元过程。其中 1 点和 3 点的参数已知,假设 1 点是通过 4 点的 C_- 特征线上的一个点。在这种情况下,$y_4=\theta_4=0$,这些条件简化了对称轴线点的单元过程。这时,只要用右行特征线 14 和条件 $y_4=\theta_4=0$ 去联立求解相容方程及特征线方程就可确定 x_4。从 3 点到 4 点为一条流线,通过求解流线 34 的相容性方程和特征线方程就可确定 p_4、V_4 和 ρ_4。

4. 最后一条特征线点

图 5.4 给出了设计过程中最后特征线点的确定过程的简图。在核心区的参数

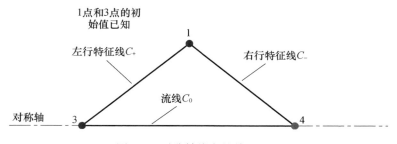

图 5.3　对称轴线点的单元过程

确定以后,进一步确定喷管的型线需要先确定最后一条特征线 C_+ 上点的参数。见图 5.4,1 点、2 点、3 点的参数已知,而 5 点的参数待定。理想情况下,喷管出口气流角度 $\theta = 0$,因此可以由相容方程(式(5.4)~式(5.6))得到 $\mathrm{d}p = 0$,在 2 点和 3 点之间取一点 4,并通过插值获得其参数,在 1 点和 4 点及 5 点的部分参数知道后,联立求解特征线方程和相容性方程得到 5 点的其余参数,然后校正 4 点的位置,并通过 2 点和 3 点插值重新获得 4 点参数,再通过特征线方程和相容性方程获得 5 点的位置,重复上面步骤,直到 5 点的参数误差满足要求为止。

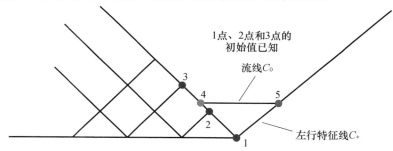

图 5.4　最后特征线点的确定

5.2　喷管设计过程

5.2.1　喷管设计

考虑非均匀进口的冲压发动机尾喷管设计参数通常包括进口马赫数分布 Ma_{in} 以及相应的质量平均马赫数 $\overline{Ma}_{\mathrm{in}}$、喷管进口静压 p_{in}、设计喷管出口压力 p_{e}、非对称因子 G。非对称因子的定义如下:

$$G = \delta_{\mathrm{L}}/\delta_{\mathrm{U}} \tag{5.31}$$

式中　δ_{U}——上膨胀面初始膨胀角;

δ_L——下膨胀面初始膨胀角。

如图 5.5 所示,非对称因子 G 可以从 0 变化到 1。当 $G=0$ 时,喷管下壁面是直线并且喷管最长。当 $G=1$ 时,上、下壁面对称,喷管最短。其中上膨胀面膨胀角的初始值可以用下式确定:

$$\delta_U = (v(\gamma,\overline{Ma}_e) - v(\gamma,\overline{Ma}_{in}))/2 \tag{5.32}$$

式中　γ——气体比热比;

$\overline{Ma}_e$ 可以用下式确定,即

$$\overline{Ma}_e = \sqrt{\frac{2}{\gamma-1}\left\{\left(\frac{p_{in}}{p_e}\right)^{\frac{\gamma-1}{\gamma}}\left[1+\left(\frac{\gamma-1}{2}\right)\overline{Ma}_{in}^2\right]-1\right\}} \tag{5.33}$$

从而下壁面,有

$$\delta_L = G\delta_U \tag{5.34}$$

对于非对称喷管的设计过程来说,首先计算出依赖于进口初值线的区域,见图 5.5(a)。然后给定初始膨胀曲线,根据上面计算的上、下壁面初始膨胀角,可以得到 d、c 的坐标,由于 c 点之后气流角不再变化,因此设定 cf 段为直线。壁面的曲线确定以后,就可以通过内点和壁面点的计算确定 g 点的值,直到 g 点的气流角水平,就可得到 cf 线上 e 点,初始膨胀区的求解完成。此时比较 g 点压力和设计出口压力 p_e,如果两者不等,则用下式修正上、下壁面初始膨胀角:

$$\delta'_U = \delta_U\frac{p_e}{p_g} \tag{5.35}$$

如此迭代,直到 g 点压力 p_g 等于设计出口压力。变向壁面型线的设计与风洞喷管设计类似,即用进口流量和当地流量守恒来确定壁面点。不同的是在有旋条件下,此变向型线区域不再是简单波区。当 g 点的压力等于设计出口压力后,令出口左行特征线上 $d\theta=0$,根据相容性方程,则 $dp=0$,那么出口左行特征线上的两个参数 θ、p 可知,其他参数即可求出。

5.2.2　设计程序验证

根据上述步骤,即可设计进口参数非均匀的非对称喷管型面,首先需要对设计程序进行准确性和有效性验证,本节将针对两种不同类型的进口马赫数分布来验证。由于本书需要设计非均匀进口条件下的喷管型线,同时也需要获得等效条件下均匀进口的喷管型线并与之对比,因此也需要验证均匀进口条件下设计程序的准确性。

1. 进口马赫数非均匀分布一阶导数连续

喷管进口马赫数的分布如下式所示,从中心线的 1.8 连续变化到壁面处的

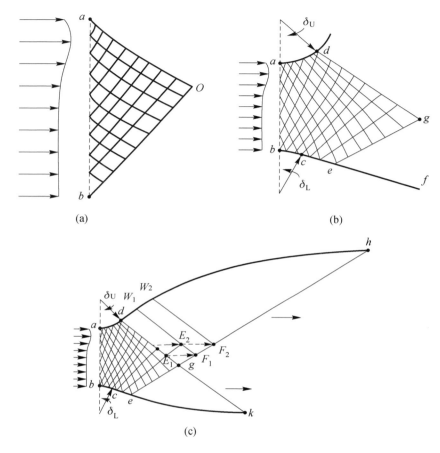

图 5.5　喷管型面确定过程示意图

（a）初值依赖区；（b）初始膨胀区；（c）变向壁面型线。

1.1,其马赫数分布一阶导数连续,即

$$Ma_{in} = 1.8 - 0.7y/Y_{in} \tag{5.36}$$

其等效的质量平均马赫数为

$$\bar{\phi} = \frac{1}{\dot{m}}\int\phi(y) \cdot d\dot{m} = \frac{\int\phi(y) \cdot \rho \cdot Vdy}{\int\rho \cdot Vdy} \tag{5.37}$$

式中　ϕ——非均匀参数分布,可为马赫数分布也可以是温度分布。

喷管的其他进口参数如表 5.1 所列,喷管进口高度设为 25.4mm,初始膨胀段

型线为 $y = Y_{in} + kx^2$，其中 $k = 108$，此时喷管初始膨胀段曲率半径很小，接近于尖点膨胀，可使喷管尽可能短。

表 5.1　喷管进口参数

p_{in}/kPa	T_{in}/K	p_e/kPa	$R/(J/(kg \cdot K))$	γ	Y_{in}/mm
200	1393	10768	287.06	1.4	25.4

图 5.6 为非均匀与均匀进口条件下初始膨胀区右行特征线比较。可以看出，相比等效的进口均匀条件，进口非均匀条件下膨胀到相同的压力其初始膨胀区要小，其中表 5.2 为几个坐标点位置，可以看到，非均匀进口条件下初始膨胀区的长度为 $x_3 = 0.1642m$，而等效均匀进口条件下初始膨胀区的长度为 $x_4 = 0.1707m$，长出 3.9%，这也表明用等效均匀进口条件设计的喷管可能会更长。从图 5.7 和表 5.3 中也可明显直观地看出来，等效均匀进口设计的喷管会更长，而且出口面积会更大。

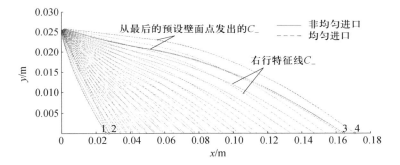

图 5.6　非均匀与均匀进口条件下初始膨胀区右行特征线比较

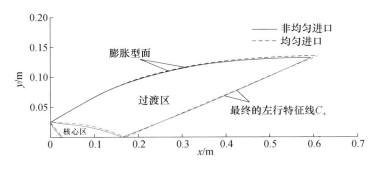

图 5.7　非均匀与均匀进口条件下喷管型线比较

表 5.2　非均匀与均匀进口条件下初始膨胀区起始点位置

x_1/m	x_2/m	x_3/m	x_4/m
0.0261	0.0276	0.1642	0.1707

表 5.3　喷管出口长度和高度比较

入口剖面	L/mm	H/mm
非均匀进口	594.3	132.8
均匀进口	610.2	135.3

为了研究设计程序的准确性,首先通过一维流理论来精确计算喷管的出口面积,然后与设计程序得到的出口面积进行比较,以此来验证程序的准确性。由于在同一条流线上总焓和熵不变,因此出口的总压和总温必定与进口的总压总温分布形式一致,因此根据进出口流量平衡,可得喷管出口面积为

$$Y_e = \sqrt{\frac{p_{\mathrm{in}}}{p_e}}\int_0^{Y_{\mathrm{in}}}\left[\sqrt{\frac{\rho_{\mathrm{in}}}{\rho_e}}\left(\frac{Ma_{\mathrm{in}}}{Ma_e}\right)\right]\mathrm{d}y \tag{5.38}$$

式中　Ma_{in}——已知的进口马赫数分布。

根据同一条流线上进出口总压相等,可得出口马赫数分布为

$$Ma_e = \sqrt{\frac{2}{\gamma-1}\left\{\left(\frac{p_{\mathrm{in}}}{p_e}\right)^{\frac{\gamma-1}{\gamma}}\left[1+\left(\frac{\gamma-1}{2}\right)Ma_{\mathrm{in}}^2\right]-1\right\}} \tag{5.39}$$

如果进口密度(温度)为定值,则进出口密度关系为

$$\frac{\rho_{\mathrm{in}}}{\rho_e} = \left(\frac{p_{\mathrm{in}}}{p_e}\right)^{\frac{1}{\gamma}} \tag{5.40}$$

如果进口密度为非均匀分布,根据同一条流线上总密度一致,则进出口密度关系为

$$\frac{\rho_{\mathrm{in}}}{\rho_e} = \left\{\frac{1+\left[(\gamma-1)/2\right]Ma_e^2}{1+\left[(\gamma-1)/2\right]Ma_{\mathrm{in}}^2}\right\}^{\frac{1}{\gamma-1}} \tag{5.41}$$

表 5.4 为通过一维流理论计算和特征线程序计算所得的喷管出口高度差别,在进口非均匀的条件下,其差别为 0.07%。在等效均匀进口条件下,两者差别为 0.14%。可以看出不论哪种情况下,设计程序所得的喷管出口高度与理论值差别都很小,验证了程序的准确性。

表 5.4　理论和程序计算所得喷管出口高度的差别

入口剖面	理论	特征线	误差/%
非均匀进口	132.7	132.8	0.07
均匀进口	135.1	135.3	0.14

2. 进口马赫数非均匀分布一阶导数不连续

上述给定的是一阶导数连续的进口参数非均匀分布,而对于超声速燃烧室,由于其流动复杂,存在激波、膨胀波多次干扰及反射,很有可能在燃烧室出口还存在膨胀波或压缩波(暂不考虑激波存在的情况),由此可知其截面参数非均匀分布的一阶导数不连续。为了简单起见,本书中给定以下进口马赫数分布,如图 5.8 所示,喷管进口高度为 $Y_{in} = 10mm$。

$$Ma_{in} = \begin{cases} 1.1 + 0.7y/(0.5Y_{in}), y \leqslant 0.5Y_{in} \\ 1.1 + 0.7(Y_{in} - y)/(0.5Y_{in}), y > 0.5Y_{in} \end{cases} \tag{5.42}$$

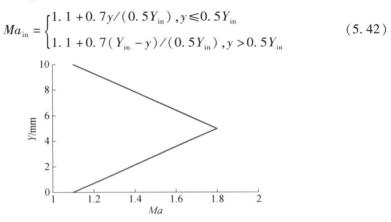

图 5.8　进口马赫数分布

根据上述的一维流理论,可以得到喷管的出口高度为 52.2mm,表 5.5 为设计程序给定进口不同的离散点对喷管设计的影响,可以看到,进口离散点越多,设计程序的计算精度越高。图 5.9、图 5.10 为进口离散点数对喷管出口马赫数分布和总压分布的影响,可以看到,在一阶导数不连续处,其吻合度最低,而增加进口离散点的个数则可以减小差别,提高设计程序的准确度。

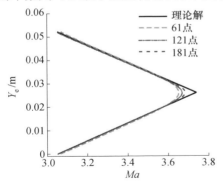

图 5.9　喷管出口马赫数分布

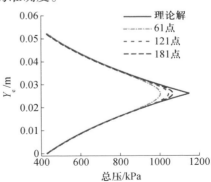

图 5.10　喷管出口总压分布

表 5.5　理论和程序计算所得喷管出口高度的差别

项目	理论解	61 点	121 点	181 点
Y_e/mm	52.2	51.1	51.6	51.9
误差/%	—	2.1	1.1	0.5

5.2.3　不同的马赫数分布形式对喷管设计结果的影响

在 5.2.1 节中,我们假定喷管进口马赫数的分布从中心线的 1.8 连续变化到壁面处的 1.1。

$$Ma_{in} = 1.8 - 0.7y/Y_{in}$$

而在这节中假定马赫数具体数值不变,其一阶导数 $dMa = 0.7y/Y_{in}$,则其分布方式为

$$Ma_{in} = 1.1 + 0.7y/Y_{in} \tag{5.43}$$

图 5.11 为此非均匀与等效均匀进口条件下初始膨胀区右行特征线比较,与图 5.6 相比,非均匀进口条件与均匀进口条件下初始膨胀区的差别减小了,与图 5.6 不同的是,此种进口分布条件下,其初始膨胀区的长度比等效均匀进口条件下的大,然而从图 5.12 中可以看到,等效均匀进口条件下所设计的喷管还是比非均匀进口条件所设计的喷管长,出口面积更大。对比表 5.6 和表 5.3 可以看到,喷管进口的非均匀分布虽然改变喷管的长度,但是不改变喷管出口的高度。两种结果都表明,基于均匀进口设计的喷管比非均匀进口设计的喷管出口要大。

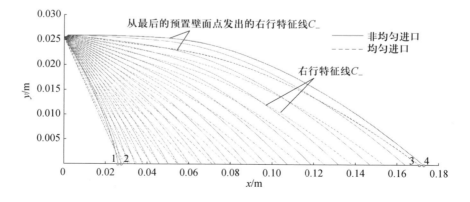

图 5.11　非均匀与均匀进口条件下初始膨胀区右行特征线比较

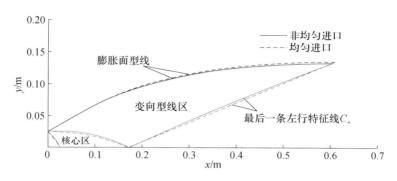

图 5.12　非均匀与均匀进口条件下喷管型线比较

表 5.6　喷管出口长度和高度比较

入口剖面	L/mm	H/mm
非均匀进口	603.6	132.7
均匀进口	609.9	135.2

5.3　进口参数非均匀对喷管性能的影响

之前国内外相关的研究表明,非均匀进口参数分布对喷管推力,特别是升力和俯仰力矩有一定的影响,而究竟是何种参数非均匀以及怎样的非均匀程度对喷管的性能影响最大,则没有一个确定的结论。对于喷管进口非均匀参数分布,如果不考虑组分和比热的非均匀,则进口参数可由压力、温度、马赫数和气流角(p, T, Ma, θ)的分布确定,在本次研究中,暂不考虑进口气流方向角的非均匀。为了得到一般意义的非均匀流场,在给定参数平均值和特定的约束条件下,将流场主要参数按特定函数进行分布,并研究非均匀参数对喷管性能的影响。本书主要研究进口参数按抛物线方式分布,其定义方式如下:

$$\phi(y) = ay^2 + by + c \tag{5.44}$$

每条抛物线的确定需要三个条件进行限定,首先需要保证的就是拟合出的参数与原非均匀流场参数具有相同的平均值。其中参数 ϕ 的平均方式如下:

$$\frac{\int \phi(y)\rho u \mathrm{d}y}{\int \rho u \mathrm{d}y} = \bar{\phi}\ (\phi\ \text{为}\ p\ \text{时},\rho u \mathrm{d}y\ \text{为}\ \mathrm{d}y) \tag{5.45}$$

其中抛物线对称中心的位置因子定义如下:

$$D_{Ma} = \frac{Y_{\text{axis}} - Y_{\text{center}}}{Y_{\text{center}}} \qquad (5.46)$$

式中 Y_{center}——尾喷管进口中心高度；

$\qquad$ Y_{axis}——抛物线对称轴的位置。

最后，根据相关文献[2,3]中描述的喷管进口参数非均匀相对于平均值的偏离程度，本书取非均匀参数剖面中与平均值的最大偏差定义如下：

$$\max(\phi - \bar{\phi}) = \alpha \cdot \bar{\phi} \qquad (5.47)$$

其中 p、T、Ma 的最大偏差取值为 $\alpha_p = 0.2$，$\alpha_T = 0.4$，$\alpha_{Ma} = 0.4$。

表 5.7 为本次研究中喷管进口压力、马赫数、温度的平均值以及喷管进口高度等。

表 5.7　喷管进口参数平均值

p_{in}/kPa	Ma	T_{in}/K	p_e/Pa	γ	Y_{in}/mm
115	2.2	2010	4600	1.25	20

5.3.1　马赫数非均匀分布对喷管性能的影响

在本书的研究中，首先假定喷管进口参数中的一个参数为非均匀分布，其他参数均为均匀分布，由此来研究单个参数非均匀分布对喷管性能的影响。图 5.13 为喷管进口马赫数几种不同的分布方式，各剖面中最小马赫数均为 1.2，其对应的二次曲线系数、位置因子以及非均匀度取值见表 5.8。其中非均匀度的定义方式如式(5.48)所示。从图 5.13 中的马赫数分布可以看到，型线 A 表明马赫数在喷管进口单调分布，在下壁面处最大，越靠近上膨胀面，其值越小。而型线 B 则在喷管进口高度方向呈现对称分布，在喷管进口中心位置处，其值最大，越靠近上、下壁面，其值越小。型线 C 的分布方式与型线 A 的分布方式相反，其最小值在下壁面处，其值沿喷管进口高度方向逐渐增大，在上膨胀面处达到最大。这三种不同的马赫数分布方式可能代表着不同的燃烧室构型或者不同的燃烧组织方式得到的出口流场，具有一定的代表性和研究意义。

表 5.8　喷管进口马赫数分布抛物线系数

型线	a	b	c	D_{Ma}	δ_{Ma}
A	−3450	0	2.58	−1	0.171
B	−13802	276.04	1.2	0	0.171
C	−3450	138	1.2	1	0.171

$$\delta_\phi = \frac{1}{\bar{\phi}} \left\{ \frac{1}{\int \rho u dy} \int (\phi - \bar{\phi})^2 \rho u dy \right\}^{1/2} \quad (\phi \text{ 为 } p \text{ 时,} \rho u dy \text{ 应为 } dy) \qquad (5.48)$$

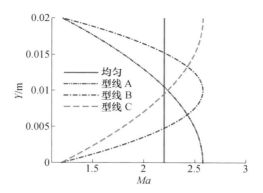

图 5.13 喷管进口马赫数分布

除了不同的马赫数分布形式,还需要考虑在相同的马赫数分布形式下,不同的非均匀程度对喷管性能的影响。为了研究不同非均匀度时,喷管性能的变化,需要在保证参数平均值不变的前提下,改变流场主要参数的非均匀度,形成新的非均匀流场。理论分析如下:

$$\bar{\phi}_1 = \bar{\phi}_2 \tag{5.49}$$

$$\delta_1 = \frac{1}{\phi_1}\left\{\frac{1}{\int \rho u \mathrm{d}y}\int (\phi_1 - \bar{\phi}_1)^2 \rho u \mathrm{d}y\right\}^{1/2} \tag{5.50}$$

$$\delta_2 = \frac{1}{\phi_2}\left\{\frac{1}{\int \rho u \mathrm{d}y}\int (\phi_2 - \bar{\phi}_2)^2 \rho u \mathrm{d}y\right\}^{1/2} \tag{5.51}$$

取 $\delta_2 = a\delta_1$,则有

$$a^2\int (\phi_1 - \overline{\phi_1})^2 \rho u \mathrm{d}y = \int (\phi_2 - \overline{\phi_2})^2 \rho u \mathrm{d}y \tag{5.52}$$

考虑到 $\int (\phi - \overline{\phi})^2 \rho u \mathrm{d}y$ 表示积分求和的概念,又在所有对应微元上 $\rho u \mathrm{d}y$ 都相同,式(5.52)可写成

$$a^2(\phi_1 - \overline{\phi_1})^2 = (\phi_2 - \overline{\phi_2})^2 \tag{5.53}$$

得

$$\phi_2 = a\phi_1 + (1 - a)\bar{\phi}_1 \tag{5.54}$$

满足式(5.55)的主要参数与原非均匀流场有相同的平均参数,且主要参数在整个流场的非均匀度被放大了 a 倍。

根据以上过程,就可以根据某个特定的马赫数分布 ϕ_1 来获得其他非均匀程度

的马赫数分布 ϕ_2。本次研究中又给出了三种非均匀程度的马赫数分布，其 δ_{Ma} 分别为 0.137、0.0855、0.0513。图 5.14 为不同分布形式以及不同非均匀程度的进口马赫数分布。

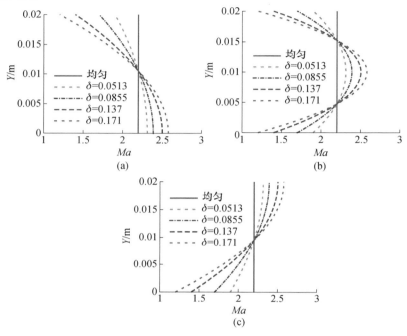

图 5.14　不同非均匀程度的进口马赫数分布

(a) 型线 A；(b) 型线 B；(c) 型线 C。

根据图 5.14 所示的进口马赫数分布进行数值计算，并与均匀进口条件下的数值计算结果进行比较，表 5.9 ~ 表 5.11 分别为非均匀进口条件下和均匀进口条件下喷管的推力、升力及俯仰力矩性能的差别。其中推力系数、升力系数以及俯仰力矩系数的定义如式(5.55) ~ 式(5.60)所示：

$$\Delta C_{fx} = \frac{F_{x,\text{non}} - F_{x,\text{un}}}{F_{\text{id}}} \tag{5.55}$$

$$F_{\text{id}} = I_e - I_{\text{in}} \tag{5.56}$$

$$I_{\text{in}} = \dot{m} V_{\text{in}} + (p_{\text{in}} - p_b) A_{\text{in}} \tag{5.57}$$

$$I_e = \dot{m} V_e = \dot{m} \sqrt{\frac{2\gamma}{\gamma - 1} R T_t \left[1 - \left(\frac{1}{\text{NPR}} \right)^{\frac{\gamma - 1}{\gamma}} \right]} \tag{5.58}$$

$$\Delta C_m = \frac{M_{\text{non}} - M_{\text{un}}}{M_{\text{id}}} \tag{5.59}$$

$$M_{id} = F_{id} \cdot L_{ref} \qquad\qquad (5.60)$$

式中　F_{id}——喷管在理想状况下所能产生的最大推力；

　　　L_{ref}——喷管长度的 1/2。

从表 5.9 ~ 表 5.11 可以看出,在一定的非均匀程度范围内,不论哪种马赫数分布形式,其对推力性能的影响都很小,几乎可以忽略。而在非均匀进口条件下,喷管的升力性能均有一定的下降,并且随着非均匀程度的增加,其升力性能下降也增大,在最大的非均匀程度 $\delta = 0.171$ 时,喷管升力系数下降达 6% ~ 8%。非均匀进口条件下的喷管俯仰力矩系数变化与喷管进口马赫数分布方式有很大关系。当马赫数分布的位置因子 $D_{Ma} = -1$ 时,即马赫数在靠近下壁面处较大而靠近上壁面处较小时,其俯仰力矩系数下降较大,在非均匀程度 $\delta = 0.171$ 时,俯仰力矩系数下降达到 20.78%。当进口马赫数沿喷管进口高度对称分布时,喷管的俯仰力矩系数基本没有变化。而当位置因子 $D_{Ma} = 1$ 时,即最大马赫数在靠近上壁面处时,喷管的俯仰力矩系数反而有一定程度的增加,在 $\delta = 0.171$ 时,俯仰力矩系数增加 7.46%。总体而言,喷管进口马赫数的非均匀分布对喷管的推力性能影响很小,而不论何种马赫数分布方式,都会造成升力系数 6% ~ 8% 的下降。俯仰力矩系数的变化则跟喷管进口的马赫数分布形式有很大关系,这与上、下膨胀面的压力分布有很大关系。

表 5.9　非均匀进口相对均匀进口喷管推力系数变化(ΔC_{fx})　　（%）

D	$\delta = 0.0513$	$\delta = 0.0855$	$\delta = 0.137$	$\delta = 0.171$
−1	0.36	0.39	0.056	−0.51
0	0.35	0.36	−0.039	−0.66
1	0.38	0.42	0.11	−0.44

表 5.10　非均匀进口相对于均匀进口喷管升力系数变化(ΔC_{fy})　　（%）

D	$\delta = 0.0513$	$\delta = 0.0855$	$\delta = 0.137$	$\delta = 0.171$
−1	−1.33	−2.71	−5.53	−7.88
0	−1.41	−2.61	−4.93	−6.85
1	−1.27	−2.35	−4.41	−6.07

表 5.11　非均匀进口相对于均匀进口喷管俯仰力矩系数变化(ΔC_m)　　（%）

D	$\delta = 0.0513$	$\delta = 0.0855$	$\delta = 0.137$	$\delta = 0.171$
−1	−6.77	−11.03	−17.06	−20.78
0	−0.37	−0.24	0.21	0.61
1	1.85	3.30	5.71	7.46

5.3.2 温度非均匀分布对喷管性能的影响

与喷管进口马赫数分布类似,喷管进口温度的分布方式也采用抛物线的形式,其二次曲线系数以及其他参数如表 5.12 所列。图 5.15 为喷管进口不同形式、不同非均匀度的温度分布,其非均匀度 δ_T 分别为 0.194、0.155、0.097、0.0582。

表 5.12　温度分布曲线参数

型线	a	b	c	D_{Ma}	δ_T
A	−3162325	0	2470.93	−1	0.194
B	−12650130	253002.6	1206	0	0.194
C	−3162325	126493	1206	1	0.194

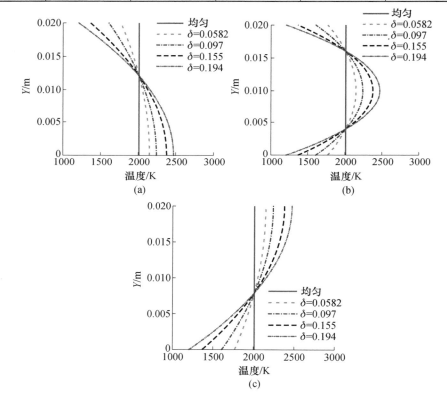

图 5.15　喷管进口温度非均匀分布
(a) 型线 A;(b) 型线 B;(c) 型线 C。

表 5.13~表 5.15 所列为喷管在温度非均匀进口条件下,其推力系数、升力系数和俯仰力矩系数的变化。可以看到,在本书研究的温度范围内,喷管进口温度的

非均匀分布对喷管推力、升力和俯仰力矩影响都不大,这与文献[4]给出的结果一致。这说明在喷管的设计过程中,可以暂不考虑进口温度的非均匀影响。

表 5.13　非均匀进口相对均匀进口喷管推力系数变化(ΔC_{fx})　（%）

D	$\delta = 0.0582$	$\delta = 0.097$	$\delta = 0.155$	$\delta = 0.194$
−1	0.16	0.13	−0.15	−0.46
0	0.16	0.13	−0.12	−0.45
1	0.16	0.13	−0.14	−0.49

表 5.14　非均匀进口相对均匀进口喷管升力系数变化(ΔC_{fy})　（%）

D	$\delta = 0.0582$	$\delta = 0.097$	$\delta = 0.155$	$\delta = 0.194$
−1	0.088	0.13	0.36	0.70
0	0.23	0.28	0.39	0.53
1	−0.11	−0.072	−0.015	0.0059

表 5.15　非均匀进口相对均匀进口喷管俯仰力矩系数变化(ΔC_m)　（%）

D	$\delta = 0.0582$	$\delta = 0.097$	$\delta = 0.155$	$\delta = 0.194$
−1	0.43	0.46	0.61	0.48
0	0.71	0.73	0.43	0.065
1	0.035	0.046	−0.24	−0.73

5.3.3　压力非均匀分布对喷管性能的影响

由于喷管壁面的压力分布直接影响到喷管的推力、升力和俯仰力矩性能,因此喷管进口压力的非均匀分布可能会对喷管壁面压力造成一定的影响,从而影响喷管的性能。从文献[2,5]中给出的喷管进口压力非均匀分布情况来看,压力的非均匀程度一般比其他参数小,这可能是由于在流动过程中压力的匹配过程比较快。在本次研究中,压力非均匀分布与平均值的最大偏差约为平均值的 0.2 倍,压力最小值为 92kPa。表 5.16 为压力非均匀进口二次曲线系数。图 5.16 为不同形式和不同非均匀度的压力分布曲线,本次研究中,压力非均匀 δ_p 取值分别为 0.0894、0.0715、0.0447、0.0268。

表 5.16　压力非均匀分布曲线各项系数

型线	a	b	c	D_{Ma}	δ_p
A	−86250	0	126.5	−1	0.0894
B	−345001	6900.02	92	0	0.0894
C	−86250	3450	92	1	0.0894

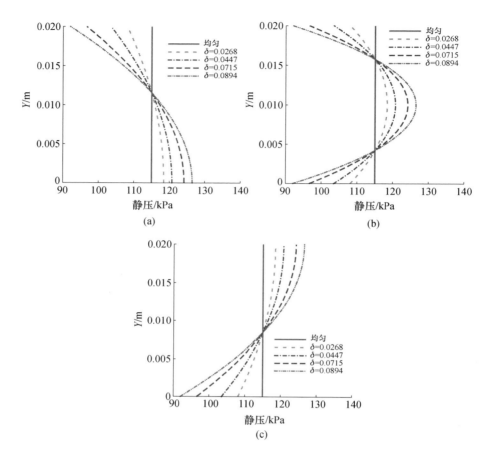

图 5.16　喷管进口压力非均匀分布
（a）型线 A；（b）型线 B；（c）型线 C。

表 5.17 ~ 表 5.19 为压力非均匀进口条件下喷管的推力系数、升力系数和力矩系数的变化。可以看到,在压力非均匀进口条件下,喷管的推力系数、升力系数变化都非常小,这与直观的预期有一定的差异。图 5.17 中的壁面压力分布曲线也说明了这一点,虽然三种不同的进口压力分布形式差别很大,但是壁面压力总能在很短的距离内调整到相同的数值,在此之后,壁面压力分布基本重合,这说明压力的匹配过程是非常快的。因此,在一定范围内,压力进口的非均匀对喷管推力、升力性能影响不会很大。而压力非均匀进口对俯仰力矩有一定的影响,但同样也比较小,且与进口压力分布的形式有关。

表 5.17　非均匀进口相对均匀进口喷管推力系数变化（ΔC_{fx}）　　（%）

D	$\delta = 0.0268$	$\delta = 0.0447$	$\delta = 0.0715$	$\delta = 0.0894$
−1	0	0	0	0
0	0	0	0	0
1	0.008	0.012	0.032	0.048

表 5.18　非均匀进口相对均匀进口喷管升力系数变化（ΔC_{fy}）　　（%）

D	$\delta = 0.0268$	$\delta = 0.0447$	$\delta = 0.0715$	$\delta = 0.0894$
−1	−0.09	−0.17	−0.28	−0.38
0	−0.089	−0.11	−0.097	−0.093
1	−0.032	−0.036	0	0.020

表 5.19　非均匀进口相对均匀进口喷管俯仰力矩系数变化（ΔC_{m}）　　（%）

D	$\delta = 0.0268$	$\delta = 0.0447$	$\delta = 0.0715$	$\delta = 0.0894$
−1	−0.99	−1.73	−2.74	−3.41
0	−0.13	−0.17	−0.11	−0.056
1	0.84	1.41	2.32	2.91

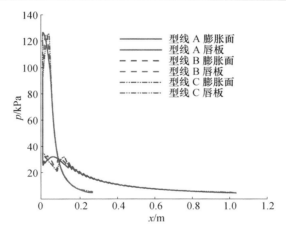

图 5.17　三种不同进口压力分布条件下的喷管壁面压力分布

5.4　考虑进口参数非均匀的尾喷管设计与实验验证

由上述的研究结果可以看到,在一定的进口非均匀范围内,马赫数非均匀分布对喷管的性能影响最大,那么在考虑进口马赫数非均匀的前提下来设计非对称喷管是非常必要的,具体设计过程见 5.2 节的叙述。为了便于分析,假定非对称喷管的下壁面没有膨胀,为平直线。图 5.18 所示为喷管进口几种不同的马赫数分布,图 5.19 所示为对应的喷管型面。可以看到,按照均匀和非均匀进口设计的喷管型面还是有一定的差别,非均匀进口所设计的喷管出口高度通常更小,长度更短,这就很可能造成喷管性能的差别。

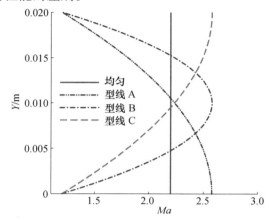

图 5.18　几种进口马赫数剖面

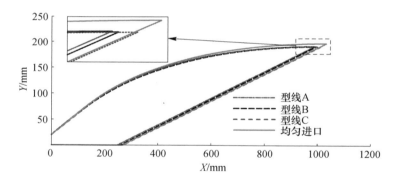

图 5.19　不同进口马赫数分布下的喷管型面

表 5.20 和表 5.21 所列为非均匀相对于均匀进口设计的喷管在相同的入口条件下,其推力、升力和俯仰力矩性能的提升。可以看到,考虑非均匀进口设计对喷管的推力提升很小。前面的研究结论表明:非均匀进口对喷管推力的影响很小,那么必然地,考虑非均匀进口的设计对喷管的推力提升也同样很小。而考虑非均匀进口的设计对喷管的升力性能提升较大,三种不同的进口马赫数分布所设计的喷管升力提升都在 6% 左右。非均匀进口马赫数设计的喷管所带来的俯仰力矩提升在进口马赫数剖面为 A 和 C 时为正值,在进口马赫数剖面为 B 时为负值,呈现不

规律的变化,这表明喷管俯仰力矩的变化与进口马赫数的分布形式有一定关系。

表 5.20　均匀设计和非均匀设计喷管推力、升力差别

型线	F_{id}/N	$F_{x,un}/N$	$F_{x,non}/N$	$\Delta C_{fx}/\%$	$F_{y,un}/N$	$F_{y,non}/N$	$\Delta C_{fy}/\%$
A	2363.2	2330.8	2333.7	0.12	−324.7	−184.2	5.94
B	2363.2	2327.2	2332.4	0.22	−300.2	−155.2	6.13
C	2363.2	2332.4	2334.6	0.093	−281.7	−129.8	6.43

表 5.21　均匀设计和非均匀设计喷管俯仰力矩差别

型线	M_{id}	M_{un}	M_{non}	$\Delta C_{m}/\%$
A	1181.6	1260.1	1284.0	2.02
B	1181.6	1514.1	1458.9	−4.67
C	1181.6	1595.4	1612.0	1.40

　　虽然前面的研究表明,喷管进口温度的非均匀对喷管性能影响不大。但这里还是尝试在喷管设计过程中考虑进口温度非均匀的影响,来探讨喷管的性能是否会有提升。图 5.20 所示为几种不同的进口温度分布和相对应的平均温度。图 5.21 所示为考虑进口温度非均匀所设计的喷管型面。可以看到,几个喷管型面基本重合,差别非常小。考虑进口温度非均匀对喷管的型面设计影响很小,必然地,对喷管的性能的影响也将很小。

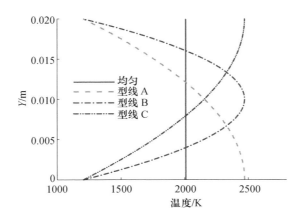

图 5.20　喷管进口温度的非均匀分布

　　从表 5.22 和表 5.23 中可以看到,考虑进口温度非均匀设计的喷管在推力、升力和俯仰力矩性能方面都提升很小,这说明在实际喷管的设计过程中,可以不考虑温度非均匀的影响。

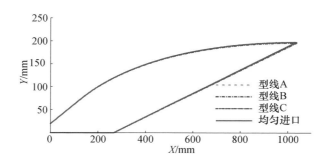

图 5.21　考虑进口温度非均匀设计的喷管型面

表 5.22　均匀设计和非均匀设计喷管推力、升力差别

型线	F_{id}/N	$F_{x,un}$/N	$F_{x,non}$/N	ΔC_{fx}/%	$F_{y,un}$/N	$F_{y,non}$/N	ΔC_{fy}/%
A	2488.8	2432.6	2432.5	0	−126.0	−117.2	0.35
B	2488.8	2432.9	2432.8	0	−130.3	−100.7	1.19
C	2488.8	2431.8	2334.6	0.11	−143.3	−149.8	−0.26

表 5.23　均匀设计和非均匀设计喷管俯仰力矩差别

型线	M_{id}	M_{un}	M_{non}	ΔC_m/%
A	1244.4	1577.9	1573.9	−0.32
B	1244.4	1572.7	1575.2	0.20
C	1244.4	1562.8	1560.7	−0.17

5.4.1　考虑非均匀进口的喷管设计实例

　　超声速气流由于飞行器前体、进气道以及隔离段的压缩,在燃烧室掺混燃烧,燃烧室出口的气流呈现相当大的不均匀性,从而对喷管性能,特别是升力和俯仰力矩造成一定的影响,因此有必要在设计阶段就考虑喷管进口的非均匀性。下面针对两种不同的燃烧室出口参数分布来设计喷管,为方便起见,分别称为算例 A 和算例 B。其中算例 A 的喷管进口数据取之于经典的 Burrows – Kurkov 超燃燃烧室的实验数据[3],其燃烧室构型如图 5.22 所示。图 5.23 所示为燃烧室出口的马赫数分布和总温分布。可以看到,其马赫数分布还是有相当大的不均匀性。由于实验中燃烧室出口截面静压无法测得,因此假定燃烧室出口静压为均匀值。算例 B 的喷管进口马赫数分布取自文献[6],如图 5.24 所示在算例 B 中,喷管进口压力和静温都认为是常值。算例 A 和算例 B 喷管进口的其他参数如表 5.24 所列。

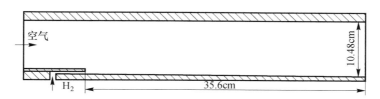

图 5.22　Burrows – Kurkov 燃烧室构型

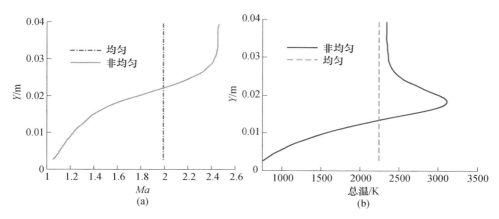

图 5.23　算例 A 喷管进口非均匀参数分布

（a）进口马赫数分布；（b）进口总温分布。

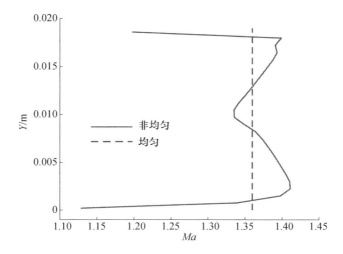

图 5.24　算例 B 进口马赫数分布

表 5.24　喷管进口参数

型线	p_{in}/kPa	T_{in}/K	p_e/kPa	$R/(J/(kg \cdot K))$	γ	G	Y_{in}/mm
算例 A	115	—	4550	287.06	1.25	0.3	37.1
算例 B	115	2010	4600	287.06	1.25	0.3	18.6

图 5.25 所示为非均匀和均匀进口条件下喷管型线比较。可以看到,非均匀进口条件下所设计的喷管更短,出口面积更小,这也与上述分析一致。图 5.26 为算例 A 和算例 B 在非均匀进口条件下喷管压力等值线图,可以看出喷管出口都达到了均匀的压力。

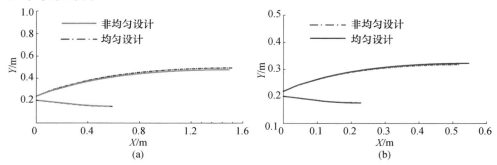

图 5.25　均匀和非均匀进口所设计喷管型线的比较

（a）算例 A；（b）算例 B。

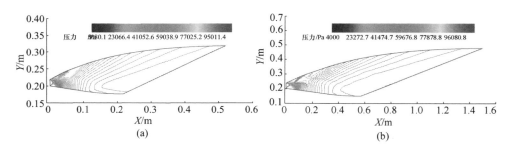

图 5.26　算例 A 和算例 B 非均匀进口条件所设计喷管的压力等值线图

（a）算例 A；（b）算例 B。

图 5.27 给出了均匀和非均匀进口条件下所设计喷管壁面无量纲压力分布的对比。可以看到,均匀和非均匀进口设计喷管两者压力分布非常接近,仅在上膨胀面前部有一定的差别,这可能会造成喷管推力、升力的差别,而在喷管上膨胀面后部相当长的一部分,压力几乎一致,因此喷管膨胀面后半部分由于非均匀进口设计造成的性能提升较小。为减小喷管长度,可以考虑截短,这样也不会影响考虑非均匀进口所设计喷管的性能增益。

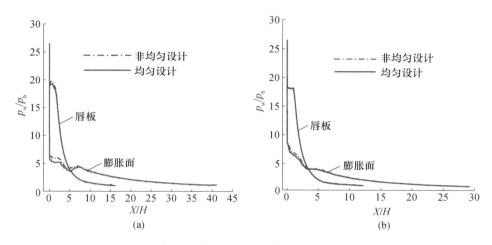

图 5.27　均匀和非均匀进口设计壁面压力分布比较

（a）算例 A；（b）算例 B。

　　为了定量分析考虑非均匀进口条件所设计喷管的性能增益,下面将定义喷管的推力、升力和力矩评价标准,图 5.28 为喷管压力积分边界,式（5.62）和式（5.63）为喷管压力积分计算公式,如果是有黏计算,则还需要减去黏性阻力。喷管的推力、升力和力矩增益系数定义与式（5.56）～式（5.61）类似,只不过其中 $F_{x,\mathrm{non}}$ 为考虑进口非均匀所设计喷管所产生的推力,$F_{x,\mathrm{un}}$ 为相同条件下均匀设计喷管所产生的推力,F_{id} 为在相同压比下均匀进口设计喷管所能产生的最大净推力。表 5.25 中给出算例 A 和算例 B 非均匀设计的推力和升力增益,可以看到在设计点附近,考虑进口非均匀设计喷管所能获得的推力增益都不大,算例 A 为 0.6% ,算例 B 为 0.31% ,均不超过 1% 。而非均匀设计所获得升力增益是可观的,其中算例 A 非均匀设计的升力增益为 3.99% ,而算例 B 非均匀设计的升力增益为 4.32% 。

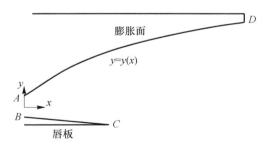

图 5.28　压力积分边界

$$F_x = \int_A^D (p_\mathrm{w} - p_\mathrm{b}) \,\mathrm{d}y + \int_C^B (p_\mathrm{w} - p_\mathrm{b}) \,\mathrm{d}y \tag{5.61}$$

$$F_x = \int_A^D (p_w - p_b)\,\mathrm{d}x - \int_C^B (p_w - p_b)\,\mathrm{d}x \qquad (5.62)$$

表 5.25　非均匀设计喷管性能提升

算例	F_{id}/N	$F_{x,un}/N$	$F_{x,non}/N$	$\Delta C_{fx}/\%$	$F_{y,un}/N$	$F_{y,non}/N$	$\Delta C_{fy}/\%$
算例 A	4044.7	3919.6	3943.9	0.60	−170.7	−9.3	3.99
算例 B	1712.1	1689.8	1695.1	0.31	−75.3	−1.4	4.32

5.4.2　截短对非均匀进口喷管性能的影响

事实上,通常在设计点所得到的理想喷管较长,而且研究表明,喷管的推力主要是由喷管的前半部分产生,在喷管的后半部分,压力降到较低的值,并且喷管型面趋于平缓,如图 5.27 所示,因此其产生的推力很小,然而却大大增加了飞行器的重量,反而得不偿失。因而在设计点设计的喷管需要截短来减小长度,降低阻力,减少重量和造价。图 5.29 为喷管截短示意图,η 为截短比例,在截短过程中,上、下壁面截短同样的比例。本书中,针对算例 B 非均匀设计的喷管截短比例分别为20%、40%、60%,表 5.26 列出了截短造成的喷管推力损失。可以看到,在截短比例较小时,对推力损失的影响非常小,即使截去 60% 后,净推力也只是减少9.19%,并不会造成很大的推力损失,然而重量却可以大大减轻。因此本书将截去60% 后的喷管用作进一步的研究,同样,为了便于比较,将均匀进口设计的喷管也截短到同样的长度。

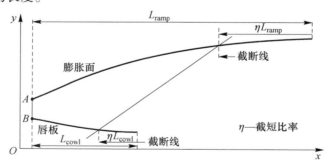

图 5.29　喷管截短示意图

表 5.26　截短对喷管推力性能的影响

η	0	0.2	0.4	0.6
非均匀设计/N	1695.1	1686.8	1666.6	1539.2
推力损失百分比/%	—	0.48	1.68	9.19

图 5.30 为截短后均匀设计与非均匀设计喷管型面的比较。可以看到,两喷管

的下膨胀面型面差别非常小,基本重合,均匀设计喷管的上膨胀面初始膨胀角比非均匀设计的大一些,这就可能造成压力在喷管前半部分下降较快,从而造成推力和升力的减小。表 5.27 ~ 表 5.29 所列为截短后喷管在不同压比下的性能差异,其中喷管落压比定义为喷管进口平均总压与背压之比。喷管截短后,根据进出口面积比计算的名义落压比在 35 左右,表 5.27 中的落压比范围包含了喷管工作在过膨胀、完全膨胀以及欠膨胀的状态。总体而言,在所研究的压比范围内,非均匀设计所获得的喷管推力增益较小,欠膨胀状态下低于 1% ,甚至可以忽略,而升力和力矩的增益则比较可观,升力增益在欠膨胀状态时达到 4% 左右,过膨胀状态最大为 5.8% 。力矩增益在欠膨胀状态下约 3% ,过膨胀状态最大为 5.3% 。

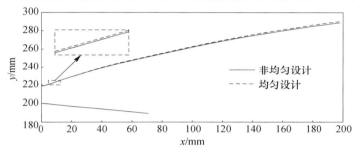

图 5.30　截短后喷管型线比较

表 5.27　截短后喷管在不同压比下的推力特性

NPR	F_{id}/N	$F_{x,un}/N$			$F_{x,non}/N$			
		黏性力	合力	$C_{f,x}$	黏性力	合力	$C_{f,x}$	$\Delta C_{f,x}/\%$
25	1016.5	-163.1	689.1	0.6779	-163.8	704.9	0.6935	1.56
35	1231.6	-163.1	1012.6	0.8221	-163.8	1022.4	0.8301	0.80
45	1388.2	-163.0	1192.4	0.8589	-163.8	1198.8	0.8636	0.47
55	1509.9	-163.0	1306.7	0.8654	-163.8	1311.1	0.8683	0.29
65	1608.6	-163.0	1385.9	0.8615	-163.8	1388.8	0.8634	0.19

表 5.28　截短后喷管在不同压比下的升力特性

NPR	F_{id}/N	$F_{y,un}/N$			$F_{y,non}/N$			
		黏性力	合力	$C_{f,y}$	黏性力	合力	$C_{f,y}$	$\Delta C_{f,y}/\%$
25	1016.5	26.3	-1432.0	-1.4087	25.9	-1372.9	-1.3506	5.81
35	1231.6	26.2	-933.8	-0.7582	25.9	-874.8	-0.7103	4.79
45	1388.2	26.3	-657.1	-0.4733	25.9	-598.1	-0.4308	4.25
55	1509.9	26.3	-481.0	-0.3185	25.9	-421.9	-0.2794	3.91
65	1608.6	26.3	-359.0	-0.2232	26.9	-300.0	-0.1865	3.67

表 5.29　截短后喷管在不同压比下的力矩特性

NPR	$M_{id}/N \cdot m$	$M_{un}/N \cdot m$			$M_{non}/N \cdot m$			
		合力	黏性力	C_m	合力	黏性力	C_m	$\Delta C_m/\%$
25	100.6	−14.1	−2.5	−0.1401	−8.8	−2.5	−0.0875	5.26
35	121.9	68.0	−2.5	0.5578	72.8	−2.5	0.5972	3.94
45	137.4	113.6	−2.5	0.8268	118.2	−2.5	0.8603	3.35
55	149.5	142.6	−2.5	0.9538	147.0	−2.5	0.9833	2.95
65	159.2	162.8	−2.5	1.0226	166.9	−2.5	1.0484	2.58

图 5.31 所示为非均匀设计和均匀设计喷管出口气流角度。可以看到,在靠近上膨胀面的部分,均匀设计喷管的气流偏角较大。按照喷管出口扩散系数的计算方式(式(5.64)),表 5.30 列出了非均匀设计和均匀设计喷管出口扩散系数,非均匀设计喷管出口扩散系数为 0.9879,而均匀设计喷管出口扩散系数为 0.9868,可以看到均匀设计喷管其出口由于气流扩散损失较大。由经验可知,喷管净推力系数的下降会比喷管总推力的下降大一个数量级,虽然均匀设计出口扩散损失比非均匀设计扩散损失大 0.11%,但是由此造成的净推力系数损失可在 1% 量级。

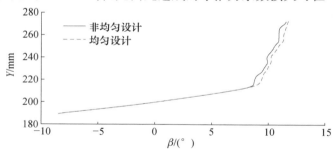

图 5.31　喷管出口气流角度沿 Y 向分布

$$C_{ea} = \frac{1}{A_e} \int \frac{V_e \cos\beta_j}{V_e} \mathrm{d}y = \frac{1}{A_e} \int \cos\beta_j \mathrm{d}y \tag{5.63}$$

表 5.30　非均匀设计和均匀设计喷管出口扩散系数

出口扩散系数	$C_{a,un}$	$C_{a,non}$
数值	0.9868	0.9879

5.4.3　实验验证

对于进口均匀的超燃冲压发动机喷管实验来说,通常需要在尾喷管前面配备一个能产生均匀超声速气流的拉瓦尔喷管[7,8]，而对于非均匀进口的超燃冲压发动机尾喷管实验，则需要提供一个能产生非均匀气流的模拟器。图 5.32 为本次实验非均匀模型器示意图，其由能产生均匀超声速气流的风洞喷管、附面层排移槽、附面层发展段和配波段构成。首先由风洞喷管提供出口马赫数均匀的超声速气流；其次由附面层排移槽和附面层发展段形成主流两侧不同的附面层厚度；最后由配波段实现模拟器出口马赫数沿高度方向上的非均匀分布。为了研究非设计状态下尾喷管的性能，在设计点马赫数分布（$Ma_{100\%}$，见图 5.24）的基础上，通过缩放获得非设计点马赫数 $Ma_{150\%}$，其计算方法如下：

$$Ma_{150\%} = (Ma_{100\%} - \overline{Ma}) \cdot 150\% + \overline{Ma} \tag{5.64}$$

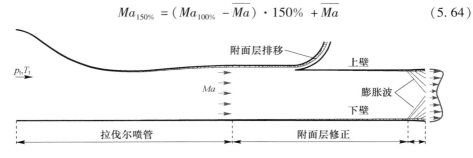

图 5.32　非均匀流模拟器示意图

为了使非均匀模拟器的出口马赫数更好地呈现二维特性，模拟器通道的侧壁需要进行相关的附面层修正，并对其进行三维数值模拟来获得模拟器出口的马赫数图谱。由于模拟器通道具有很好的对称性，为减小计算量，由对称中心面取 1/2 模型作为计算域，三维的网格划分如图 5.33 所示。图 5.34 所示为设备喷管出口截面的马赫数等值线。由图可见，出口截面的马赫数分布在横向位置基本一致，呈现较好的二元特性，能够满足二元喷管的实验要求。

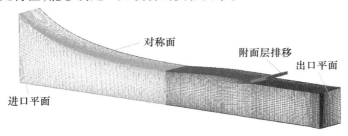

图 5.33　非均匀流模拟器计算网格

喷管实验台采用高低压气源联合的工作方式，并且需配备合适的引射装置，以达到稳定的、较高的落压比。如图 5.35 所示，喷管实验台主要由以下几部分组成：电动主流阀、总压探针、模型实验件、实验舱、真空阀等，电动主流阀门之前是由压

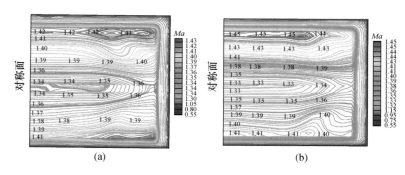

图 5.34　出口截面马赫数等值线

（a）$Ma_{100\%}$；（b）$Ma_{150\%}$。

气机组和容积为 $25m^3$、最高耐压为 15 个大气压的储气罐组成的高压气源,包括必要的高压管路和控制阀门。真空阀之后连接最大体积为 $600m^3$ 的真空舱,并且由 5 台真空泵源源不断地抽吸以维持实验所需的真空条件。

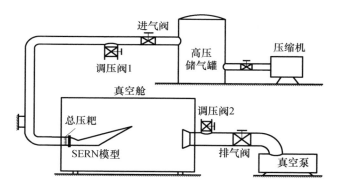

图 5.35　实验台示意图

为了标定非均匀流模拟器出口的流场马赫数分布情况,在其出口放置皮托耙,如图 5.36 所示,实验中需要测试设备喷管进口自由来流的总压 p_t 和出口的皮托压 p_{pitot},按式(5.66)计算得到模拟器出口流场的马赫数沿高度方向的分布,式中 γ 为气体的比热比,实验中气体为空气,γ 取为 1.4,Ma 为待测的出口气流马赫数。

由于非均匀模拟器的出口高度较小,每次只能测量高度方向上四个点的皮托压,而四个测点不足以校核出口流场马赫数分布,因此模拟器出口流场的校核实验需分两次进行,测点交叉布置,两次实验共测得七个点的皮托压,再根据式(5.66)计算出相应测点的马赫数。

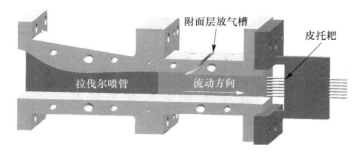

图 5.36　非均匀流模拟器模型

$$\frac{p_{\text{pitot}}}{p_{\text{t}}} = \frac{\left(\dfrac{\dfrac{\gamma+1}{2}Ma^2}{1+\dfrac{\gamma-1}{2}Ma^2}\right)^{\frac{\gamma}{\gamma-1}}}{\left(\dfrac{2\gamma}{\gamma+1}Ma^2 - \dfrac{\gamma-1}{\gamma+1}\right)^{\frac{1}{\gamma-1}}} \qquad (5.65)$$

图 5.37 所示为实验、计算和非均匀流模拟器目标出口马赫数之间的比较。可以看到,出口中心线上计算得到的马赫数分布与目标值非常接近,与实验测量值也比较吻合,相对偏差为

$$e = \frac{|Ma_{\exp} - Ma_{\text{target}}|}{Ma_{\text{target}}} \times 100\% \qquad (5.66)$$

式中　$Ma_{\exp}$、Ma_{target}——实验测量马赫数和相应位置上的目标马赫数,其中在 $Ma_{100\%}$ 最大相对偏差为 1.86%,$Ma_{150\%}$ 最大相对偏差为 1.95%。

实验取得了非常好的效果,模拟器出口气流的马赫数分布情况非常符合预期,能够满足后续非均匀进口尾喷管直连实验的要求。

实验模型结构如图 5.38 所示,喷管实验模型主要由安装法兰、非均匀流模拟段和非对称喷管膨胀段组成。在非对称喷管上、下膨胀壁面的中心线上沿程分别布置了 19 个、7 个直径为 0.8mm 的静压测点,用于检测喷管的沿程压力分布。

为了获得喷管详细的流场特征,采用 Fluent 软件对其进行数值模拟,湍流模型采用 RNG $k-\varepsilon$,边界条件如图 5.39 所示,整个计算域的网格量在 110 万左右。为了验证数值计算对网格的无关性,先采用疏、中、密三套网格对喷管流道进行计算。图 5.40 所示为不同网格尺度下喷管上膨胀面压力分布与实验值的对比。可以看到,不同网格尺寸下壁面无量纲压力分布几乎没有差别,与实验值也比较吻合,这说明在壁面压力分布预测方面,网格尺度影响不大,在本书以下的研究中,采用

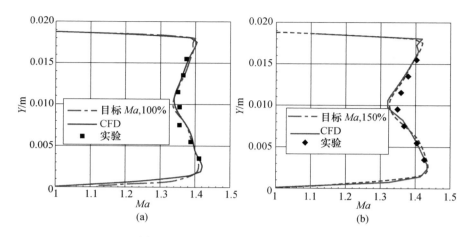

图 5.37　出口马赫数计算和实验对比

（a）$Ma_{100\%}$；（b）$Ma_{150\%}$。

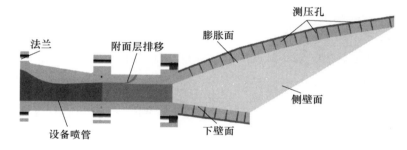

图 5.38　喷管实验模型

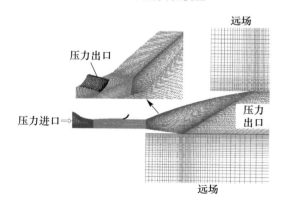

图 5.39　喷管计算域图

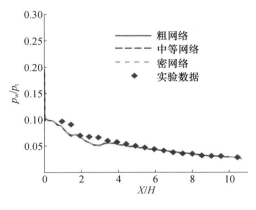

图 5.40　网格无关验证

110 万的中等网格量。

　　图 5.41 所示为两套喷管在非均匀进口条件下上膨胀面实验与数值模拟结果的比较。横坐标为测点位置,以尾喷管的进口高度 H 无量纲化;纵坐标为壁面静压,以进口总压 p_t 无量纲化。图中红色实线、蓝色虚线为非均匀、均匀进口设计尾喷管上膨胀面数值模拟的结果,红色方形点、蓝色圆形点分别为非均匀、均匀进口设计尾喷管上膨胀面的实验结果。由图可知:在欠膨胀状态下,喷管壁面无分离,实验结果与数值模拟结果吻合非常好。

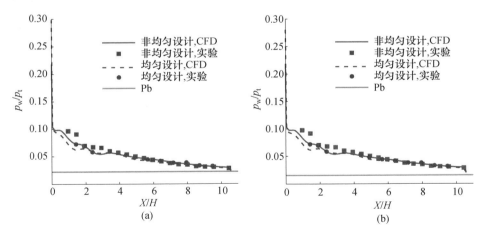

图 5.41　喷管上壁面压力分布
（a）NPR = 45；（b）NPR = 65。

　　本实验主要验证非均匀进口设计相对于均匀进口设计所得到喷管的性能提升,而从图 5.41 可以看出,无论是从数值计算还是实验方面比较,考虑进口参数非均匀设计的喷管壁面压力分布在初始膨胀阶段都高于均匀进口设计喷管的压力分布。为了从实验中获得非均匀设计喷管相对于均匀设计喷管的性能增益,将通过喷管壁面 PSI 测量压力的积分来获得喷管的推力和升力,压力积分计算方式如式(5.68)~式(5.73)所示,由于喷管壁面 PSI 压力测量点有限,两个离散点之间的压力数值通过样条拟合方式获得,如图5.42所示。表5.31、表5.32所列为数值计算和实验得到的非均匀设计喷管的性能提升量。可以看到,从实验中得到的非均匀设计喷管性能增益

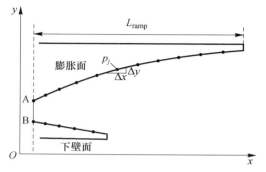

图 5.42　壁面压力积分点

较计算的大。一方面是由于在实验压力积分过程中假定膨胀面展向方向压力是一样的;另一方面是在两者压力有差别的地方测压点偏少,而压力值的拟合也会带来一些误差。总体而言,计算和实验的结果都说明在设计点上,非均匀设计相对于均匀设计的喷管,其升力和俯仰力矩都有5%~6%的提升。

$$\mathrm{d}F_x = (p_j - p_\infty) \cdot \Delta y_j \tag{5.67}$$

$$\mathrm{d}F_y = (p_j - p_\infty) \cdot \Delta x_j \tag{5.68}$$

$$\Delta x_j = \frac{x_{j+1} - x_{j-1}}{2} \tag{5.69}$$

$$\Delta y_j = \frac{y_{j+1} - y_{j-1}}{2} \tag{5.70}$$

$$F_x(\mathrm{PSI}) = \sum \mathrm{d}F_x \tag{5.71}$$

$$F_y(\mathrm{PSI}) = \sum \mathrm{d}F_y \tag{5.72}$$

表 5.31　计算得到的喷管性能增益

NPR	$\Delta C_{fx,\mathrm{CFD}}/\%$	$\Delta C_{fy,\mathrm{CFD}}/\%$	$\Delta C_{m,\mathrm{CFD}}/\%$
25	2.60	7.10	7.09
35	1.48	5.86	5.35
45	1.03	5.18	4.48
55	0.74	4.78	3.92
65	0.58	4.45	3.61

表 5.32　实验压力积分得到的喷管性能增益

NPR	$\Delta C_{fx,Exp}/\%$	$\Delta C_{fy,Exp}/\%$	$\Delta C_{m,Exp}/\%$
25	3.12	8.41	8.32
35	1.75	6.51	6.35
45	1.33	5.92	5.76
55	0.93	5.37	4.63
65	0.71	5.01	4.22

　　图 5.43 所示为喷管上膨胀面压力在 y 方向上的分布规律。可以看到,非均匀设计相对于均匀设计的喷管压力升高的部分在 $0<Y/H<0.8$ 范围内,因此其推力积分的差别较小。而在图 5.41 中,两套喷管压力差别较大的区域在 $0<Y/H<2.5$ 范围内,因此其压力积分得到的升力差别也就比较大。这也可以解释为什么由非均匀设计得到的升力增益比推力增益大得多。图 5.44 所示为非均匀设计喷管在不同进口条件下($Ma100\%$ 和 $Ma150\%$)和不同落压比下的推力、升力及力矩性能的增益。可以看到,进口马赫数非均匀度的变化对喷管性能增益的影响非常小,而落压比对非均匀设计喷管性能增益的影响较大。总体而言,随着落压比的增大,非均匀设计喷管的优势减弱,这主要是由于落压比增大,喷管的欠膨胀损失所占的比例增大,相应地,非均匀设计所带来增益比例就会下降。虽然在欠膨胀状态下非均匀设计喷管的增益减少,其推力增益小于 1%,几乎可以忽略,但是升力和力矩的增益仍然有 4%~5%,这会给飞行器的力矩配平带来一定的影响,是不容忽略的,因此针对非均匀进口的喷管设计还是非常有必要的。

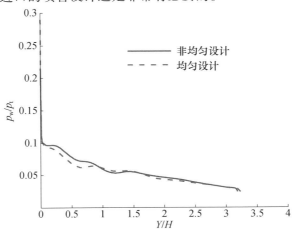

图 5.43　压力在喷管膨胀面分布(以 Y 向为坐标)

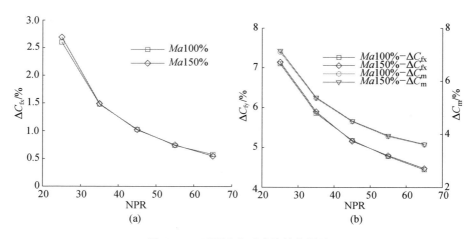

图 5.44　不同压比下喷管性能增益

（a）轴向推力系数增益；（b）升力和力矩系数增益。

当喷管工作在完全膨胀以及欠膨胀状态时，以总压无量纲化的壁面压力分布则完全一致，不再随落压比的变化而变化，如图 5.45 所示。对于考虑进口非均匀设计和均匀设计的喷管，其压力差别的区间则不随落压比变化，只与进口总压相关，因此可以用 $p_t A$ 将升力增量无量纲化，图 5.46 给出了 $\Delta F_y / (p_t A)$ 随落压比的变化。可以看到，在所有落压比下，这一数值保持在 1.67% 附近。只需知道非均匀设计喷管相对于均匀设计喷管在一个落压比下升力的增量，在其他落压比下非均匀设计喷管的升力增量即可通过系数 $\Delta F_y / (p_t A)$ 求得，而不需要更多的计算和实验，因此系数 $\Delta F_y / (p_t A)$ 可以作为衡量非均匀设计喷管升力增益的另一个重要参量。

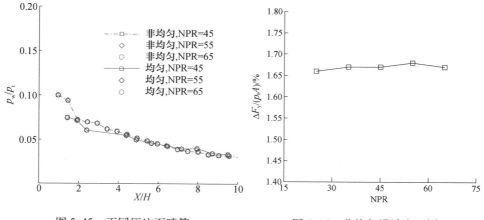

图 5.45　不同压比下喷管
压力分布

图 5.46　非均匀设计在不同
压比下推力增益

参考文献

[1] Zucrow M J, Hoffman J D. Gas Dynamics：Vol. 2[M]. New York：Wiley, 1976.

[2] Ogawa H, Boyce R R. Nozzle design optimization for axisymmetric scramjets by using surrogate – assisted evolutionary algorithms[J]. Journal of Propulsion and Power, 2012,28(6):1324 – 1338.

[3] Burrows M C,Kurkov A P. Analytical and experimental study of supersonic combustion of hydrogen in a vitiated airstream[R]. NASA TM X – 2828,Washington：NASA,1973.

[4] 王晓栋, 乐嘉陵. 入口温度剖面对喷管流场结构的影响[J]. 推进技术, 2002, 23(4): 283 – 286.

[5] Ebrahimi H B, Lankford D W. Numerical study of phenomena affecting the prediction of scramjet combustor and nozzle performance[C]. AIAA Paper 93 – 0024, Reston：AIAA,1993.

[6] 全志斌, 徐惊雷, 李斌,等. 超燃冲压发动机尾喷管非均匀进口的冷流实验与数值模拟研究[J]. 航空学报, 2013,34(10):2308 – 2315.

[7] Hirschen C, Gülhan A, Beck W H, et al. Measurement of flow properties and thrust on scramjet nozzle using pressure – sensitive paint[J]. Journal of Propulsion and Power, 2009,25(2):267 – 280.

[8] Hirschen C,Gülhan A. Infrared thermography and pitot pressure measurements of a scramjet nozzle flowfield [J]. Journal of Propulsion and Power, 2009,23(5):1108 – 1120.

第6章 考虑化学非平衡效应的非对称二元喷管设计

在火箭发动机和亚燃冲压发动机的性能估算中,由于气流的膨胀过程很快,通常假设喷管内为化学冻结流动[1]。然而,对于高超声速推进系统而言,气流在超燃冲压发动机燃烧室停留的时间非常短,通常为毫秒量级[2],与化学反应的时间量级相当,导致燃料在燃烧室内不能充分燃烧,从而有可能在尾喷管中继续燃烧。同时,随着飞行马赫数的提高,喷管进口马赫数相应提高,需要的尾喷管更长,这种逐渐膨胀的过程可能使燃烧室出口处离解的粒子复合,向燃气中释放能量。高速喷管流动中化学非平衡效应的存在,使喷管中的流动不再是等熵流动,同时沿流线温度、组分等的变化会显著地影响比热比的变化,而这些因素都会影响喷管型面的设计结果。Scofield 和 Hoffman 曾通过变分原理发展了一种考虑化学非平衡效应的二维或轴对称最大推力喷管的设计方法[3,4],但这种数值过程过于复杂,实施起来非常不便。现在,针对尾喷管的设计方法大多都假设喷管内流动过程是等熵的,未考虑化学非平衡的影响,因而发展一种简便的、考虑非平衡效应的喷管设计方法是十分必要的。

6.1 理论基础

假设气体流动过程绝热、不做功、无黏并且忽略彻体力,混合气为理想气体,其中气体组分的内部自由度处于平衡状态。图6.1为非平衡化学反应气体混合物定常二维超声速流动特征线示意图[5],其中 C_+ 为左行冻结马赫线,C_- 为右行冻结马赫线,C_0 为流线。

沿特征线由连续方程、动量方程、能量方程和组分连续方程推导出特征线方程及相容性方程。非平衡化学反应气体混合物定常二维流动的特征线方程为

$$\left(\frac{dy}{dx}\right)_0 = \lambda_0 = \frac{v}{u} \tag{6.1}$$

$$\left(\frac{dy}{dx}\right)_\pm = \lambda_\pm = \tan(\theta \pm \alpha) \tag{6.2}$$

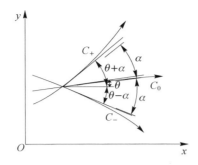

图 6.1 非平衡化学反应气体混合物定常二维超声速流动特征线示意图

相容方程为

$$\rho V \mathrm{d}V + \mathrm{d}p = 0 \tag{6.3}$$

$$\mathrm{d}p - a_{\mathrm{f}}^2 \mathrm{d}\rho = \frac{\psi}{u}\mathrm{d}x \tag{6.4}$$

$$\rho u \mathrm{d}C_i = \sigma_i \mathrm{d}x, i = 1,2,\cdots,n \tag{6.5}$$

$$\frac{\sqrt{Ma^2 - 1}}{\rho V^2}\mathrm{d}p_\pm \pm \mathrm{d}\theta_\pm + \left(\frac{\delta \sin\theta}{yMa} - \frac{\psi}{\rho V^2 a_{\mathrm{f}}}\right)\frac{\mathrm{d}x_\pm}{\cos(\theta \pm \alpha)} = 0 \tag{6.6}$$

其中,$\delta = 0$ 为平面流动;$\delta = 1$ 为轴对称流动。沿着流线,式(6.3)~式(6.5)均适用,其中式(6.5)有 n 个化学组分的存在,要重复 n 次,式(6.6)沿两条马赫线适用。因而$(4 + n)$个方程可以确定 p、θ、ρ、V 和 $C_i(i = 1,2,\cdots,n)$共$(4 + n)$个参数。

上述相容性方程中:$\psi = \sum\limits_{i=1}^n \left[\gamma_{\mathrm{f}} R_i T - (\gamma_{\mathrm{f}} - 1)(h_i + h_i^0)\right]\sigma_i$

式中 h_i、C_i、R_i、σ_i——组分的绝对焓、质量分数、气体常数和组分质量生成速率;

h_i^0、γ_{f}、a_{f}、T——混合气体的绝对焓、冻结比热、冻结声速、静温。

上述非平衡化学反应气体混合物定常二维超声速流动的相容性方程,与等熵流动的相容性方程的区别在于:能量方程中的非齐次项 ψ 及在方程中增加了组分连续方程,其单元求解过程与等熵流动单元求解过程类似。

由于有限速率化学反应的存在,数值求解的计算量将大大增加。对非平衡化学反应流动的单元过程求解是在等熵流动单元过程上的修正,除此之外,非平衡化学反应流动增加了对组分连续方程的求解过程,而对组分连续方程的处理则是沿着流线采用分析定常一维流动所用的数值方法进行数值积分。图 6.2(a)所示为用于等熵流动中、以马赫线为基础构成的网格,后行流线 C_0 与 1、2 点之间连线的交点处的参数用内插法确定。而在非平衡化学反应流动中,很小的组分浓度的内插误差,都可能会引起组分连续方程沿流线数值积分的严重的精度问题。更适当的特征线网格线是以沿着流线与两条马赫线中的一条为基础所构成的网格,如图 6.2(b)所示。这样可以避免组分浓度沿流线的内插,从而保证程序中化学非平衡计算过程的准确性。而在特征线上的返回点(2 点),流动参数 p、V、θ 等可以通过内插法确定,这些流动参数在小的特征线网格尺度上变化很小,因此它们的值可以非常准确地通过内插获得。

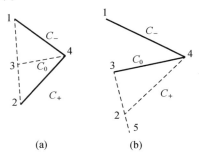

图 6.2　内点有限差分网格

针对非平衡化学反应流动的数值求解的难点在于对组分连续方程式(6.5)的求解。当流动接近平衡时,组分连续方程式(6.5)的数值积分会遇到数值不稳定问题,求解非常困难。因此,本书中针对组分连续方程式(6.5)的求解借用了 Chemkin 软件包[6]。Chemkin 是一款由美国桑迪亚(Sandia)国家实验室推出的、用于解决燃烧过程中的气相化学反应动力学问题的软件包。对于本书中的化学非平衡流动单元过程的组分方程求解,需要借助 Chemkin 中气相化学反应动力学相关的子程序(API 函数)来实现。

本程序中用到气相化学反应动力学 API 函数主要有:

(1) CKLEN (LINC,LOUT,LENI,LENR,LENC,IFLAG):从连接文件(LINC:文件通道号)中获取数组所需的空间大小。

(2) CKINIT (LENICK, LENRCK, LENCCK, LINC, LOUT, ICKWRK, RCK-WRK, CCKWRK, IFLAG):从机理文件中提取相应的信息,并初始化工作组。

(3) CKINDX (ICKWRK, RCKWRK, MM, KK, II, NFIT):取出元素总数,组分总数及反应方程式总数。

(4) CKSYMS (CCKWRK, LOUT, KNAME, KERR):取出组分的名称。

(5) CKCPBS (T, Y, ICKWRK, RCKWRK, CPBMS):获得某温度下定压热容,其中 Y 为各组分质量分数。对应计算公式为

$$\overline{C}_p = \sum_{k=1}^{K} C_{pk} Y_k = \overline{C}_p \big/ \overline{W} \tag{6.7}$$

(6) CKHBMS (T, Y, ICKWRK, RCKWRK, HBMS):获得某温度下的平均焓

值。对应计算公式为

$$\bar{h} = \sum_{k=1}^{K} h_k Y_k = \overline{H}_p / \overline{W} \tag{6.8}$$

$$h_k = (h_k)_0 + \int_{T_0}^{T} c_{pk} \mathrm{d}T \tag{6.9}$$

（7）CKRHOY（P，T，Y，ICKWRK，RCKWRK，RHO）：获得混合气体的密度。

（8）CKWYP（P，T，Y，ICKWRK，RCKWRK，WDOT）：获得某压力、温度和组分分布下的化学反应速率。对应的计算公式为

$$\dot{\omega}_k = \sum_{i=1}^{I} v_{ki} q_i, k = 1, 2, \cdots, K \tag{6.10}$$

化学反应速率模型 k 种化学物质的基元反应的一般表达式为

$$\sum_{k=1}^{K} v'_{ki} x_k \Leftrightarrow \sum_{k=1}^{K} v''_{ki} x_k, i = 1, 2, \cdots, I \tag{6.11}$$

式中　x_k——第 k 种化学组分的符号；

　　　v'_{ki}、v''_{ki}——平衡化学方程式中反应物和生成物的化学计量系数。

第 k 种物质的反应生成速率 $\dot{\omega}_k$ 的表达式为

$$\dot{\omega}_k = \sum_{i=1}^{I} v_{ki} q_i, k = 1, 2, \cdots, K \tag{6.12}$$

式中　$v_{ki} = v''_{ki} - v'_{ki}$。

第 i 个反应的速率 q_i 表达式为

$$q_i = k_{fi} \prod_{k=1}^{K} [X_k]^{v'_{ki}} - k_{ri} \prod_{k=1}^{K} [X_k]^{v'_{ki}} \tag{6.13}$$

式中　$[X_k]$——第 k 种物质的摩尔浓度；

　　　k_{fi}、k_{ri}——第 i 个反应的正、逆反应速率。

通过调用上述 API 函数，可以方便地在流线 C_0 上对组分连续方程进行数值积分，从而实现对特征线单元的求解。

6.2　喷管设计及程序验证

6.2.1　非对称喷管设计流程

非对称喷管壁面型线确定过程分为两个步骤：首先确定核心区流动；然后确定变向型面的坐标。下面给出喷管的设计流程。

（1）给定喷管进口参数以及设计压比，选定非对称喷管的非对称因子 G，非对称喷管的上、下壁面喉部锐角由几何控制参数 G 和出口马赫数确定。G 是上、下壁面初始膨胀角即喉部锐角之比，$G = \delta_L / \delta_U$，δ_U 是上壁面初始膨胀角，δ_L 是下壁面初始膨胀角（图6.3），则

$$\delta_U = \nu_E / 2 \, , \delta_L = G \cdot \nu_E / \delta_U$$

式中　　ν_E——对应的喷管进口马赫数等熵膨胀到设计状态出口马赫数时的膨胀角。

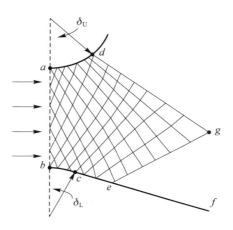

图6.3　非对称喷管初始膨胀区

采用上述特征线的有限差分方程求解核心区的流动，获得 g 点的压力值，对比设计状态下喷管的出口压力值，修正喷管进口上壁面的初始膨胀角 δ_U，重新求解核心区的流场参数，并将 g 点的压力值与设计状态下的压力值比较，如此反复，直到 g 点的压力值等于设计喷管出口压力值。

（2）核心区流场参数确定以后，在确定喷管膨胀变向型线的过程中，首先需要获得最后一条左行冻结马赫线上的参数，如图6.4所示。最后一条左行冻结马赫线的参数确定过程与等熵情况下的不同，在等熵情况下，最后一条特征线上的某个参数（如气流角或压力）是可以事先获知的。而在化学非平衡的计算过程中，沿每一条流线气流是不等熵的（不同流线之间也是不等熵的），因此无法事先精确获知最后一条特征线上的参数。本研究中在 F_1 参数的求解过程中，通过 $E_1 F_{1g}$ 网格单元内的质量守恒来近似获得 F_1 的位置，进而通过特征线和相容性方程求得 F_1 点的气动热力参数，最终可以确定变向型线的坐标。通过参考温度法对喷管无黏型线进行修正[7]。

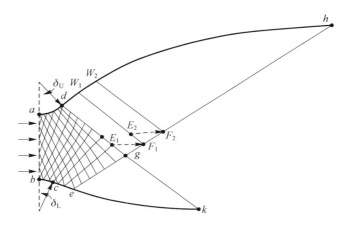

图 6.4　非对称喷管壁面型线确定示意图

6.2.2　喷管设计程序验证

1. 喷管进口条件

喷管的设计条件采用文献[8]中的条件。设计状态下高度为 33.8km，飞行马赫数为 10，喷管进口的总压为 3.68atm（1atm = 1.013 × 10⁵Pa）、马赫数为 2.06、总温为 2986.1K。飞行器的燃料为液氢，喷管进口的组分主要有 H、H_2、H_2O、H_2O_2、O、OH、O_2、HO_2、NO、N、N_2。各种组分的摩尔分数如表 6.1 所列。

表 6.1　喷管进口组分的摩尔分数

组分	摩尔分数
H	0.016243
H_2	0.05892
H_2O	0.0244184
H_2O_2	0.233×10^{-6}
O	0.007291
OH	0.030678
O_2	0.01700
HO_2	0.4457×10^{-5}
NO	0.012253
N	0.1464×10^{-4}
N_2	0.61341

本书中计算所采用的氢燃料燃烧的化学反应动力学模型如表 6.2 所列，其为 11 组元 23 反应的有限速率模型。反应式中 M 表示系统参加碰撞的任何一个粒子，本身不发生化学反应，只传递能量。Arrhenius 化学反应速率计算公式为

$$K = AT^n e^{-E/RT}$$

式中 A——指数前因子；

n——温度指数；

E——反应活化能。

表6.2 化学反应动力学模型

反应	A	n	E
1. $H_2 + O_2 = 2OH$	0.170×10^{14}	0.00	47780
2. $OH + H_2 = H_2O + H$	0.117×10^{10}	1.30	3626
3. $O + OH = O_2 + H$	0.400×10^{15}	-0.50	0
4. $O + H_2 = OH + H$	0.506×10^5	2.67	6290
5. $H + O_2 + M = HO_2 + M$ $H_2O/18.6/H_2/2.86/N2/1.26/$	0.361×10^{18}	-0.72	0
6. $OH + HO_2 = H_2O + O_2$	0.750×10^{13}	0.00	0
7. $H + HO_2 = 2OH$	0.140×10^{15}	0.00	1073
8. $O + HO_2 = O_2 + OH$	0.140×10^{14}	0.00	1073
9. $2OH = O + H_2O$	0.600×10^9	1.30	0
10. $H + H + M = H_2 + M$ $H_2O/0.0/ H_2/0.0/$	0.100×10^{19}	-1.00	0
11. $H + H + H_2 = H_2 + H_2$	0.920×10^{17}	-0.60	0
12. $H + H + H_2O = H_2 + H_2O$	0.600×10^{20}	-1.25	0
13. $H + OH + M = H_2O + M$ $H_2O/5/$	0.160×10^{23}	-2.00	0
14. $H + O + M = OH + M$ $H_2O/5/$	0.620×10^{17}	-0.60	0
15. $O + O + M = O_2 + M$	0.189×10^{14}	0.00	-1788
16. $H + HO_2 = H_2 + O_2$	0.125×10^{14}	0.00	0
17. $HO_2 + HO_2 = H_2O_2 + O_2$	0.200×10^{13}	0.00	0
18. $H_2O_2 + M = OH + OH + M$	0.130×10^{18}	0.00	45500
19. $H_2O_2 + H = HO_2 + H_2$	0.160×10^{13}	0.00	3800
20. $H_2O_2 + OH = H_2O + HO_2$	0.100×10^{14}	0.00	1800
21. $O + N_2 = NO + N$	0.140×10^{15}	0.00	75800
22. $N + O_2 = NO + O$	0.640×10^{10}	1.00	6280
23. $OH + N = NO + H$	0.400×10^{14}	0.00	0

2. 设计程序验证

为了验证特征线程序在非平衡化学反应的计算能力和准确性,本书对特征线设计得到的喷管型线,运用CFD进行无黏流场的求解,并获得了上膨胀面 H_2O、

H_2、O_2 的沿程分布。如图 6.5 所示,无黏 CFD 计算结果和特征线计算获得的组分分布误差很小,其中 H_2O 相对误差为 0.3%,H_2 的相对误差为 1%,O_2 的相对误差为 0.5%,这说明设计程序是准确可行的,并且针对化学非平衡的计算也是准确的。

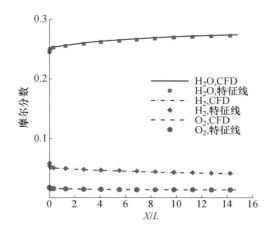

图 6.5　无黏 CFD 和特征线获得的喷管上膨胀面组分沿程分布对比

3. 设计实例

根据上述的飞行条件和喷管进口参数以及相应的化学反应动力学模型,通过特征线程序获得了基于化学非平衡流和冻结流设计的喷管型线,如图 6.6 所示。可以看到,在此设计条件下,喷管上膨胀面总长 4.4m 左右。基于化学非平衡流所设计的喷管面积比相对冻结流的结果要大,两者上膨胀面型线差别主要在 $x > 2m$ 之后,喷管下膨胀面型线基本没有差别。下一节将通过数值模拟来比较这两个喷管在设计点的性能差别。

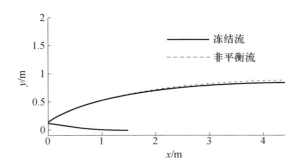

图 6.6　基于化学非平衡流和冻结流所设计的喷管型线

6.3　考虑化学非平衡的非对称喷管设计与分析

数值计算采用有限体积法全隐格式,对有组分、守恒形式的二维雷诺时均 N – S 方程进行求解。无黏项采用 Roe 二价迎风格式进行离散,黏性项采用中心差分格式离散,采用 RNG $k - \varepsilon$ 双方程湍流模型。数值计算中采用结构化网格,壁面以及流动参数变化剧烈的地方采用边界层网格和网格局部加密,共采用 500×200 个网格节点。喷管入口为压力远场边界条件,喷管出口为压力出口边界条件,壁面采用绝热壁面边界条件。喷管的进口参数为 6.2.2 节中的设计点参数。

图 6.7 所示为沿喷管中心流线上各组分质量分数的沿程分布规律。可以看到,H_2O 的质量分数有增大趋势。在此化学反应中 H_2O 的生成伴随着放热反应,说明化学反应朝放热方向进行的趋势增强,复合反应亦增强。N_2 的质量分数几乎保持不变。其中 OH 质量分数下降较多,H 质量分数略有增加,这与文献[9]中的组分沿程分布趋势一致。从图 6.8 中还可以看出,在喷管进口区域附近化学非平衡效应显著,各组分摩尔分数变化很快,而随着气流膨胀降温,喷管下游接近冻结流动状态。

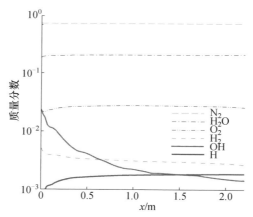

图 6.7　沿喷管中心线组分分布

图 6.9 所示为基于化学非平衡流和冻结流设计所得的喷管在设计点下上膨胀面压力的沿程分布,其纵坐标为对数形式。从中可以看出,两者几乎没有差别。但由于基于化学平衡流所设计喷管的面积比基于冻结流所设计喷管的面积比大,因此其推力也较大。

表 6.3 所列为基于化学非平衡流和冻结流设计的喷管在设计工况下的性能比较。可以看出,考虑化学非平衡效应所设计的喷管推力增加了 3.2%,升力增加了

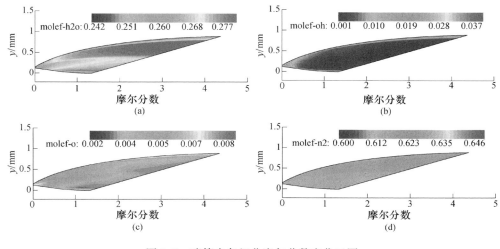

图 6.8　喷管中各组分摩尔分数变化云图

（a）H_2O；（b）OH；（c）O；（d）N_2。

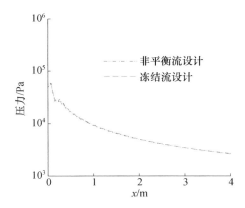

图 6.9　基于化学非平衡流和冻结流设计的喷管在设计点下上膨胀面的压力分布

3.6% 。这说明在飞行马赫数较高的情况下,在喷管的设计过程中考虑化学非平衡的效应是必要的。

表 6.3　两种喷管在设计点的性能

性能参数	F_x/N	F_y/N
非平衡流设计	14086	5200
冻结流设计	13625	5009

参考文献

［1］ Vincenti W G, Kruger C H. Introduction to physical gas dynamics[J]. Physics Today, 1966, 19(10): 95.

［2］ Curra E T, Murthy S N B. Scramjet Propulsion, Progress In Astronautics and Aeronautics[R]. Reston: AIAA, 2001.

［3］ Scofield M Peter, Hoffman Joe D. Maximum thrust nozzles for nonequilibrium simple dissociating gas flows[J]. AIAA Journal, 1971, 9(9): 1824 – 1832.

［4］ Hoffman J D. A general method for determining optimum thrust nozzle contours for chemically reacting gas flows [J]. AIAA Journal, 1967, 5(4): 670 – 676.

［5］ Ebrahimi H B, Lankford D W. Numerical study of phenomena affecting the prediction of scramjet combustor and nozzle performance[C]. AIAA 93 – 0024, Reston: AIAA, 1993.

［6］ Kee R J, Rupley F M, Meeks E, et al. CHEMKIN – III: A fortran chemical kinetics package for the analysis of gas – phase chemical and plasma kinetic[R]. SAND 96 – 8216, 1996.

［7］ Meador W E, Smart M K. Reference enthalpy method development from solutions of the boundary layer equations[J]. AIAA Journal, 2005, 43(1): 42 – 48.

［8］ Wilson K B, Doty J H. Analyzing hypersonic nozzles using an efficient CFD algorithm and thermodynamic model [C]. AIAA 94 – 0023, Reston: AIAA, 1994.

［9］ Thomas Link. Computation of a nonequilibrium expansion flow in a single expansion ramp nozzle[J]. Journal of Propulsion and Power, 2001, 17(6): 1353 – 1360.

第7章 考虑侧向膨胀的三维非对称尾喷管设计

由于机体与推进系统的一体化,飞行器后体一般采用非对称喷管的上膨胀面。对于二维情况下非对称喷管的设计,国内外已经有比较成熟的设计方法,如通常的 Rao 方法,以及采用高精度的 CFD 技术或特征线方法对高超声速后体尾喷管上膨胀面进行单目标或多目标的优化设计。而对于实际的飞行器构型来说,后体喷管由上、下壁面以及左、右两侧壁构成,为了实现与机身的一体化以及发动机的模块化安装,后体喷管的侧边通常也有一定程度的扩张,如 JAPHAR 计划中的喷管构型[1]。然而对实际飞行器而言,如果将数值技术和优化技术结合,直接对三维后体构型开展优化设计,由于后体构型复杂,优化变量个数较多,需耗费大量的计算资源和计算时间。对于这种带侧向膨胀的设计,国外的研究者曾尝试用一些简单的方法进行喷管设计,例如,Delguidice 等[2]采用源流的特征线法来分析这种喷管的流场,但是这种方法很难考虑喷管侧壁曲率的变化。由于推力或力矩性能的需求,喷管侧壁可能是曲率连续变化的曲线,而如何能够在考虑喷管侧壁曲率连续变化的情况下来设计喷管型面,这正是本节所要研究的,如图 7.1 所示。

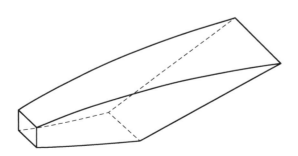

图 7.1　带侧壁膨胀的非对称喷管构型

7.1 理论基础

7.1.1 准二维流动控制方程

运用特征线理论进行喷管上、下壁面型线设计,需要推导带侧向膨胀喷管内的准二维等熵流动的控制方程。对于考虑侧向膨胀的三维非对称喷管,若其横向膨胀线变化较缓慢(这在目前的使用过程中是比较常见的),则喷管内部的流动可以近似看作二维流动。在此,假设喷管横向膨胀线为流向 x 的单值函数,表示为 $W(x)$。在流场中取如图 7.2 所示控制体,可得到理想流体微分形式的准二维等熵流动控制方程。

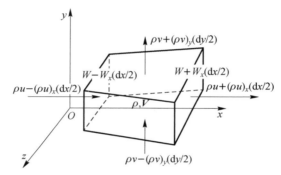

图 7.2　连续方程控制体

1. 连续方程

对于可压缩流体定常流动,根据质量守恒定律,有

$$\frac{D}{D_t}\int_V \rho \mathrm{d}v = \oint_A \rho \boldsymbol{V} \cdot \mathrm{d}\boldsymbol{A} = 0 \tag{7.1}$$

将上述积分形式的连续方程应用于图 7.2 所示的控制体中,得到微分形式的连续方程:

$$\left[\rho u + (\rho u)_x \left(\frac{\mathrm{d}x}{2}\right)\right] \cdot \left[W + W_x \left(\frac{\mathrm{d}x}{2}\right)\right]\mathrm{d}y -$$

$$\left[\rho u - (\rho u)_x \left(\frac{\mathrm{d}x}{2}\right)\right] \cdot \left[W - W_x \left(\frac{\mathrm{d}x}{2}\right)\right]\mathrm{d}y +$$

$$\left[\rho v + (\rho v)_y \left(\frac{\mathrm{d}y}{2}\right)\right] \cdot W\mathrm{d}x - \left[\rho v - (\rho v)_y \left(\frac{\mathrm{d}y}{2}\right)\right] \cdot W\mathrm{d}x = 0 \tag{7.2}$$

化简得

$$\rho u_x + \rho v_y + u\rho_x + v\rho_y + \delta\rho u/x = 0 \tag{7.3}$$

即

$$\rho \nabla \cdot \boldsymbol{V} + \boldsymbol{V} \cdot \nabla p + \delta\rho u/x = 0 \tag{7.4}$$

其中

$$\delta = x \frac{W_x}{W} = x \frac{\mathrm{d}(\ln W)}{\mathrm{d}x} \tag{7.5}$$

2. 动量方程

对于某瞬时占据空间固定体积 V 的流体所构成的体系,牛顿第二定律可以表达为

$$\frac{\mathrm{d}}{\mathrm{d}t}\int_V \rho \boldsymbol{V} \mathrm{d}v = \sum \boldsymbol{F} \tag{7.6}$$

取上述体系占有的空间为控制体,对可压缩流体定常流动,适用于控制体的动量方程为

$$\int_A \rho \boldsymbol{V}(\boldsymbol{V} \cdot \mathrm{d}\boldsymbol{A}) + \int_A p\mathrm{d}\boldsymbol{A} = 0 \tag{7.7}$$

将上述积分形式动量方程应用于图 7.3 所示的控制体中,得到微分形式的动量方程。

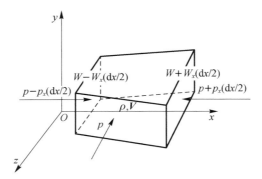

图 7.3　动量方程控制体

X 轴方向动量方程为

$$\left[p - p_x\left(\frac{\mathrm{d}x}{2}\right)\right]\left[W - W_x\left(\frac{\mathrm{d}x}{2}\right)\right]\mathrm{d}y - \left[p + p_x\left(\frac{\mathrm{d}x}{2}\right)\right]\left[W + W_x\left(\frac{\mathrm{d}x}{2}\right)\right]\mathrm{d}y + pW_x\mathrm{d}x\mathrm{d}y$$

$$= \frac{DV_x}{D_t}\rho W\mathrm{d}x\mathrm{d}y \tag{7.8}$$

化简得

$$\rho u u_x + \rho v u_y + p_x = 0 \tag{7.9}$$

同理得 Y 方向动量方程：

$$\rho u v_x + \rho v v_y + p_y = 0 \tag{7.10}$$

3. 能量方程

理想气体定常绝热流动的微分形式能量方程为

$$u \frac{\partial}{\partial x}\left(h + \frac{V^2}{2}\right) + v \frac{\partial}{\partial y}\left(h + \frac{V^2}{2}\right) = 0 \tag{7.11}$$

4. 定常二维无旋流控制方程

把式(7.9)、式(7.10)分别乘以 u、v 后相加，引入矢量记号整理，得

$$\boldsymbol{V} \cdot \nabla\left(\frac{V^2}{2}\right) = -\frac{1}{\rho} \boldsymbol{V} \cdot \nabla p \tag{7.12}$$

理想气体定常绝热声速方程为

$$\boldsymbol{V} \cdot \nabla p = a^2 \boldsymbol{V} \cdot \nabla \rho \tag{7.13}$$

综上所述，对于理想气体的定常绝热流动，有

$$\begin{cases} \rho \nabla \cdot \boldsymbol{V} + \boldsymbol{V} \cdot \nabla p + \delta \rho u / x = 0 \\ \boldsymbol{V} \cdot \nabla\left(\frac{V^2}{2}\right) = -\frac{1}{\rho} \boldsymbol{V} \cdot \nabla p \\ \boldsymbol{V} \cdot \nabla p = a^2 \boldsymbol{V} \cdot \nabla \rho \end{cases} \tag{7.14}$$

消去 $\boldsymbol{V} \cdot \nabla p$ 和 $\boldsymbol{V} \cdot \nabla \rho$ 的项得

$$\boldsymbol{V} \cdot \nabla\left(\frac{V^2}{2}\right) - a^2 \nabla \cdot \boldsymbol{V} - \delta u a^2 / x = 0 \tag{7.15}$$

该气体动力学方程在直角坐标系下的形式为

$$(u^2 - a^2) u_x + (v^2 - a^2) v_y + uv(u_y + v_x) - \delta u a^2 / x = 0 \tag{7.16}$$

引入无旋条件和绝热流动总温关系式，可得定常二维无旋流的控制方程：

$$(u^2 - a^2) u_x + (v^2 - a^2) v_y + 2uv v_y - \delta u a^2 / x = 0 \tag{7.17}$$

$$u_y - v_x = 0 \tag{7.18}$$

$$a^2 + \frac{k-1}{2}(u^2 + v^2) = a_\infty^2 + \frac{k-1}{2} V_\infty^2 \tag{7.19}$$

7.1.2　准二维流动特征线方程

式(7.17)、式(7.18)组成二维双变量一阶拟线性偏微分方程组，当流动是定

常超声速时,控制方程是双曲型的。于是,就可以使用特征线的数值方法对这种流场进行求解。

对准二维流动的特征线方程推导过程与二维定常流动特征线方程类似,具体过程可参见经典气体动力学教材[3],这里只给出最终结果。

特征线方程为

$$\left(\frac{\mathrm{d}y}{\mathrm{d}x}\right)_{\pm} = \lambda_{\pm} = \tan(\theta \pm \alpha)\,(\text{马赫线}) \tag{7.20}$$

式中　θ——流动角;

　　　α——马赫角。

相容性方程为

$$\frac{\sqrt{Ma^2-1}}{V}\mathrm{d}V_{\pm} \mp \mathrm{d}\theta_{\pm} - \delta\left[\frac{\cos\theta}{xMa\cos(\theta\pm\alpha)}\right]\mathrm{d}x_{\pm} = 0\,(\text{沿马赫线}) \tag{7.21}$$

式中　$\delta = x\mathrm{d}(\ln W)/\mathrm{d}x$。

对飞行器来说,由于重量的限制,需要喷管在有限的长度内产生最大的推力,这是一个在约束条件下的最优化问题。对于轴对称喷管,G. V. Rao 研究了推力喷管扩张型线的设计问题,给出在长度和质量流率约束条件下的喷管型线最优化设计方法。本书借鉴 Rao 在轴对称喷管方面的研究思路,推导考虑侧向膨胀喷管的最优化设计条件。

图 7.4 为三维喷管对称面上流场结构图,假设 CE 为喷管最后一条左行特征线,则通过特征线上的质量流量为

$$\dot{m} = \int_C^E \rho V \frac{\sin(\phi-\theta)}{\sin\phi} W \mathrm{d}y \tag{7.22}$$

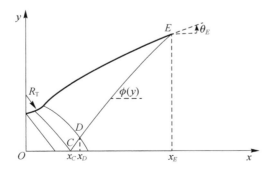

图 7.4　喷管几何构型

令 p 和 p_a 分别为当地静压和环境压力,那么作用在喷管控制面上的推力为

$$F = \int_C^E \left[(p - p_a) + \rho V^2 \frac{\sin(\phi - \theta)\cos\theta}{\sin\phi} \right] W \mathrm{d}y \tag{7.23}$$

喷管的长度为

$$L = x_C + \int_C^E \cot\phi \mathrm{d}y \tag{7.24}$$

应用拉格朗日乘子方法,问题可简化为求下列积分 I 极大值,即

$$I = \int_{y_c}^{y_e} (f_1 + \lambda_2 f_2 + \lambda_3 f_3) \mathrm{d}y \tag{7.25}$$

其中

$$f_1 = \left[(p - p_a) + \rho V^2 \frac{\sin(\phi - \theta)\cos\theta}{\sin\phi} \right] W \tag{7.26}$$

$$f_2 = \left[\rho V \frac{\sin(\phi - \theta)}{\sin\phi} \right] W \tag{7.27}$$

$$f_3 = \cot\phi \tag{7.28}$$

积分 I 取极大值的过程可参见文献[4],这里只给出最终结果。

与轴对称流场类似,沿控制面 DE,角 ϕ 与流动角 θ 和马赫角 α 之间的关系为

$$\phi = \theta + \alpha \tag{7.29}$$

沿控制面 DE 有下面两式成立,即

$$V \frac{\cos(\theta - \alpha)}{\cos\alpha} = C_1 \tag{7.30}$$

$$W\rho V^2 \sin^2\theta \tan\alpha = C_2 \tag{7.31}$$

式中 C_1、C_2——常数。

在 E 点处有

$$\sin(2\theta) = (p - p_a)\cot\alpha / (\rho V^2 / 2) \tag{7.32}$$

7.2 喷管设计方法

本书提出的考虑侧向膨胀的非对称推力喷管的设计过程与二维喷管的设计过程类似,需要给定的设计参数有喷管进口压力、温度、马赫数以及设计状态的喷管出口背压。给定设计参数后,选择非对称喷管的非对称因子 G。与二维情况下的喷管设计一样,根据喷管的设计参数初步确定上壁面初始膨胀角 δ_U,则下壁面初始膨胀角 $\delta_L = G\delta_U$。

上、下壁面初始膨胀角确定之后,采用准二维流动特征线的有限差分过程求解

核心区的流动,获得 g 点的压力值(图 7.5(a)),对比设计状态下喷管的出口压力值,修正喷管进口上壁面的初始膨胀角 δ_U,然后重新求解核心区的流场参数,并将 g 点的压力值与设计状态下的压力值比较。如此反复,直到 g 点的压力值等于设计喷管出口的压力值。

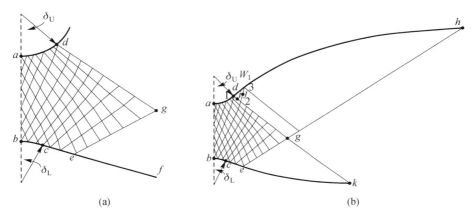

图 7.5　喷管壁面型线确定过程

(a)初始膨胀区;(b)变向型线。

最后确定喷管变向型线的壁面点。在确定了核心区的流动后,在准二维流动的情况下,通过壁面消波即可确定壁面点。图 7.5(b)给出了壁面点的确定过程。1 点、2 点的位置及相关气动参数已经通过前面的步骤获知,3 点为待求的壁面点,先通过 1 点的流线方程和 2 点的左行特征线方程,求得 3 点的几何和气动参数,然后通过 1 - 2 段特征线和 2 - 3 段特征线上的流量匹配来修正 3 点的参数。

1 - 2 段特征线的流量计算为

$$\dot{m} = \rho_i V_i \left[\cos(\theta)(y_3 - y_2) + \sin(\theta)(x_2 - x_3) \right] W_j \tag{7.33}$$

2 - 3 段特征线的流量计算为

$$\dot{m} = \rho_j V_j \left[\cos(\theta)(y_3 - y_2) + \sin(\theta)(x_2 - x_3) \right] W_j \tag{7.34}$$

式中　i——1 - 2 段的中点;

　　　j——2 - 3 段的中点;

　　　ρ——当地密度;

　　　V——当地速度;

　　　θ——气流方向与水平方向夹角;

　　　W——当地侧向坐标值。

重复上述步骤即可获得准确的 3 点参数。

7.3 设计实例及其实验验证

上面探讨了一种针对带侧向膨胀喷管的快速设计方法,可以在飞行器概念设计阶段完成对喷管的快速设计。基于 7.2 节推导出的近似考虑侧向膨胀效应的准二维特征线法,能够完成考虑侧向膨胀的非对称喷管设计。然而,这种近似设计的准确性则有待检验。下面将对比准二维特征线设计结果和高精度 CFD 优化结果,来验证准二维特征线设计的可靠性。

1. 喷管优化模型

为了对侧向膨胀的三维喷管开展优化研究,需要建立喷管的参数化模型。图 7.6(a) 为喷管上、下膨胀型线的示意图,上、下膨胀曲线均由圆弧加三次曲线表达。图 7.6(b) 为侧壁膨胀曲线,此侧壁曲线的控制函数 $W(x)$ 同样用三次曲线描述。由于在源流($\delta = 1$,侧壁为直线)情况下,上述特征线中没有用到侧向一维近似假设,获得的喷管设计结果精度是比较高的。为了尽量使流动接近源流的情况,将两侧壁起点和终点连线的交线定为坐标原点,如图 7.6(b) 所示。

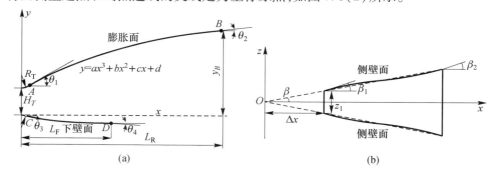

图 7.6 喷管几何构型
(a)上、下膨胀型线;(b)侧壁膨胀曲线。

假设初始膨胀圆弧半径为 R_T,A、B、C、D 点的坐标和切角已知,则上、下膨胀型线可表达为

$$f_R(x) = a_1 + a_2 x + a_3 x^2 + a_4 x^3 \tag{7.35}$$

$$f_F(x) = b_1 + b_2 x + b_3 x^2 + b_4 x^3 \tag{7.36}$$

式中 a_i、b_i——待求系数,$i = 1, 2, 3, 4$。

上述三次曲线表达式的一阶导数为

$$f_R'(x) = a_2 + 2a_3 x + 3a_4 x^2 \tag{7.37}$$

$$f'_F(x) = b_2 + 2b_3 x + 3b_4 x^2 \tag{7.38}$$

将 A、B、C、D 的坐标和该点处的斜率代入式（7.35）和式（7.37），则系数矩阵可表达为（以上膨胀面为例）

$$\begin{bmatrix} 1 & x_A & x_A^2 & x_A^3 \\ 1 & x_B & x_B^2 & x_B^3 \\ 0 & 1 & 2x_A & 3x_A^2 \\ 0 & 1 & 2x_B & 3x_B^2 \end{bmatrix} \begin{pmatrix} a_1 \\ a_2 \\ a_3 \\ a_4 \end{pmatrix} = \begin{pmatrix} y_A \\ y_B \\ \tan\theta_1 \\ \tan\theta_2 \end{pmatrix} \tag{7.39}$$

上述矩阵方程可写成矢量形式，即

$$Xa = y \tag{7.40}$$

那么可求得多项式系数为

$$a = X^{-1}y \tag{7.41}$$

其中 $a = (a_1, a_2, a_3, a_4)^T$，同样地，$b = (b_1, b_2, b_3, b_4)^T$，可通过相同的方法求得。

在采用准二维特征线设计喷管的过程中，需要事先给定侧壁膨胀曲线的表达式。同样，为了对比，在非对称喷管高精度 CFD 的优化过程中，也假设侧壁膨胀型线一定，上、下膨胀面曲线待求。图 7.7 所示为本书采用的三种侧壁型线，全部用三次曲线表达，其中 A 为直线，B 为凸曲线，C 为凹曲线。不同三次曲线的初始切角和结尾切角如表 7.1 所列。图 7.8 中的 $\delta = x\mathrm{d}(\ln W)/\mathrm{d}x$。可以看到，侧壁为直线的情况下，$\delta = 1$ 保持不变。侧壁为曲线时，δ 随当地曲线的曲率而变化，这在一定程度上反映了当地侧向扩张面积比的变化。

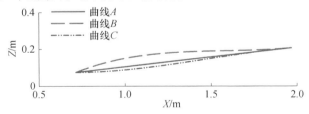

图 7.7　不同侧壁曲线

表 7.1　侧壁曲线参数

角度	A	B	C
$\beta_1/(°)$	6	20	0
$\beta_2/(°)$	6	5	5

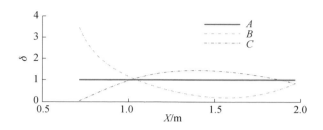

图 7.8　不同侧壁曲线的 δ

2. 优化流程和方法

下面采用 Isight 优化平台来进行三维非对称喷管的优化工作。起源于 GE 的 Isight 优化平台广泛应用于航空航天、汽车、船舶、电子领域的零部件、子系统参数优化乃至复杂产品多学科设计优化(Multi‐Disciplinary Design Optimization,MDO)领域中。它可以将数字技术、推理技术和设计搜索技术有效融合,并把大量需要人工完成的工作由软件实现自动化处理。Isight 软件可以集成仿真代码并提供智能设计支持,对多个设计方案进行评估和研究,从而大大缩短了产品的设计周期,显著地提高了产品质量和可靠性。

Isight 包含的设计方法可以分为优化设计、实验设计、近似模型和质量工程四大类。在本章对三维喷管壁面三次曲线型线的优化中采用实验设计(DOE)、近似模型和优化准则相结合的方法。实验设计的优势在于,当对设计目标影响的因素比较多时,通过实验设计分析,可以发现对目标函数影响较大的关键参数,而对于那些影响轻微的参数在后续的设计就可以忽略。在资源有限的情况下既提高计算效率,又保证结果的可靠性。而近似模型(Approximation Models)是通过数学模型的方法建立输入变量与输出变量之间的关系。基于实验设计获得的样本点数据,用回归、拟合、插值等方法创建仿真程序的近似代理模型,可以在 DOE 求得的最优样本点附近进行更为精确的寻优,最终得到最大推力下的输入变量值。图 7.9 为通过实验样本数据建立近似模型的原理图。

本次针对三维喷管的优化设计主要是以优化结果为基准,来考察准二维特征线在考虑侧向膨胀喷管设计中的可行性和有效性,考察以推力性能为主。因此在优化设计的过程中,选取喷管推力为性能目标参数,未知参数 θ_1、θ_2、θ_3、θ_4 为设计变量,则该单目标优化问题可以描述如下:

Minimize: $-F_x$

Subject to: $10° \leqslant \theta_1 \leqslant 25°$, $0° \leqslant \theta_2 \leqslant 10°$, $0° \leqslant \theta_3 \leqslant -15°$, $0° \leqslant \theta_4 \leqslant -10°$。

Where: θ_1, θ_2, θ_3, θ_4。

图 7.10 为三维喷管优化设计流程图,共分为两个阶段,在第一阶段需要完成

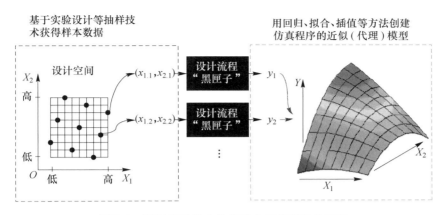

图 7.9　通过实验样本数据建立近似模型的原理

实验设计撒点、CFD 工具对实验点的数值模拟、代理模型的构造。在此基础上,在第二阶段以代理模型替代复杂耗时的数值模拟,采用特定的优化算法完成喷管性能的优化。

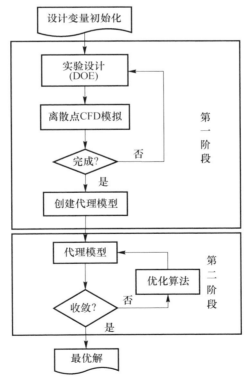

图 7.10　喷管优化设计流程

本次实验设计中采用最优拉丁超立方算法来布置样本点。最优拉丁超立方算法能使所有的样本点尽量均匀地分布在设计空间,具有非常好的空间填充性和均衡性。图7.11显示了拉丁超立方设计实验点分布(左)和最优拉丁超立方设计实验点分布(右)的比较。由于本次优化目标量与4个输入设计变量均为复杂的非线性关系,因此近似模型采用神经网络模型,优化算法采用单目标的遗传算法。

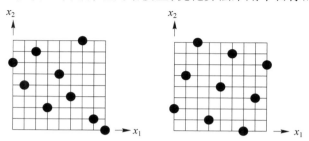

图 7.11   拉丁超立方设计与最优拉丁超立方设计实验点分布比较

3. 优化结果对比与分析

表7.2所列为本次设计过程中喷管进口参数和几何约束参数,其中喷管进口为超声速均匀进口,进口马赫数为1.5。喷管进口高度 $H_T = 100\text{mm}$,进口宽度 $Z_1 = 200\text{mm}$,进口处圆弧半径 $R_T = 3\text{mm}$。研究表明,小的圆弧半径能缩短喷管膨胀面长度,同时可以提高喷管推力。

表 7.2   喷管进口参数和几何参数

p_{in}/kPa	Ma	T_{in}/K	p_e/kPa	γ	R_T/mm	H_T/mm	Z_1/mm	L_R/mm	L_F/mm
71.7	1.5	2344	4	1.19	3	100	$2H_T$	$14H_T$	$5.5H_T$

图7.12所示为不同侧壁条件下,CFD优化获得的喷管上、下膨胀面型线与准二维特征线所设计的喷管型面的对比。总的来说,准二维特征线所设计的型线与CFD优化所获得的型线非常吻合。其中侧壁型线为曲线 A 的情况下,二者几乎完全重合,这说明喷管内部的流动接近源流时,特征线的求解是非常准确的。而在侧壁型线为曲线 C 的情况下,特征线的结果与CFD优化的结果有一定的差别。表7.3所列为准二维特征线所设计的喷管的性能与CFD优化所得喷管的性能比较,其中 $\Delta F_x/F_{id}$、$\Delta F_y/F_{id}$ 的定义方式与之前的一致。可以看到,在侧壁为曲线 A 的情况下,特征线设计所得到喷管的推力系数只比CFD最优结果小0.18%,升力相差1.82%。而在侧壁为曲线 B、C 的情况下,特征线所设计喷管的推力性能相对CFD最优结果相差也很小,均小于1%。而两者的升力性能则有一定的差别,侧壁为曲线 B 时,相差3.29%,侧壁为曲线 C 时,相差5.05%,这主要是由于型线的差别造成壁面压力分布的差别,从而造成升力的差别。图7.13所示为曲壁 C 时,特征线

设计与 CFD 优化设计三维喷管壁面压力的对比。可以看到,二者有一定的差别,由于 CFD 优化结果中的喷管膨胀型线在上壁面的膨胀角更大,因此上膨胀面初始处发出的膨胀波会在下膨胀面造成更大的压力下降,因而喷管产生的负升力也就较小。

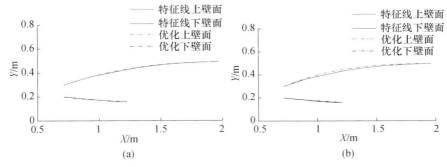

图 7.12　准二维特征线设计型线和 CFD 优化结果比较

(a)侧壁曲线 A;(b)侧壁曲线 C。

表 7.3　准二维特征线和 CFD 优化所得到喷管的性能对比

曲线	A	B	C
$\Delta F_x/F_{id}/\%$	-0.18	-0.014	-0.57
$\Delta F_y/F_{id}/\%$	-1.82	-3.29	-5.05

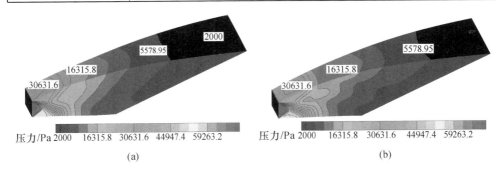

图 7.13　侧壁为曲线 C 时,特征线设计与 CFD 优化设计喷管壁面压力比较

(a) 特征线;(b) CFD 优化结果。

参考文献

[1] Novelli Ph, Koschel W. Progress of the JAPHAR cooperation between ONERA and DLR on hypersonic air-

breathing propulsion[C]. AIAA 2001 – 1870, Reston: AIAA, 2001.

[2] Delguidice P D, Dash S, Kalben P. A source flow characteristic technique for the analysis of scramjet exhaust flow fields[R]. NASA CR – 132437, Washington: NASA, 1974.

[3] Zucrow M J, Hoffman J D. Gas Dynamics [M]. Vol. 2. New York: Wiley, 1976.

[4] Rao G V R. Exhaust nozzle contour for optimum thrust[J]. Jet Propulsion, 1958, 28(6): 377 – 382.

第**8**章　基于双向流线追踪的三维变截面喷管设计

随着高超声速技术的发展,采用圆形或椭圆形燃烧室的三维流道推进系统越来越受到重视,与传统的矩形二维流道相比,圆形三维流道湿面积小,从而可以减小黏性损失,另外,还容易实现与机身的一体化。例如,在 2003 年 USAF 和 DARPA 启动的 Falcon 计划,以及后来 DARPA 发展的 FaCET(Falcon Combined – cycle Engine Technology)计划[1]中,其飞行器采用了复杂的三维流道推进系统以提高机身/推进系统的一体化程度,从而提高飞行器的升阻比,如图 8.1 所示。对于以这类推进系统为动力的飞行器而言,其尾喷管为了实现与上游圆形或椭圆形燃烧室的相容,以及与后机体的一体化设计,已不再是简单的二元或轴对称构型,而是更复杂的三维空间曲面。另外,这类喷管在设计之初往往还受到飞行器机体几何形状和尺寸的严格约束。因此,作为推力喷管,这类三维喷管不仅需要在满足飞行器机体几何约束的条件下实现进口到复杂出口的变截面设计,而且需提供优异的气动性能。设计难度很大。

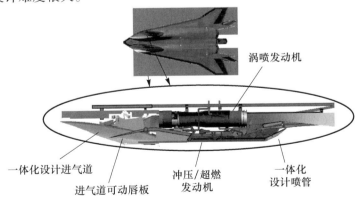

图 8.1　FaCET 飞行器[1]

现有的针对三维对称喷管的设计大都基于几何过渡和优化的方法,例如刘宇等[2]针对圆转方的塞式喷管,提出了一种直接生成圆转方塞式喷管三维型面的设计方法。但这种方法不太适用于三维非对称喷管。专门针对超燃冲压发动机进出口形状约束下的非对称圆转矩尾喷管设计,之前只有卢鑫[3]基于密切法做过一些尝试,但是这种方法对于强约束条件下的喷管设计存在一定困难,而且当喷管中的三维特性太强时,密切流片之间的参数存在较大梯度,密切的理论基础是不牢固的。因此,在强几何约束条件下探索新的高超声速飞行器三维变截面喷管设计方法是非常有必要的。

8.1 环形基准流场设计及主要影响参数

流线追踪技术是应用于高超声速构型设计的一种常用方法[4],然而,由于流线追踪只能根据进口的形状、通过流线的发展来确定出口的形状,因而难以直接同时满足进口和出口强几何约束条件下的喷管设计。但是,能否尝试通过调整基准流场的参数使流线追踪后的喷管近似满足进出口几何约束条件? 对于这个问题,关键是能够找到控制参数相对较少、有一定规律的基准流场。本书尝试将环形流场作为基准流场,进一步通过流线追踪获得满足进出口几何约束条件的圆转方喷管。

环形基准流场相对于轴对称基准流场的优点在于,它能在一定程度上控制侧向膨胀的大小。从图 8.2 中可以看出,在进出口几何条件给定后,基准流场可以控制的参数有进口圆弧半径 R 和进口截面中心体半径 r_1(出口截面中心体半径 R_1 通常由 r_1 确定)式(8.1)给出了环形流场的面积比,其中 A_e 为环形流道的出口面积,A_{in} 为环形流道的进口面积,r_1、r_2 为进口环形流道半径,R_1、R_2 为出口圆环两圆半径。将式(8.1)进一步展开,如式(8.2)所示,通常情况下喷管进口和出口尺寸是给定的,令 $r_2 - r_1 = K_1, R_2 - R_1 = K_2, 2(R_1 - r_1) = K_3$,由于 K_1、K_2、K_3 都为定值,因此环形流场的面积比是 r_1 的单值函数。如果进口中心体半径 r_1 改变,则出口和进口面积比也发生变化。因此在出口高度一定的情况下,出口的等效宽度就会发生变化,这就可以在喷管进口形状和喷管长度确定的情况下,通过选择合适的中心体半径 r_1 来控制喷管出口等效矩形的侧向膨胀程度。

$$\frac{A_e}{A_{in}} = \frac{\pi(R_2^2 - R_1^2)}{\pi(r_2^2 - r_1^2)} \tag{8.1}$$

$$\frac{A_e}{A_{in}} = \frac{\pi(R_2 + R_1)(R_2 - R_1)}{\pi(r_2 + r_1)(r_2 - r_1)} = \frac{(R_2 - R_1 + 2R_1)K_2}{(r_2 - r_1 + 2r_1)K_1} = \frac{(K_2 + K_3 + 2r_1)K_2}{(K_1 + 2r_1)K_1} \tag{8.2}$$

上述推导已经说明环形基准流场在三维喷管设计中具有明显的优势。由于基准流场的性能决定了流线追踪获得的三维喷管的性能,因此获得性能(推力)最优

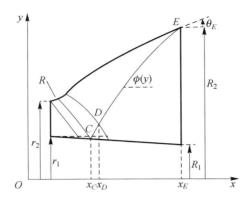

图 8.2　环形喷管几何控制参数

的环形基准流场是十分必要的。在 Rao 方法的基础上,Veen[5] 发展出一种能够针对带中心体环形流场的最大推力型面设计方法,该设计将 Rao 方法分别应用于环形喷管的内环、外环膨胀型面,同时获得最大推力。由于本书中所研究的环形内膨胀面初始膨胀角度很小,因此内膨胀型面的回转母线以直线代替,如图 8.2 所示,仅对外膨胀型面取最大推力。

如图 8.2 所示,CDE 线是环形流场出口控制面与通过 D 点的子午平面的交线,C 点为喷管出口控制面与中心体的交点,E 点为控制面与喷管出口边缘的交点。CDE 线上任一点处相对于喷管轴线的倾角用 ϕ 表示,它是纵坐标 y 的函数,则通过这个控制面的流体质量流量为

$$\dot{m}_{CE} = \int_C^E \rho V \frac{\sin(\phi - \theta)}{\sin\phi} 2\pi y \mathrm{d}y = 常数 \tag{8.3}$$

喷管的长度为

$$L = x_C + \int_C^E \cot\phi \mathrm{d}y \tag{8.4}$$

作用在出口控制面上的力为

$$F_{CE} = \int_C^E \Big[(p - p_a) + \rho V^2 \frac{\sin(\phi - \theta)\cos\theta}{\sin\phi} \Big] 2\pi y \mathrm{d}y \tag{8.5}$$

根据最大值原理,可得

$$\phi = \theta + \alpha (沿控制面 DE) \tag{8.6}$$

$$\lambda_2 = -V\cos(\theta - \alpha)/\cos\alpha \tag{8.7}$$

$$\lambda_3 = -y\rho V^2 \sin^2\theta\tan\alpha \tag{8.8}$$

$$\sin(2\theta) = (p - p_a)\cot\alpha / \frac{1}{2}\rho V^2 (在 E 点) \tag{8.9}$$

由式(8.6)~式(8.9),找出 E 点的位置,再根据喷管内流体的流量连续,即可确定喷管壁面型线。

获得了最大推力环形基准流场以后,首先,需要从进口圆形通过流线追踪获得一个到出口的流管,由于流向追踪的特点,出口的形状是不可控的,但通过本书中环形基准流场的设计,可以控制出口的几何形状尺寸在一定的范围内。然后,根据所要设计的喷管的出口几何形状,在与进口流管中流线对应的角度上通过逆向流线追踪,在环形基准流场中获得一个由出口方形逆流追踪到进口截面的流管。在此基础上,在两个流管的对应流线上通过渐变函数进行加权混合,即可获得几何约束条件下的进口圆形到出口方形(矩)的三维喷管无黏过渡型面。得到无黏型面后,再进行附面层修正,即可得到最终的三维喷管过渡型面。图8.3所示为三维喷管与环形流场的几何位置关系。三维喷管出口方形有一小部分超出了基准流场环形出口的边界,这部分在设计过程中会被裁掉,因此三维喷管的出口变成不规则的方形。图8.4为在环形基准流场中,从进口到出口以及从出口到进口的流线追踪示意图。

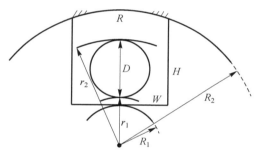

图8.3　三维喷管与环形流场几何位置关系

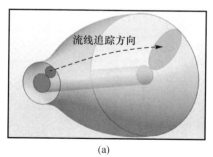
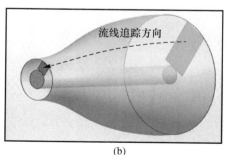

(a)　　　　　　　　　　　　　　　　(b)

图8.4　三维喷管流线追踪设计示意图

(a)进口到出口;(b)出口到进口。

8.2　三维变截面喷管设计

1. 环形基准流场性能分析

在三维喷管设计之前,需要选定合适的环形基准流场。由 8.1 节的推导可知,在几何约束都给定的情况下,环形基准流场独立可变的参数只有进口圆弧半径 R 和进口中心体半径 r_1,在本节首先考察这两个参数对环形基准流场的影响。表 8.1 所列为喷管的工作状态参数。其中,环境静压 $p_a = 7\text{kPa}$,喷管进口马赫数为 $Ma_{\text{in}}1.39$,进口燃气静温 $T = 2200\text{K}$,进口气体静压 $p_{\text{in}} = 110\text{kPa}$,比热 $c_p = 1442.4\text{J/}$ (kg·K),气体分子量 $Mr = 28.82$。设计时假设燃气冻结,进口为均匀气流。设计构型几何约束条件:圆形进口直径为 120mm;出口矩形尺寸为 240mm×240mm。

表 8.1　喷管进口参数

p_a/kPa	Ma_{in}	T/K	p_{in}/kPa	$c_p/(\text{J}/(\text{kg·K}))$	Mr
7	1.39	2200	110	1442.4	28.82

为了便于比较基准喷管的性能,定义环形喷管的推力系数如下:

$$C_{\text{fx}} = \frac{F_x}{F_{\text{S}} - I_{\text{in}}} \tag{8.10}$$

$$I_{\text{in}} = \dot{m}V_{\text{in}} + (p_{\text{in}} - p_a)A_{\text{in}} \tag{8.11}$$

$$F_{\text{S}} = \dot{m}\sqrt{\frac{2\gamma}{\gamma - 1}RT_{\text{t}}\left[1 - \left(\frac{p_a}{P_{\text{t}}}\right)^{\frac{\gamma-1}{\gamma}}\right]} = \dot{m}\sqrt{\frac{2\gamma}{\gamma - 1}RT_{\text{t}}\left[1 - \left(\frac{1}{\text{NPR}}\right)^{\frac{\gamma-1}{\gamma}}\right]} \tag{8.12}$$

首先在进口中心体半径 r_1 不变的条件下,改变进口膨胀圆弧 R 的半径,此处进口圆弧半径取为 50mm、25mm、15mm、5mm、2mm。表 8.2 所列为不同圆弧半径下环形喷管的推力性能。可以看到,进口圆弧半径越小,环形喷管推力系数越大,因此在设计中选取较小的进口圆弧半径可以保证环形喷管推力性能。在此基础上取进口圆弧半径 $R = 2\text{mm}$,选择环形流场的中心体半径 r_1 为 30mm、50mm、100mm、200mm,表 8.3 所列为不同中心体半径环形基准流场的性能。可以看出,中心体半径对环形喷管的推力性能影响较大,中心体半径越小,推力性能越高。但是由于小的中心体半径造成三维喷管侧边膨胀效果较弱,因此中心体半径选择需要综合考虑。在本次设计中,由于 $r_1 = 30\text{mm}$ 的环形流场能够满足喷管的出口宽度尺寸,并且推力系数较高,可以接近于 0.89,因此最终选择 $r_1 = 30\text{mm}$ 作为基准环形流场的进口中心体半径。图 8.5 为不同中心体半径时所对应的基准流场的马赫等值线图。可以看到小的中心体半径气流膨胀较快,喷管出口马赫数较高。

表 8.2　进口圆弧半径对环形流场性能的影响

R	50mm	25mm	15mm	5mm	2mm
C_{fx}	0.868	0.872	0.875	0.879	0.88

表 8.3　进口中心体半径对环形流场性能影响

r_1	30mm	50mm	100mm	200mm
C_{fx}	0.88	0.87	0.83	0.79

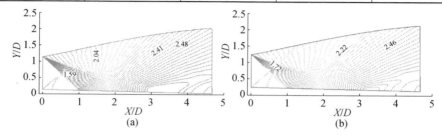

图 8.5　不同中心体半径所对应的基准的流场马赫数等值线

（a）$r_1 = 30$mm；（b）$r_1 = 50$mm。

2. 三维喷管设计

表 8.4 所列为三维喷管的几何约束参数，采用进口圆的直径进行无量纲化，其中各参数含义在图 8.6 中均已示出。图 8.6（a）所示喷管出口和环形流场出口的位置关系，由于喷管出口一小部分超过了环形流场的边界，无法实现流线追踪，因此需要截去这一部分，最终形状如图 8.6（b）所示。在环形流场中，由进口圆形通过流线追踪到出口会变成类圆形，如图 8.6（c）所示，不同的中心体半径，其类圆形的大小也不同，选择中心体半径的其中一个标准就是类圆形的边界不能超过出口方形（矩）的边界，否则在两个流管经过渐变函数混合后可能会出现最大截面不在喷管出口的情况。

表 8.4　三维喷管几何参数

r_1	r_2	R_1	R_2	W	H	L	D
0.08D	1.08D	0.03D	2.01D	1.98D	1.72D	4.62D	120mm

获得了从进口到出口以及从出口到进口的流管之后，需要通过渐变函数将两个流管融合为一个三维渐变流道。在基于流线追踪的矩转圆进气道设计研究中，曾给出了多种实现矩形转圆形光滑过渡的数学函数[6]。在本节的研究中，将这些数学函数应用在三维喷管的设计中，并研究其对三维喷管性能的影响。图 8.7 所

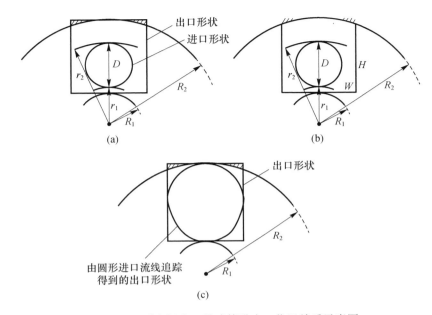

图 8.6　环形流场和三维喷管进出口位置关系示意图

示五种不同的渐变函数,表 8.5 则列出了这五种渐变函数的表达式以及通过这些渐变函数获得的三维喷管性能。可以看到,通过线性渐变函数获得的喷管推力性能最佳,因此就将表达方式最简单而获得的三维喷管性能最佳的线性渐变函数应用在最终的设计中。

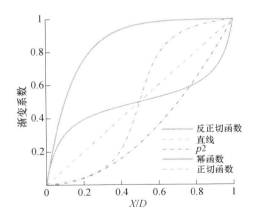

图 8.7　不同的渐变函数

表 8.5　不同的渐变函数对三维喷管性能的影响

名称	公式	$F_x/\dot{m}$	C_{fx}
直线	$f(x) = x$	297.7	0.877
正切函数	$f(x) = \dfrac{\arctan(x \cdot 10 - 5) - \arctan(-5)}{-2 \cdot \arctan(-5)}$	293.4	0.864
反正切函数	$f(x) = \dfrac{1}{2} + \dfrac{1}{10} \cdot \tan(2 \cdot x \cdot \arctan(5) - \arctan(5))$	284.7	0.838
抛物线函数	$f(x)x^2$	294.1	0.866
幂函数	$f(x) = 1 - 1000^{-x}$	289.1	0.851

　　为了评估所设计三维圆转方喷管的性能,需要一个基准的三维喷管作为对比对象。本研究中根据 Booth[7] 建议的方法设计一个同样尺寸的圆转方喷管作为基准,称为喷管 B,而基于流线追踪设计的喷管称为喷管 A,如图 8.8 所示。Booth 所给出三维喷管设计方法的核心是在几个主要的纵向剖面上的型线用最优的二维膨胀型线构造,在此基础上,运用 CAD 技术实现三维曲面过渡。图 8.8(c)所示为喷管 A 和喷管 B 的出口面积比较,其中喷管 A 的出口面积为喷管 B 出口面积的 95.8% 。

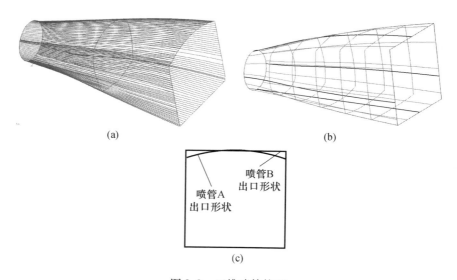

(a)　　　　　　　　　　　　(b)

(c)

图 8.8　三维喷管构型
(a) 喷管 A;(b) 喷管 B;(c) 喷管 A 和喷管 B 出口比较。

8.3　三维变截面喷管实验研究

1. 实验条件

喷管实验台采用高低压气源联合方式工作,在第 5 章已有相关介绍。图 8.9 为三维喷管模型示意图,它由进口法兰、能产生均匀气流的超声速喷管、三维圆转方喷管构成。在三维喷管的上、下以及侧边共有 29 个壁面静压测点,压力测量采用美国 PSI 公司的 9816 电子压力扫描阀,其测量精度为满量程的 0.05% 。

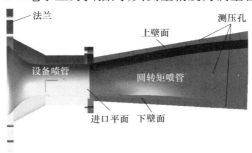

图 8.9　三维喷管模型示意图

2. 实验与数值模拟对比分析

为了与实验结果对比,采用 Fluent 软件对三维喷管模型进行有黏计算,无黏项使用 Roe 二阶迎风格式进行离散,黏性项采用中心格式离散。选用 RNG $k-\varepsilon$ 湍流模型,壁面函数选非平衡壁面函数。壁面选无滑移绝热壁面,喷管进口、出口的边界条件分别取为压力进口、压力出口。采用 ICEM CFD 软件对喷管模型进行网格划分,第一层网格取 0.08mm,保证 y^+ 为 $10\sim30$。为了验证计算结果对于网格尺度的无关性,分别采用粗、中、密三套网格对三维喷管模型进行计算(图 8.10)。图 8.11 所示为不同网格尺度下三维喷管上膨胀面的压力分布。可以看到三种网格尺度下,压力分布吻合得相当好。表 8.6 列出了不同网格尺度下与实验测量点对应位置处的无量纲压力值,中网格和密网格在 2 点的差值仅为 1.1% ,在 3 点的差别为 1.0% ,这说明中网格完全可以满足数值计算的要求。

图 8.10　三维喷管计算网格

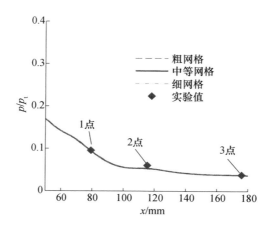

图 8.11　不同网格尺度下的喷管上壁面压力分布(NPR = 70)

表 8.6　网格无关性验证（NPR = 70）

计算	网格数	网格加密因子 r	2 点的无量纲压强	3 点的无量纲压强
网格	744893	0.61	0.0514	0.0365
中等网格	1217692	1	0.0533	0.0376
细网格	2029669	1.67	0.0539	0.0380
实验值	—	—	0.0581	0.0382

图 8.12 所示为在喷管落压比 NPR = 70 和 10 的条件下,三维喷管上、下和侧壁压力分布与实验结果的比较。可以看到,两者吻合得较好。特别在 NPR = 10 时,喷管处于严重过膨胀情况下,上膨胀面和侧膨胀面激波造成的分离点位置都能够准确预测。这也进一步证实了数值计算方法的可靠性。

由于实验中的压力测量点相对较少,因此基于数值计算结果对三维喷管壁面压力和黏性力进行积分,获得三维喷管的性能,并与基准三维喷管的结果进行比较。表 8.7 列出了详细的比较结果。可以看到,在出口面积较小的情况下,基于流线追踪设计的三维喷管 A 的推力、升力和俯仰力矩性能上都优于基准三维喷管 B 的,其中推力提升 1.0%,而升力和俯仰力矩则均有明显提升。这对于飞行器提供正升力和配平是非常重要的。图 8.13 所示为两套喷管在对称面上的压力分布比较。可以看到,在出口压力值基本相同的情况下,喷管 A 的上、下膨胀面的压力分布明显比喷管 B 的高,这也解释了为什么喷管 A 的性能会比喷管 B 好。图 8.14 为三维喷管不同截面上的马赫数云图。可以看出基于流线追踪设计的喷管在一定程度上继承了母流场的特性,因此会具有更好的性能。

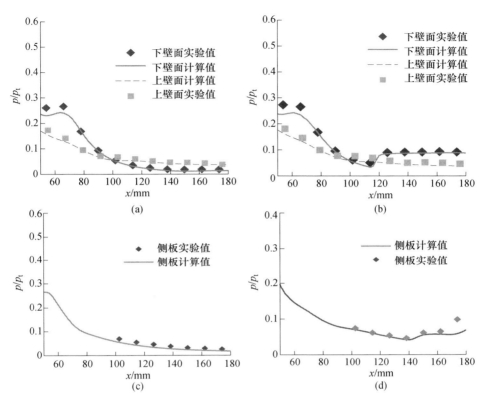

图 8.12　数值模拟与实验的压力分布对比

（a）NPR = 70；（b）NPR = 70；（c）NPR = 70；（d）NPR = 10。

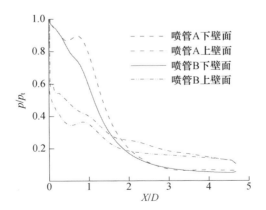

图 8.13　两套三维喷管的压力分布对比

表 8.7　两套三维喷管的性能对比

性能	推力/N	升力/N	力矩/(N·m)
喷管 A	695	-14	237
喷管 B	688	-187	198
比较	+1.0%	+92.5%	+19.7%

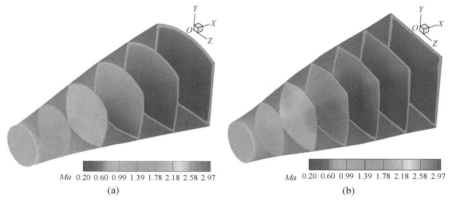

Ma 0.20 0.60 0.99 1.39 1.78 2.18 2.58 2.97
(a)

Ma 0.20 0.60 0.99 1.39 1.78 2.18 2.58 2.97
(b)

图 8.14　三维喷管不同截面上的马赫数云图
(a) 喷管 A；(b) 喷管 B。

参考文献

[1] Mamplata C, Tang M. Technical approach to turbine – based combined cycle：FaCET[C]. AIAA 2009 – 5537, Reston：AIAA,2009.

[2] 覃粒子,王长辉,刘宇,等. 三维喷管设计[J]. 推进技术,2005,26(6):499 – 503.

[3] 卢鑫,岳连捷,肖雅彬,等. 超燃冲压发动机三维变截面尾喷管设计[C]//第三届高超声速科技学术会议. 无锡：中国力学学会,2010.

[4] Billig Frederick S, Kothari Ajay P, Streamline tracing：technique for designing hypersonic vehicles[J]. Journal of Propulsion and Power, 2000,16(3): 465 – 471.

[5] Richard Vander Veen, Roy Gentry, Hoffman Joe D. Design of shrouded – plug nozzles for maximum thrust[J]. AIAA Journal, 1974, 12(9): 1193 – 1197.

[6] Taylor Trent M, VanWie David. Performance analysis of hypersonic shape – changing inlets derived from morphing streamline traced flowpaths[C]. AIAA 2008 – 2635,Reston：AIAA,2008.

[7] Booth T E, Vilja J O, Cap D P, et al. The design of linear aerospike thrust cells[C]. AIAA 93 – 2562,Reston：AIAA,1993.

第**9**章 过膨胀非对称喷管内的非定常现象

9.1 激波反射现象及其基础理论

9.1.1 激波反射现象

Ernst Mach 最早于 1878 年发现激波反射现象。后来,采用更精细的实验设备重复其实验时,发现实验中存在两种激波反射结构:一种是两激波结构的规则反射(Regular Reflection,RR);另一种是三激波结构的马赫反射(Mach Reflection,MR)。20 世纪 40 年代开始,Neumann 等又对激波反射进行了更精细的研究,发现马赫反射又可以分为更详细的反射结构,包括 Neumann 反射(Neumann Reflection,vNR)、Guderley 反射(Guderley Reflection,GR)、Vasilev 反射(Vasilev Reflection,VR)[1]。

概括的说,激波反射可分为规则反射(RR)与非规则反射(Irregular Reflection,IR):

RR 反射结构由两道激波构成,入射激波 i、反射激波 r 和反射面上的交点 R,如图 9.1 所示;

其他不同于 RR 反射的激波结构统称为 IR,概括的说 IR 可以分为四种形式,即 MR、vNR、GR 和 VR,其中 vNR、VR 和 GR 由较弱的激波和较小的楔角所形成。MR 由三道激波构成,分别是入射激波 i、反射激波 r 和马赫杆 m,此外还会形成一个滑流层,这四部分相交于点 T,点 T 又称为三叉点。三叉点 T 位于反射面的上方,T 与反射面之间形成的是马赫杆。MR 的结构如图 9.2 所示。反射点 R 是马赫杆与反射面的交点,此处马赫杆与反射面之间相互垂直。

后来,研究者们从理论分析中发现,根据三叉点 T 的运动趋势,MR 的反射形式还可以细分成三种:

(1)正向 MR(DiMR),三叉点 T 向远离反射面的方向运动;

(2)稳定 MR(StMR),三叉点 T 与反射面平行的方向运动;

(3)负向 MR(InMR),三叉点 T 向靠近反射面的方向运动。

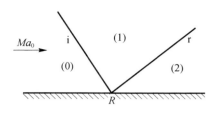

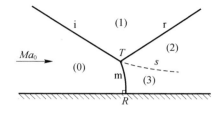

图 9.1　规则反射(RR)结构示意图　　　图 9.2　马赫反射(MR)结构示意图

这三种 MR 的反射形式被 Ben – Dor 和 Takayama 成功地在实验中进行了验证,其结构示意图如图 9.3 所示。其中,DiMR 在拟稳态和非稳态流场中均可形成,而 StMR 和 InMR 只能在非稳态流场中形成。

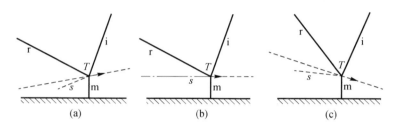

图 9.3　三种 MR 反射结构示意图
(a) DiMR；(b) StMR；(c) InMR。

在研究激波反射的过程时,先回顾一下激波形成的原因。激波是超声速可压缩流场中特有的一种流动间断现象。当气流穿过激波时,流动参数产生突跃,并伴随相应的机械能损失。如图 9.4 所示,当亚声速气流流过楔角时,气流可以平滑地流过楔角。当气流逐渐加速至超声速流过楔角时,便会产生斜激波,此时存在强解斜激波和弱解斜激波两种情况。一般而言:若斜激波后仍为超声速流场,则认为是弱解激波;若斜激波后为亚声速流场,则认为是强解激波。当楔角角度逐渐增大并超过临界值 $\delta_{\max}(Ma_0)$ 时,会在楔角前方形成脱体弓形激波。

图 9.5 为斜激波前后气体的流动过程,激波前区域为 i,激波后区域为 j,激波角 ϕ_j,气流偏转角 θ_j,根据定常无黏的流动条件,可得以下方程:

连续方程为

$$\rho_i u_i \sin\phi_j = \rho_j u_j \sin(\phi_j - \theta_j) \tag{9.1}$$

垂直于激波方向的动量方程为

$$p_i + \rho_i u_i^2 \sin^2\phi_j = p_j + \rho_j u_j^2 \sin^2(\phi_j - \theta_j) \tag{9.2}$$

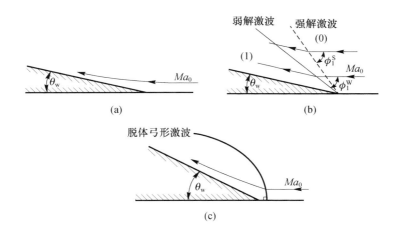

图9.4　气流流过楔角时的流场结构

（a）$Ma_0 < 1$；（b）$Ma_0 > 1$，$\theta_{\mathrm{w}} < \delta_{\max}(M_0)$；（c）$Ma_0 > 1$，$\theta_{\mathrm{w}} > \delta_{\max}(M_0)$。

平行于激波方向的动量方程为

$$\rho_i \tan\phi_j = \rho_j \tan(\phi_j - \theta_j) \qquad (9.3)$$

能量方程为

$$h_i + \frac{1}{2}u_i^2\sin^2\phi_j = h_j + \frac{1}{2}u_j^2\sin^2(\phi_j - \theta_j) \quad (9.4)$$

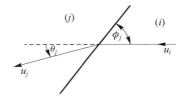

图9.5　斜激波前后的
流动过程

式中　u——气流相对于斜激波的流动速度；

ρ、p、h——气体的密度、静压和焓值。通过

式（9.1）～式（9.4）即可求解激波前后的流动参数。

在激波反射的现象中，两激波结构 RR 和三激波结构 MR 也可以通过激波前后的关系进行求解，图9.6 和图9.7 所示分别为 RR 和 MR 的流动过程。

气流通过入射激波 i：

$$\begin{cases} \rho_0 u_0 \sin\phi_1 = \rho_1 u_1 \sin(\phi_1 - \theta_1) \\[2mm] p_0 + \rho_0 u_0 \sin^2\phi_1 = p_1 + \rho_1 u_1^2 \sin^2(\phi_1 - \theta_1) \\[2mm] \rho_0 \tan\phi_1 = \rho_1 \tan(\phi_1 - \theta_1) \\[2mm] h_0 + \frac{1}{2}u_0^2\sin^2\phi_1 = h_1 + \frac{1}{2}u_1^2\sin^2(\phi_1 - \theta_1) \end{cases} \qquad (9.5)$$

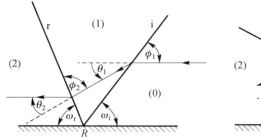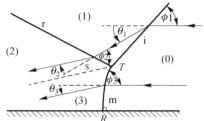

图 9.6   规则反射(RR)的流动过程   图 9.7   马赫反射(MR)的流动过程

气流通过反射激波 r：

$$\begin{cases} \rho_1 u_1 \sin\phi_2 = \rho_2 u_2 \sin(\phi_2 - \theta_2) \\ p_1 + \rho_1 u_1^2 \sin^2\phi_2 = p_2 + \rho_2 u_2^2 \sin^2(\phi_2 - \theta_2) \\ \rho_1 \tan\phi_2 = \rho_2 \tan(\phi_2 - \theta_2) \\ h_1 + \dfrac{1}{2} u_1^2 \sin^2\phi_2 = h_2 + \dfrac{1}{2} u_2^2 \sin^2(\phi_2 - \theta_2) \end{cases} \quad (9.6)$$

气流通过马赫杆 m：

$$\begin{cases} \rho_0 u_0 \sin\phi_3 = \rho_3 u_3 \sin(\phi_3 - \theta_3) \\ p_0 + \rho_0 u_0^2 \sin^2\phi_3 = p_3 + \rho_3 u_3^2 \sin^2(\phi_3 - \theta_3) \\ \rho_0 \tan\phi_3 = \rho_1 \tan(\phi_3 - \theta_3) \\ h_0 + \dfrac{1}{2} u_0^2 \sin^2\phi_3 = h_3 + \dfrac{1}{2} u_3^2 \sin^2(\phi_3 - \theta_3) \end{cases} \quad (9.7)$$

对于无黏流的两激波结构,经过两道激波后的气流方向必须与反射面平行,因此可得

$$\theta_1 - \theta_2 = 0 \quad (9.8)$$

对于 RR 反射现象,经过反射激波 r 和马赫杆 m 后的气流,气流方向相同且静压相等,但速度不同,形成滑流层 S,因此可得

$$p_2 = p_3 \quad (9.9)$$

$$\theta_1 \mp \theta_2 = \theta_3 \quad (9.10)$$

对于常规的 MR 反射现象,气流偏角的条件满足 $\theta_1 - \theta_2 = \theta_3$。而对于一些特殊的 MR 反射现象,气流偏角的条件会满足 $\theta_1 + \theta_2 = \theta_3$。

对于 RR 反射,可以通过求解式(9.5)、式(9.6)、式(9.8),对于 MR 反射可以通过求解式(9.5)~式(9.7)、式(9.9)、式(9.10),得到各个区域内的流动参数。虽然这种解析的方法可以准确地得到流动参数,但是整个求解过程比较繁琐,对激波反射现象的分析也并不直观。通常,在现象分析的过程中采用激波极线的方法,该方法将在9.1.2 节中进行介绍。

9.1.2　激波极线

从 9.1.1 节的分析可以看出,分析激波反射现象最直观的就是激波后压力与气流偏角的关系。为了更好地理解激波反射的现象,可以将气流偏转角与激波后压力的关系通过曲线表示出来,称为激波极线。每个波前马赫数在激波极线图中对应一条曲线,通过曲线可以方便地确定激波反射的形式,以及相应的激波后参数。如图 9.8 所示,这就是一个典型的激波极线图,一条激波极线上有四个比较特殊的点需要着重介绍。

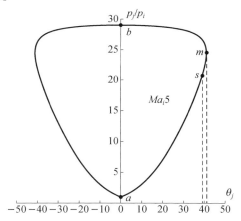

图 9.8　$(\theta_j, p_j/p_i)$ 激波极线$(Ma_i 5, \gamma = 1.4)$

a 点,处于激波极线的最下方,此时气流的偏转角为 0,波前后的压力比为 1,通过波之后气流并没有偏转和升压,说明对应的波是马赫波,波角等于马赫角$\mu_i = \arcsin(1/Ma_i)$。

b 点,处于激波极线的最上方,此时气流的偏转角为 0,但波前后的压力比最大,说明对应的波为正激波。

s 点,是强解激波和弱解激波的分界点,此时 $Ma_j = 1$。在 $a-s$ 段,$Ma_j > 1$,形成的是弱解激波;在 $s-b$ 段,$Ma_j < 1$,形成的是强解激波。

m 点,处于气流偏转角最大的位置。点 m 与点 s 的位置很接近,在工程上通常认为是一个点,但在特殊的情况下也存在着明显的差异。

如图 9.9 所示,激波极线的马赫数越高,激波极线包含的范围越大。

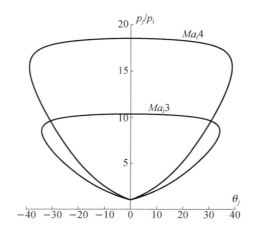

图 9.9　不同 Ma_i 的 $(\theta_j, p_j/p_i)$ 激波极线 $(\gamma = 1.4)$

对激波极线进行基本了解后,就可以很方便地利用激波极线分析激波反射的情况。图 9.10 给出了 RR 反射的激波极线解。式(9.8)已经给出 RR 反射中气流偏角的关系, $\theta_1 - \theta_2 = 0$,因此从状态(1)出发的激波极线在 $\theta_i^R = 0$ 时,是所得的状态(2)的解。从图 9.10 中可以观察到,状态(2)存在两个解,即弱激波解 (2^w) 和强激波解 (2^s)。然而在 RR 反射的情况下,强解激波只能在特殊的实验条件下产生,RR 反射的解默认为是弱解。

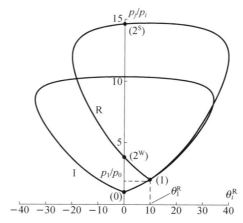

图 9.10　RR 反射的激波极线解

图 9.11 所示为 MR 反射的激波极线解。其中,状态(3)是状态(0)通过一道激波 m 后所得到的;状态(2)是状态(0)通过两道激波 i、r 后得到的,式(9.9)和式(9.10)给出了相应的约束条件, $p_2 = p_3$, $\theta_1 - \theta_2 = \theta_3$。因此,MR 反射的解为从状态

（1）出发的 R 极线与 I 极线的另一个交点，以保证静压相等的条件。从图 9.11 中可以看出，状态（0）到状态（3）经过了一道强解激波，即为马赫杆。

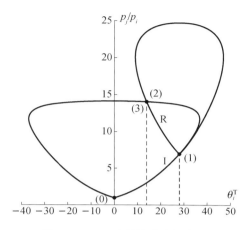

图 9.11　MR 反射的激波极线解

图 9.12 所示为 MR 反射形式下三种不同解的情况。a 点处于 I 极线的右支，最终的气流偏转角为正；b 点位于轴线上，最终的气流偏转角为 0；c 点处于 I 极线的左支，最终的气流偏转角为负。因此，a、b、c 点分别对应了 9.1.1 节介绍的 DiMR、StMR 和 InMR 形式。同时还可以注意到，R_{II} 极线和 R_{III} 极线在与 I 极线相交的同时，也与轴线相交，即也存在 RR 反射的解。这说明 R_{II} 和 R_{III} 在形成 MR 反射的同时，也有可能形成 RR 反射。在激波反射现象中可能存在 RR 反射与 MR 反射相互转换的问题。

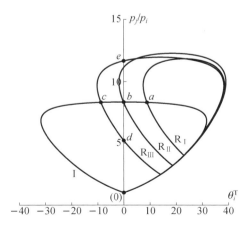

图 9.12　MR 反射激波极线解的三种情况

9.1.3　RR 反射与 IR 反射的相互转换

从图 9.10 和图 9.11 可以看出,在 RR 反射中 R 极线与 p 轴存在两个交点,而 MR 反射中的 R 极线与 p 轴并不相交。最直观的考虑,当 R 极线与 p 轴相切时,只有一个交点,此时是两种反射形式的一个临界点,如图 9.13 所示。此时,R 极线若再向右偏移,R 极线将不再与 p 轴相交,也就不能形成 RR 反射,这种转换形式又被形象地称为分离式转换。

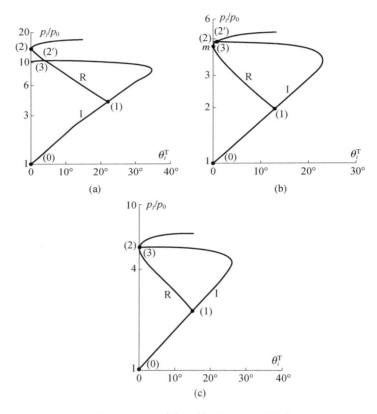

图 9.13　R 极线与 p 轴相切的三种形式

上述的激波反射形式转换的过程通常都伴随着激波后压力的突变,即 RR 反射形式下激波 R 后的静压 p_2 与 MR 反射形式下激波 R 和 M 后的静压 $p_{2'}$ 不同。因此,考虑在 $p_2 = p_{2'}$ 的位置,同样很容易实现 RR 与 MR 之间的转换,这种条件称为压力平衡条件。激波极线解如图 9.14 所示。在激波极线图上可以看出,R 极线与 p 轴恰好相交在 I 极线的正激波点上,因此 RR 反射与 MR 反射可以同时存在于这点。

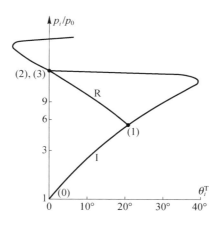

图 9.14　压力平衡条件下的激波极限解

9.2　非对称喷管中的激波与过膨胀分离

通常,超声速喷管中为顺压力梯度流场,流动状态相对简单,不容易出现复杂的波系结构。然而,在一些采用特殊方法设计的推力喷管中,或过膨胀工况下,喷管内流场会产生激波,甚至激波反射、激波边界层干扰等复杂的流动现象。

在超声速喷管中,产生的激波主要有以下几种:

(1) 喉道处由于气流转向和膨胀过快产生的内激波;

(2) 喷管尾缘处由于喷管内外压差产生的尾缘激波;

(3) 由于边界层分离产生的分离激波;

(4) 使气流过度转向导致对气流压缩而产生的激波。

对于 SERN,通常内激波相对较弱,经过一次反射后对下游流场的影响有限。如图 9.15(a)所示,喉道产生的内激波经过下壁面反射后在纹影图中已经观察不到。但是,在一些特殊的流动结构中,如图 9.15(b)所示,内激波也是喷管流道中的主要结构,会在下游不断反射。

当喷管尾缘压力低于环境压力时,会形成一道尾缘激波,将气流压力调整到与环境压力相同。理论上,尾缘激波应该紧贴喷管尾缘,但是由于黏性作用,尾缘激波会向喷管内略微移动,如图 9.16 所示。对于 SERN,上下壁面并不对称,通常是下壁面较短,下壁面形成的尾缘激波有可能与上壁面相互作用,从而影响到喷管内的流场结构,如图 9.17 所示。

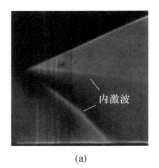 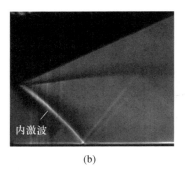

(a)   (b)

图 9.15   SERN 中的内激波纹影

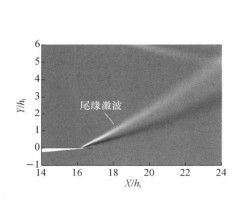

图 9.16   SERN 下壁面尾缘
激波数值纹影

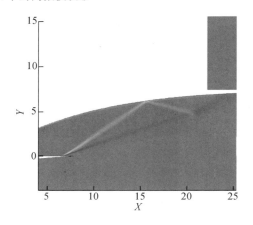

图 9.17   SERN 下壁面尾缘激波与
上膨胀面的相互作用

当喷管工作于严重过膨胀工作状态时,由于气体快速膨胀,喷管壁面压力低于环境压力,边界层内开始出现逆压力梯度和流动分离现象,并诱导产生分离激波,如图 9.18 所示。分离激波是过膨胀喷管中最主要的激波结构,通常伴随着激波边界层相互干扰和激波/激波反射、激波/壁面反射等复杂的流动现象。通常,分离激波后会形成两种流动结构。一种是气流经过分离激波后在分离点下游再附,而后继续附壁流动,在分离点和再附点之间形成封闭的分离泡。这种分离形式称之为闭式分离,或受限激波分离(RSS)。另一种是气流经过分离激波后并不在下游再附,而是在分离点后形成一个较大范围的回流区。这种分离形式称之为开式分离,或自由激波分离。过膨胀喷管内激波分离的形式,也决定着喷管内的流场结构,是分析过膨胀喷管内流场的重要部分。

推力喷管设计一般都有比较严格的长度要求,为了保证推力性能,通常喷管的初始膨胀较快、膨胀角较大。因此,在喷管结尾调整气流方向时,需要在较短的长

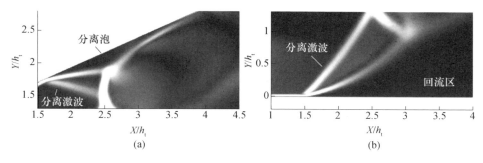

图 9.18　过膨胀喷管内分离激波的数值纹影

(a) 闭式分离；(b) 开式分离。

度内使气流转向,有可能会造成气流的过度压缩,从而由压缩波汇聚形成一道激波,如图 9.19 所示。这道激波与尾缘激波相比位置靠前,由于是特殊型面设计造成的结果,并不是每一种过膨胀喷管中都会出现这种形式的激波,而尾缘激波更普遍地存在于过膨胀喷管流场中。

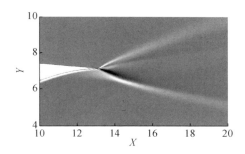

图 9.19　过度压缩形成的激波

9.3　数值模拟方法及其验证

此前,研究者对 SERN 喷管中出现的流动分离模式并没有系统的分析,对过膨胀 SERN 中各种流动分离模式的流场细节也没有进行过细致的描述,对影响 SERN 中流动分离模式的相关因素也并没有完整的认识,相应的实验结果同样也未见报道。数值模拟作为一种快速、低成本的研究方法,适用于过膨胀 SERN 内分离流场的研究,同时也可以很好地展现分离流场的流动细节。

本书研究的 RBCC 排气系统的过膨胀流动问题中,喷管内流场先后经历亚声速、跨声速和超声速流动,产生流动分离,并伴随激波/边界层相互干扰、激波相交反射等复杂的流动现象,以及流场在特殊条件下快速切换的非定常流动现象。对待不同的流动问题,Fluent 软件提供了多种湍流模型与差分形式以供选择。通常,在求解具体的流动问题之前,需要利用流场相近的、准确的实验结果对拟采用的数值模拟方法进行校核,确保相关的求解精度和可靠性可以满足要求后,开展对实际问题的研究。

图 9.20　实验使用的喷管模型

1. 校核算例 1

校核模型是一个非对称喷管,膨胀面采用最大推力方法设计,出口角度为 0。模型喉道面积419.9mm²,喉道的宽高比为 2.5,出口面积1290.58mm²,扩张段长度92mm,收缩段长度30mm。实验中使用的喷管模型如图 9.20 所示。

数值计算模拟二元 SERN 喷管冷流吹风实验,模拟采用基于密度的求解器、二阶迎风差分格式 $\mathrm{RNG}k-\varepsilon$ 湍流模型。数值计算的边界条件与真实的实验条件相同,喷管的工作落压比为 3.5。数值模拟的边界条件分别如表 9.1 所列和图 9.21 所示。

表 9.1　计算采用的边界条件

参数	数值
膨胀面积比	3.07
压力进口条件	$p_t = 124008.5\mathrm{Pa}, T_t = 296.5\mathrm{K}$
远场条件	$p = 35422.69\mathrm{Pa}, T = 296.5\mathrm{K}, Ma0$
压力出口条件	$p = 35422.69\mathrm{Pa}, T = 296.5\mathrm{K}$

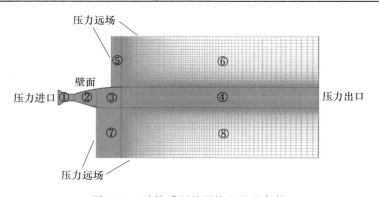

图 9.21　计算采用的网格和边界条件

计算网格为结构化网格,如图 9.21 所示。其中区域 1、2、3、4、5 和区域 7,在 x

和 y 方向的网格节点数分别为 80×80、150×80、150×80、120×80、40×50 和 150×50。区域 6 和区域 8 的网格节点为 120×50。由于分离和再附形成复杂的流动结构,分离区与射流的壁面 y^+ 差别较大,y^+ 值无法平稳地控制在一个相对变化不大的范围。对于此网格,壁面 y^+ 的值在 $10 \sim 80$ 之间变化,基本符合湍流模型对于壁面 y^+ 的要求。

此外,还对网格的敏感性进行了考察。将上述网格定义为中等密度的网格,x、y 方向的网格节点数均增加 1 倍的网格定义为密网格,x、y 方向的网格节点数均减少 1/2 的网格定义为粗网格。各网格上壁面压力分布的计算结果如图 9.22 所示,数值模拟对上壁面分离点以及再附的过程捕捉得很好,但激波前后的压力有一定的偏差。疏密程度不同的网格在壁面压力的计算上相差无几,相互之间的偏差均小于 3%,在可承受的范围之内,利用中等密度网格的相关计算可以得到比较满意的计算精度。图 9.23 和图 9.24 所示分别为马赫数等值线图与纹影结果的对比,以及喷管内流场的马赫数云图。可以看出,上壁面压力的变化符合喷管中的流场结构,数值模拟的流场结构与实验得到的流场结构吻合较好,成功地模拟了马赫杆以及 λ 激波结构,该计算方法准确可靠。

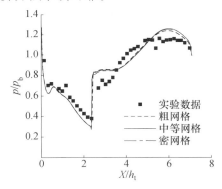

图 9.22 数值模拟的上壁面压力结果以及网格无关性验证

图 9.23 马赫数等值线图与纹影结果的对比

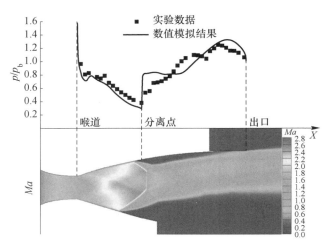

图 9.24　喷管内流场的马赫数云图与上壁面压力分布对比

2. 校核算例 2

该模型采用直线壁面设计，上壁面的扩张角度为 2°，喷管的设计落压比为 20，膨胀面积比为 2.896，下壁面与上壁面等长。实验中使用的喷管模型如图 9.25 所示。

图 9.25　实验使用的喷管模型

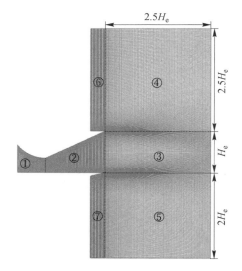

图 9.26　数值模拟使用的网格

与校核算例 1 一致，数值计算模拟二维 SERN 喷管冷流吹风实验，模拟采用基于密度的求解器、二阶迎风差分格式 $k-\varepsilon$ RNG 湍流模型。数值模拟使用的网格如图 9.26 所示。数值计算的边界条件与真实的实验条件相同,喷管的工作落压比为 3。数值模拟的设定和边界条件如表 9.2 所列。

表 9.2　数值模拟的设定以及边界条件

参数	设置
工质	理想可压缩流
维数	二维
求解器	基于密度的求解器
求解公式	隐式
时间项	定常
湍流模型	$k-\varepsilon$ RNG
近壁面处理	标准壁面函数法
压力进口条件	总压 $=93243.6648$Pa, 静温 $=300$K
压力远场条件	$Ma0$,静压 $=31073.02$Pa, 静温 $=300$K
压力出口条件	静压 $=31073.02$Pa, 静温 $=300$K
壁面	绝热

计算网格为结构化网格,区域 1、2、3 在 x 和 y 方向的网格节点数分别为 70×80、180×80、140×80,区域 4、5 的网格节点数为 140×100,区域 6、7 的网格节点数为 40×100。壁面 y^+ 的值在 $10 \sim 50$ 之间变化,由于壁面上分离激波与分离泡的作用,y^+ 的值有较大变化,但仍符合湍流模型的要求。图 9.27 所示为数值模拟得到的喷管上下壁面压力分布与实验结果的对比,图 9.28 所示为马赫数等值线图与实验纹影的对比。从数值模拟的结果可以看出,壁面压力的计算结果与实验测量所得结果吻合较好,分离点与再附点捕捉准确,但分离区内压力略有偏差。流场结构的对比也可以看出计算结果对激波位置的模拟较为准确,成功模拟出上下壁面的分离激波相互作用后形成的 MR 反射。

同样也需要进行网格的无关性验证,将上述网格定义为中等密度网格,x、y 方向的网格节点数均增加 1 倍的网格定义为密网格,x、y 方向的网格节点数均减少 $1/2$ 的网格定义为粗网格。各网格上壁面压力分布的计算结果也在图 9.27 中显示。随着网格疏密的变化,上下壁面的分离点略微有所变化,但上下壁面的压力分布相差无几,相互之间的偏差均小于 3%,在可承受的范围之内,利用中等密度网格的相关计算可以得到比较满意的计算精度。由于后续研究中采用的喷管模型与该校核模型类似,数值模拟以及边界条件的设置、喷管内以及远场的网格节点设置均与此相同。

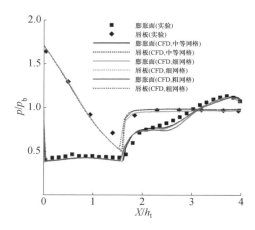

图 9.27 计算得到的上下壁面压力分布

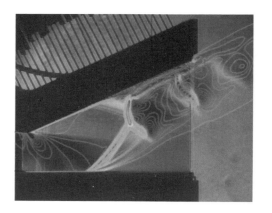

图 9.28 马赫数等值线与纹影图对比

9.4 SERN 喷管中的过膨胀流动分离流场

在发动机的起动和关闭过程中喷管的工作落压比远远低于设计落压比,喷管工作在严重过膨胀状态。与传统对称喷管相比,SERN 中气体主要沿着一个面膨胀。因此,上壁面上的分离激波与下壁面上的分离激波并不相同,一道激波较强,一道激波较弱,最终形成一个非对称分离的流场。SERN 喷管的下壁面长度设计要考虑整个发动机力矩匹配的问题,虽然对于固定几何结构喷管下壁面的长度一定,但是对于不同的设计条件,下壁面长度也不尽相同。然而,下壁面长度会影响下壁面上的激波形式,甚至 SERN 喷管内的分离模式。

为了更清楚地描述 SERN 中的过膨胀流场,减小由膨胀面设计引入的影响,本章的研究对象为直壁 SERN 喷管,如图 9.29 所示。上膨胀面的扩张角度为 25°,扩张面积比为 2.896,长下板模型的下壁面长度与上壁面等长,短下板模型的下壁面长度为上壁面的 40%。

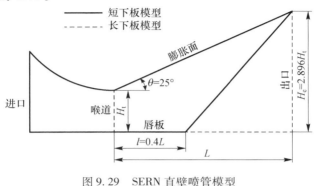

图 9.29   SERN 直壁喷管模型

下面对短下板和长下板模型分别开展讨论,研究并比较两种 SERN 喷管中过膨胀流场的异同,并进一步研究上壁面扩张角以及外流马赫数对 SERN 喷管过膨胀分离流场的影响。

9.4.1   短下板 SERN 模型中的流动分离模式

1. RSS 模式

受限激波分离(RSS)模式是 SERN 中比较普遍的一种流动分离模式,在大量过膨胀 SERN 的数值模拟和实验中均观察到 RSS 分离模式。在 RSS 分离模式中,气流在喷管壁面处产生分离并在下游再附到壁面,形成封闭的分离泡。由于主射流贴近壁面流动,像是被束缚到了喷管壁面上,因此形象地称这种分离现象为受限激波分离。图 9.30 为短下板 SERN 模型中 RSS 模式的激波结构示意图,图 9.31和图 9.32 分别为短下板 SERN 模型中 RSS 模式的马赫数云图和静压云图。

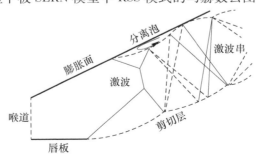

图 9.30   短下板 SERN 中 RSS 模式激波结构示意图

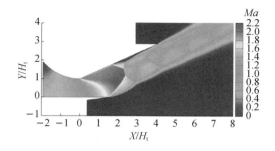

图 9.31　短下板 SERN 中 RSS 的马赫数云图（NPR = 3.2）

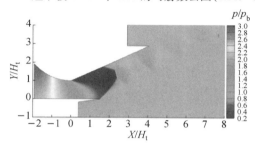

图 9.32　短下板 SERN 中 RSS 的静压云图（NPR = 3.2）

短下板 SERN 模型中由于下板较短，气流在喷管下壁面的过膨胀程度并不足以导致分离的发生，但由于射流与环境气体的静压不同，最终在下壁面尾缘处形成尾缘激波。因此，气流分离后的再附过程只能在上壁面发生。此时，上壁面产生的分离激波与下壁面产生的尾缘激波相互作用，最终形成典型的 MR 反射。可以明显看出主流是由两道反射激波的膨胀、压缩波串逐渐合并形成的。由于气流在喷管的上壁面再附，整个主流沿喷管的上壁面流动，主射流与水平方向有一个比较大的夹角，对喷管的性能产生一定的影响。由于分离泡内的气体来自喷管内，虽然经过分离激波后压力有所升高，但分离泡内气体压力仍低于环境压力，直至气流再附时，喷管上壁面气流的过膨胀现象才有所改善。图 9.33 和图 9.34 分别给出了上下壁面的压力分布和回流区内的速度矢量图。

2. FSS 模式

自由激波分离（FSS）模式是 SERN 中比较特殊的一种分离流动状态，FSS 模式是指气流在喷管壁面处产生分离后并不在下游再附到喷管壁面，而是像自由射流一般继续向下游发展。当 SERN 处于 FSS 模式时，喷管中并不会出现分离泡，分离区为环境气体填充，分离区内的压力与环境压力相近。图 9.35 为短下板 SERN 模型中 FSS 模式的激波结构示意图，图 9.36 和图 9.37 分别为短下板 SERN 模型中 FSS 模式的马赫数云图和静压云图。

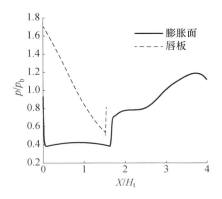

图 9.33　短下板 SERN 中 RSS 模式上下壁面压力分布(NPR = 3.2)

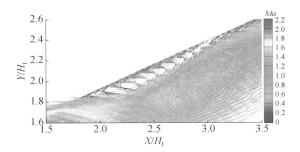

图 9.34　短下板 SERN 中 RSS 模式上壁面回流区内的
速度矢量图(NPR = 3.2)

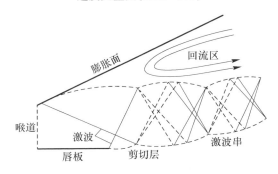

图 9.35　短下板 SERN 中 FSS 模式激波结构示意图

　　当喷管落压比较低时,气流经过喉道在喷管上壁面快速膨胀,很快便可达到较大的过膨胀程度,上壁面的分离激波靠近喉道。上壁面的分离激波与下壁面的尾缘激波相交后形成典型的 RR 反射,并没有形成马赫杆。反射激波后,由膨胀波和压缩波等形成的激波串类似于自由射流,继续向下游发展。气流经过上壁面的分

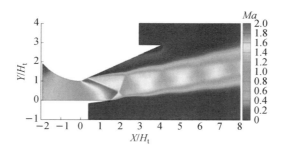

图 9.36　短下板 SERN 中 FSS 的马赫数云图(NPR = 3.0)

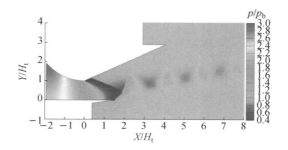

图 9.37　短下板 SERN 中 FSS 的静压云图(NPR = 3.0)

离激波后,向远离上壁面方向偏转,当偏转角度足够大时,气流在上壁面并不能发生再附,环境气体进入分离激波后形成的回流区内,使其压力与环境静压接近。但是,由于环境气体经喷管外型面转向进入回流区时,转向角度大于膨胀波的最大转折角,气流在转向的过程中会有额外损失,回流区内的压力略低于环境压力。图9.38 和图 9.39 所示分别为上下壁面的压力分布和回流区内的速度矢量图。

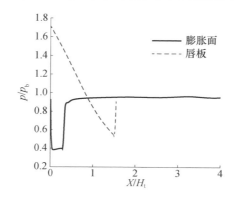

图 9.38　短下板 SERN 中 FSS 模式上下壁面压力分布(NPR = 3.0)

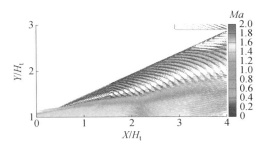

图 9.39　短下板 SERN 中 FSS 模式上壁面回流区内的速度矢量图(NPR = 3.0)

　　上壁面分离激波靠近喉道的 FSS 模式的出现需要满足比较特殊的条件,因此在相当多的实验中并没有观察到这种分离模式,但是随着 SERN 推力喷管设计要求喷管的长度越来越短,喷管上壁面的膨胀角度越来越大,这种 FSS 模式出现的可能性越来越大。此外,当上壁面的分离靠近上壁面尾缘时,也可能出现 FSS 模式。随着喷管工作落压比进一步增加,上壁面上的分离点进一步后移,分离点与喷管尾缘之间的距离减小,直至距离不足以使气流分离后再附。此时,原本在上壁面上的分离泡打开,环境气体重新填充进上壁面的回流区,再次形成 FSS 模式。图 9.40和图 9.41 分别为短下板 SERN 模型中分离激波靠近上壁面尾缘的 FSS 模式马赫数云图和静压云图。

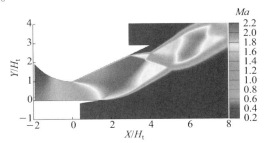

图 9.40　短下板 SERN 中 FSS 的马赫数云图(NPR = 4.0)

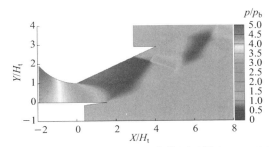

图 9.41　短下板 SERN 中 FSS 的静压云图(NPR = 4.0)

分离激波靠近上壁面尾缘的 FSS 模式与 RSS 模式相比,喷管的工作落压比较高,因此随着喷管落压比的升高,短下板 SERN 模型中依次存在分离激波靠近喉道的 FSS 模式、RSS 模式和分离激波靠近上壁面尾缘的 FSS 模式。在喷管落压比逐渐增加的起动过程,可能出现 FSS – RSS – FSS 的分离模式转换过程。

9.4.2　长下板 SERN 模型中的流动分离模式

1. RSS(ramp)模式

与短下板 SERN 模型相似,分离泡在上壁面的 RSS 模式(RSS(ramp))是长下板 SERN 模型中最经典的流动分离模式。图 9.42 为长下板 SERN 中 RSS(ramp)模式的激波结构示意图,图 9.43 和图 9.44 分别长下板 SERN 中 RSS(ramp)的马赫数云图和静压云图。这种分离模式与短下板模型中的 RSS 模式基本相同,只是由于喷管的下壁面较长,气流在下壁面形成分离激波和较大范围的回流区。环境气体填充进下壁面上的回流区,回流区内的压力与环境压力近似相等。与短下板模型中的 RSS 模式相比,气流在下壁面膨胀得更为充分,分离激波较尾缘激波更强。同时,下壁面分离激波对上壁面分离激波的限制程度更弱,气流在上壁面上也可以更充分地发展,导致分离激波也较强,更容易形成典型的 MR 反射。这种分离模式的流场最为稳定,在很大的喷管过膨胀工作范围内均保持 RSS(ramp)。然而,随着喷管落压比的增加,喷管工作模式更靠近设计落压比,喷管的过膨胀程度逐渐降低,上下壁面的分离激波逐渐减弱,最终由 RR 反射代替 MR 反射。

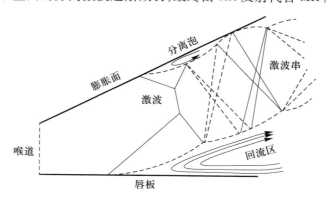

图 9.42　长下板 SERN 中 RSS(ramp)模式激波结构示意图

图 9.45 所示为长下板 SERN 中 RSS(ramp)模式上下壁面压力分布,图 9.46 和图 9.47 分别为上壁面分离泡和下壁面回流区内的速度矢量图。从压力分布可以看出,下壁面回流区内压力分布均匀,与环境压力接近,下壁面上的分离激波较强,是分离流场中最主要的激波结构,它使气流向喷管的上壁面偏转,气流在上壁

面再附后继续沿上壁面流动。上壁面分离激波后的压升有限,喷管上壁面大部分处于过膨胀状态,直至气流再附壁面上的过膨胀情况得以改善。

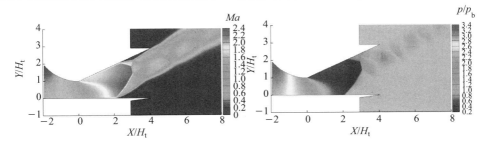

图 9.43　长下板 SERN 中 RSS(ramp)的　　　图 9.44　长下板 SERN 中 RSS(ramp)的
　　　　　马赫数云图(NPR = 3.4)　　　　　　　　　　静压云图(NPR = 3.4)

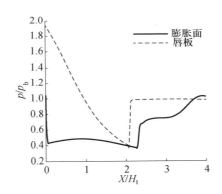

图 9.45　长下板 SERN 中 RSS(ramp)模式上下壁面压力分布(NPR = 3.4)

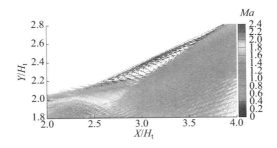

图 9.46　长下板 SERN 中 RSS(ramp)模式
上壁面分离泡内的速度矢量图(NPR = 3.4)

2. RSS(flap)模式

对于长下板的 SERN 模型,当气流在喷管的上壁面实现再附时,形成 RSS

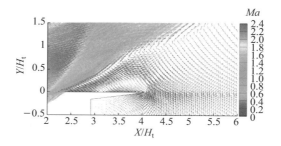

图 9.47　长下板 SERN 中 RSS(ramp)模式
下壁面回流区内的速度矢量图(NPR = 3.4)

(ramp)模式。同样,在下壁面足够长时,气流的再附也可以发生在喷管的下壁面,形成分离泡在下壁面的 RSS 模式(RSS(flap))。图 9.48 为长下板 SERN 中 RSS(flap)模式的激波结构示意图,图 9.49 和图 9.50 分别为马赫数云图和静压云图。

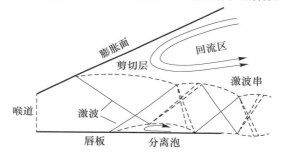

图 9.48　长下板 SERN 中 RSS(flap)模式激波结构示意图

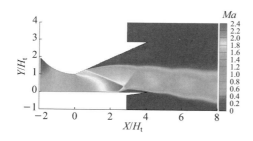

图 9.49　长下板 SERN 中 RSS(flap)的
马赫数云图(NPR = 3.2)

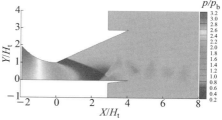

图 9.50　长下板 SERN 中 RSS(flap)的
静压云图(NPR = 3.2)

RSS(flap)模式中,分离泡被封闭在喷管的下壁面,而喷管的上壁面形成开放的回流区。分离泡的出现会导致下板压力分布变差,当分离泡处于下板尾缘时,有可能出现主流向下偏转的情况。当分离泡出现在下壁面时,流场中不存在正激波结构,且下壁面的分离激波很短,导致分离泡的大小有限。图 9.51 所示为长下板 SERN 中 RSS(flap)模式上下壁面压力分布,图 9.52 和图 9.53 所示分别为上壁面回流区及下壁面分离泡内的速度矢量图。

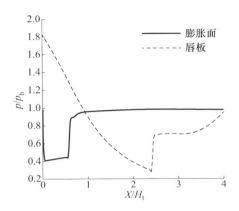

图 9.51　长下板 SERN 中 RSS(flap)模式上下壁面压力分布(NPR = 3.2)

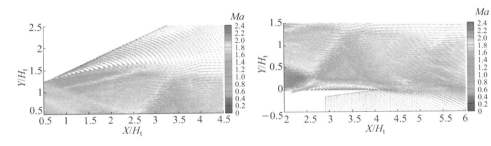

图 9.52　长下板 SERN 中 RSS(flap)模式　　图 9.53　长下板 SERN 中 RSS(flap)模式
上壁面回流区内的速度矢量图(NPR = 3.2)　　下壁面分离泡内的速度矢量图(NPR = 3.2)

　　与火箭喷管中的 RSS 模式相比,SERN 中的 RSS 模式主射流只是贴附到 SERN 的一侧壁面上,另一侧壁面处形成的回流区由环境气体填充,而火箭喷管的 RSS 模式下反射激波后的波串完全贴附在喷管壁面上。长下板 SERN 中的两种 RSS 模式也有所不同,分离泡出现在下板比分离泡出现在上板所需的落压比较低,而 FSS 模式夹在两种 RSS 模式之间。SERN 的 RSS 模式下主要的激波结构仍然是斜激波,由于喷管结构的不对称性,分离激波也不对称。当分离泡出现在上板时,下壁面的分离激波是主要激波结构;当分离泡出现在下板时,上壁面的分离激波是主要的激波结构。在 SERN 刚刚形成 RSS(ramp)模式时存在正激波结构,但是随着落压比逐渐增大,正激波结构消失,所形成的激波完全是斜激波。

3. FSS 模式

当 SERN 喷管下壁面足够长时,气流在喷管的下壁面上也可以得到充分发展,并在下壁面处形成分离激波。图 9.54 为长下板 SERN 中 FSS 模式的激波结构示意图,图 9.55 和图 9.56 分别为长下板 SERN 模型中 FSS 模式的马赫数云图及静压云图。在这种分离模式下,气流同时从喷管的上下壁面分离,形成两道分离激波。两道分离激波相交、反射并与射流的气动边界相互作用,形成典型的激波、膨胀波串。通常在这种分离模式下,气流在上壁面上的膨胀速度较快,较早形成分离激波,激波强度也比下壁面上的分离激波强。与短下板模型的 FSS 模式相比,长下板模型 FSS 模式的气流在壁面上膨胀得更充分,过膨胀程度更剧烈,形成的激波强度也更强,更容易形成激波的 MR 反射。

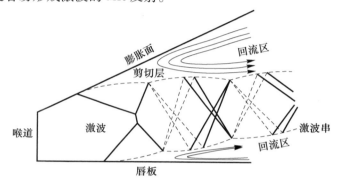

图 9.54　长下板 SERN 中 FSS 模式激波结构示意图

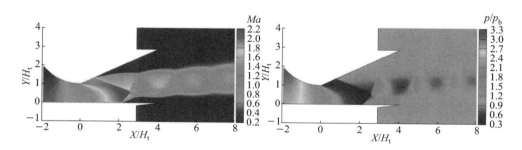

图 9.55　长下板 SERN 中 FSS 的
马赫数云图(NPR = 3.25)

图 9.56　长下板 SERN 中 FSS 的
静压云图(NPR = 3.25)

图 9.57 所示为喷管上下壁面的压力分布,图 9.58、图 9.59 分别为上下壁面回流区内的速度矢量图。从图 9.57 ~ 图 9.59 中可以看出,壁面上回流区内的压力变化较小,但上壁面回流区内的压力略高于下壁面回流区内的压力。在上下壁面的尾缘处,环境中的气体需要偏转一个较大的角度才能填充进壁面上的回流区内。

气流的偏转不仅受偏转角度的影响,而且受主流的影响。相比较而言,气流在上壁面尾缘处偏转较小,同时主流与壁面的空间较大,气流受主流的影响较小,环境气体可以较顺利地进入回流区内,气体在偏转过程中的损失较小。气流在下壁面尾缘处的偏转较大,同时主流与壁面之间的空间较小,环境气体进入回流区时存在较大的损失,因此下壁面回流区内的压力较低。与上壁面尾缘处相比,下壁面尾缘处环境气流的偏转更为剧烈,气流撞击壁面后改变流动方向,因此在下壁面部分尾缘区域压力较高。在长下板模型的 FSS 模式中,主流气流同时从喷管的上下壁面分离,在流场继续发展的过程中既可能在上壁面发生再附,又可能在下壁面发生再附,再附后的流场相对稳定。因此,在存在气流再附的空间时,分离后再附是喷管流场发展的必然结果,长下板模型的 FSS 模式并不是一个十分稳定的流动分离模式,在数值模拟的过程中,这种分离流场只短暂存在于很小的喷管工作落压比范围内。

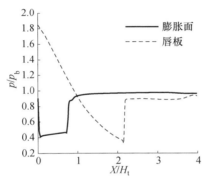

图 9.57　长下板 SERN 中 FSS 模式上下壁面压力分布(NPR = 3.25)

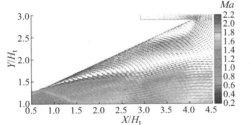

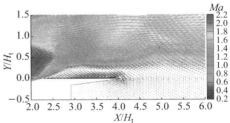

图 9.58　长下板 SERN 中 FSS 模式上壁面回流区内的速度矢量图(NPR = 3.25)

图 9.59　长下板 SERN 中 FSS 模式下壁面回流区内的速度矢量图(NPR = 3.25)

　　与火箭喷管中的 FSS 模式相比,SERN 中的 FSS 模式所需的落压比较低,流场结构中也不会出现较大的正激波结构:当落压比较低时,流场中的激波全部为斜激波;当落压比逐渐升高时,流场中出现正激波结构,但是正激波很短很小。由于 SERN 中 FSS 模式的正激波较小,反射激波后形成的膨胀、压缩波串距离较近,并在下游逐渐合并,形成一道主射流;火箭喷管中由于马赫盘结构较大,正激波后的气流会形成一个回流涡,将反射激波后的膨胀、压缩波串分开。由于 SERN 的上下壁面的不对称性,上下壁面所形成的激波结构也不对称,FSS 模式中上壁面形成的分离激波是主要的激波结构。

研究表明:FSS 模式是火箭喷管中主要的流动分离模式,而 RSS 只在特定形式的喷管中发现,火箭喷管中 FSS 和 RSS 模式间的相互转换会带来飞行器随机的侧向载荷,严重时可能会影响整个火箭的工作。反观 SERN,分离泡在上板的 RSS 模式是 SERN 中流动分离的主要形式,SERN 中的 FSS 模式和 RSS(flap)模式所需的落压比范围较窄,甚至在一些喷管中 FSS 模式并不会出现。

SERN 中的 FSS 模式和 RSS 模式的相互转换同样存在着"侧向载荷"的问题,但是分离模式转换所引起的侧向载荷作用在飞行器的升力方向,这样引起的主要问题是喷管工作性能的突变,给飞行器的稳定飞行带来一定的困难。火箭喷管的 FSS 模式和 RSS 模式通常伴随着很明显的正激波现象,分离流动只存在于壁面分离激波后较小的区域内。由于缺少了火箭喷管 FSS 模式和 RSS 模式中的大范围的正激波作用,SERN 中分离激波可以影响的区域更大,导致 SERN 中不同分离模式中流场改变较为剧烈,主射流的方向随着不同分离模式的变化而变化:当 SERN 处于分离泡在下板的 RSS 模式时,主流沿下壁面近似于水平方向流动,在某些特殊的工况下由于分离泡的作用,主射流向下偏转;当 SERN 处于 FSS 模式时,由于上下壁面出现分离并不再附,主射流方向在上下壁面的夹角之间;当 SERN 处于分离泡在上板的 RSS 模式时,由于在上壁面再附,主射流基本沿着上壁面方向。这种主射流方向的急剧改变也会导致喷管性能的剧烈变化,与火箭喷管相比,SERN 中分离模式的转换带来的影响更大,分离模式转换的作用也越强烈。

9.5　SERN 起动和关闭过程中的分离模式跳转

9.5.1　起动和关闭过程的数值模拟方法

SERN 中存在着不同的分离模式,并且每种分离模式出现的工作落压比不尽相同,因此在喷管起动和关闭的过程中会出现不同分离模式之间跳转的问题。SERN 中分离模式转换的过程为一个动态过程,可以采用 Fluent 软件对非稳态的 N-S 方程进行数值模拟,并通过用户自定义函数(UDF)来实现喷管进口总压随时间的变化,通过数值计算结果对 SERN 的分离模式转换过程进行分析。

计算采用的 SERN 模型与 9.4 节中采用的模型相同,相关的求解器与边界条件与 9.3 节介绍的相同。相关的时间步长验算算例选取短下板 SERN 模型中的 FSS – RSS 的转换过程,在这个过程中,喷管内气流的最大速度为 520m/s 左右,相应的时间尺度约为 0.0001s。在计算过程中分别对时间步长 0.0001s、0.00005s 和 0.00002s 进行计算,观察跳转过程中喷管内推力的变化过程,如图 9.60 所示。时间步长为 0.00005s 和 0.00002s 的计算结果一致性较好,处于计算量的考虑,后续计算选取时间步长为 0.00005s,每个时间步长内最大迭代 300 次。

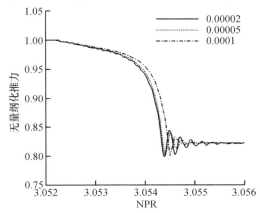

图 9.60　不同时间步长计算的短下板 SERN 模型
FSS – RSS 转换过程中的喷管内推力变化

9.5.2　短下板 SERN 模型中的分离模式跳转

1. 短下板 SERN 模型起动过程中的 FSS – RSS 模式跳转

在实验过程中,喷管中流动分离模式转换的过程在很短的时间内完成,直接观察和记录分离模式转换过程中的流场特征存在困难。因此,首先选择数值模拟的方法对分离模式转换过程进行研究,获得转换过程中流场变化细节,并分析分离模式转换对喷管性能的影响。计算过程中使喷管落压比变化较慢,以保证分离模式转换是由喷管落压比的逐渐变化而引起,并非是由于喷管落压比的剧烈变化。计算过程中选取喷管落压比的变化率为 0.2/s。

计算模型采用 40% 下壁面长度的 SERN 模型,与 9.4 节描述的短下板模型一致,通过喷管进口总压连续增加的方法来模拟喷管的起动过程。在第 8 章介绍短下板 SERN 模型中的分离模式时,可以看出短下板喷管模型中落压比较低时处于 FSS 模式,当喷管落压比逐渐升高时出现 RSS 模式。因此,在短下板 SERN 的起动过程中会出现 FSS – RSS 模式的转换过程。在转换过程中,射流从近似的自由射流状态突然跳转到喷管的上壁面,将回流区封闭,最终气流沿喷管的上壁面流动,在上壁面形成封闭的分离泡,直至流场稳定,分离模式跳转的过程结束。在跳转的过程中,喷管上壁面上的分离点迅速向下游移动,上壁面的分离激波增强,流场中出现 MR 反射。MR 反射的出现使气流偏转更大的角度,气流方向偏离推力方向,会对喷管的推力性能产生不利的影响。

从数值模拟的计算结果来看,分离模式跳转约从 NPR = 3.05 时开始,约在 NPR = 3.056 时结束,整个跳转过程的时间小于 0.02 s。图 9.61 为 FSS – RSS 分离模式跳转开始和结束时喷管流场的马赫数云图,图 9.62 为短下板 SERN 起动过程中 FSS – RSS 跳转过程中的马赫数云图。图 9.63 所示为分离模式跳转过程中喷管无量纲的推力、升力和俯仰力矩的变化规律,相关参数均采用分离模式跳转开始时的喷管性能进行无量纲化,力矩的参考点为喷管喉道与下壁面的交点。在 FSS – RSS 的转换过程中,喷管的推力下降了 17.74%,喷管的升力下降了 32.39%,俯仰力矩减小了 7.24%。为了方便讨论,推力、升力和力矩指的是喷管的内推力、内升力,即作用在喷管内通道壁面上的推力、升力和俯仰力矩。

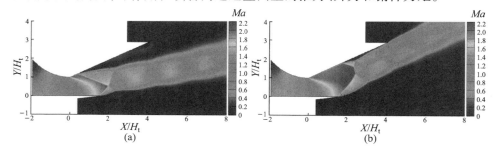

图 9.61　短下板 SERN 模型起动过程中 FSS – RSS 转换起止状态的马赫数云图
(a) 分离模式转换开始状态(NPR = 3.05);(b) 分离模式转换结束状态(NPR = 3.056)。

图 9.64 所示为 FSS – RSS 转换过程中喷管上壁面静压分布。在 FSS – RSS 转换发生前,喷管上壁面上的分离点随着喷管工作落压比的增大而逐渐后移。在 FSS – RSS 转换发生后,上壁面上的分离点在很短的时间内迅速后移,最多约移动 $0.9H_t$。转换完成后,分离点前的静压远低于环境,但是由于分离激波后的回流区变为封闭的分离泡,分离泡内的压升有限,同样低于环境压力,与分离模式转换前相比,分离激波的强度减弱。因此,在 FSS – RSS 转换过程前后,FSS 分离模式下喷管的性能优于 RSS 分离模式下喷管的性能

在分离模式跳转的过程中,喷管射流突然偏转冲击到喷管上壁面,使上壁面上的分离激波振荡,并造成跳转瞬间喷管的性能出现极大值或极小值。在 FSS – RSS 转换过程中,喷管推力最大下降 20.09%,升力最大下降 36.84%,俯仰力矩最大减

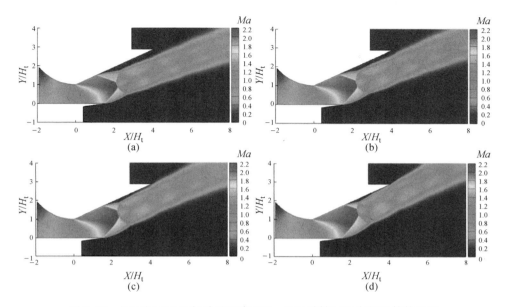

图 9.62　短下板 SERN 起动过程中 FSS - RSS 跳转过程中的马赫数云图

（a）t_0（工作 NPR = 3.05430）；（b）$t_0 + 0.00025$s（工作 NPR = 3.05435）；

（c）$t_0 + 0.0005$s（工作 NPR = 3.05440）；（d）$t_0 + 0.00075$s（工作 NPR = 3.05445）。

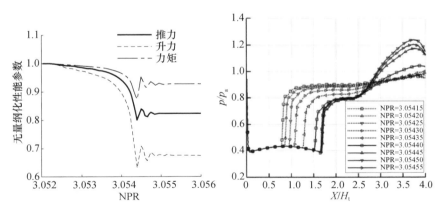

图 9.63　FSS - RSS 的转换过程中　　　　图 9.64　FSS - RSS 转换过程中

喷管无量纲性能参数变化过程　　　　　　　喷管上壁面静压分布

小 12.70% 。图 9.65 所示为跳转过程中，喷管性能出现极值时与喷管性能平稳时的流场。

2. 短下板 SERN 模型关闭过程中的 RSS - FSS 模式跳转

在 FSS - RSS 的分离模式跳转完成后，开始逐渐降低喷管进口的总压来模拟

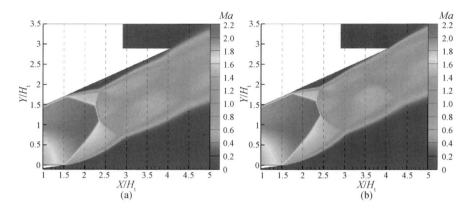

图 9.65　FSS - RSS 的转换过程中,喷管性能出现极值时
与喷管性能平稳时的流场
(a) NPR = 3.0544;(b) NPR = 3.05525。

喷管关闭的工作过程,落压比的降低速率为 0.2/s。在喷管关闭的过程中将发生 RSS - FSS 的分离模式跳转过程,由于 RSS - FSS 过程的临界落压比要比 FSS - RSS 过程的临界落压比小,在整个 RSS - FSS 跳转的过程中,流场中的气流马赫数较低。

RSS - FSS 的分离模式跳转过程约在 NPR = 2.349 时开始,在 NPR = 2.347 时结束,整个分离模式跳转过程小于 0.01s,转换过程起止状态的马赫数云图如图 9.66 所示,跳转过程的马赫数云图如图 9.67 所示。在 RSS - FSS 跳转过程开始之前,上壁面的分离点位置靠近喉道,气流通过上壁面的膨胀有限,分离激波前的马赫数较低,上壁面上的分离泡较大,气流在上壁面上的再附点靠近上壁面尾缘,上壁面上的分离泡由于气流的再附而封闭。但是,当 RSS - FSS 跳转过程完成后,气流无法在喷管上壁面上实现再附,环境气体填充进上壁面上的分离泡,分离泡打开从而形成大范围的回流区。RSS - FSS 跳转完成后,回流区几乎占据了整个上壁面,因此气流在上壁面上无法进行充分膨胀,只能沿喷管的下壁面流动。此时,气流的流动方向与推力方向一致,因此在 RSS - FSS 跳转完成后喷管性能有所改善。

图 9.68 所示为分离模式跳转过程中喷管无量纲的推力、升力和俯仰力矩的变化规律。在 RSS - FSS 跳转过程中,推力增加 38.04%,升力增加 59.62%,力矩增大 23.81%。与 FSS - RSS 模式相同,在气流冲击壁面的作用下出现性能的峰值,其中推力最大变化 46.52%,升力最大变化 68.20%,力矩最大变化 29.85%。与 FSS - RSS 转换过程相同,升力增加的程度最大,其次是推力,俯仰力矩的变化也是比较剧烈的。而且,无论对于升力、推力还是力矩,RSS - FSS 转换过程都比 FSS - RSS 转换过程的变化程度大。

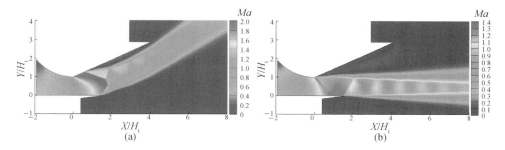

图 9.66　短下板 SERN 模型关闭过程中 RSS - FSS 转换起止状态的马赫数云图
（a）分离模式转换开始状态（NPR = 2.349）；（b）分离模式转换结束状态（NPR = 2.347）。

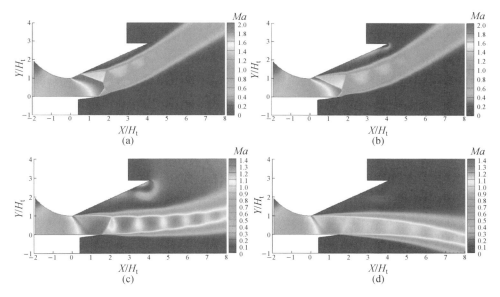

图 9.67　短下板 SERN 起动过程中 RSS - FSS 跳转过程中的马赫数云图
（a）t_0（工作 NPR = 2.3484）；（b）$t_0 + 0.001$s（工作 NPR = 2.3482）；
（c）$t_0 + 0.002$s（工作 NPR = 2.3480）；（d）$t_0 + 0.003$s（工作 NPR = 2.3478）。

图 9.69 所示为 RSS - FSS 的转换过程中喷管上壁面静压分布。在分离模式跳转之前,喷管处于 RSS 模式,由于喷管工作落压比较低,上壁面的分离激波距离喉道较近,激波后壁面压力急剧增加,上壁面后部由于气流的再附作用,压力进一步增加,最终接近环境压力。在分离模式跳转之前,上壁面的分离点随着喷管工作落压比的降低缓慢前移。随着分离模式跳转的过程,上壁面上的分离点迅速前移,直至喷管喉道附近,分离点移动幅度约为 $0.5H_t$。此时,流场中 MR 反射结构消失,

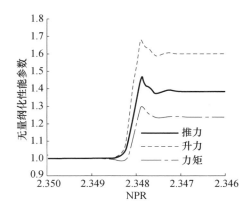

图 9.68　RSS – FSS 的转换过程中喷管无量纲性能参数变化过程

首先形成典型的 RR 反射,之后逐渐发展成为上壁面的分离激波与下壁面的尾缘激波并不相交的流场,最终形成沿下壁面流动的 FSS 模式。

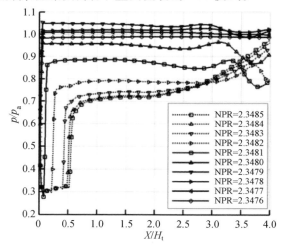

图 9.69　RSS – FSS 的转换过程中喷管上壁面静压分布

对比 FSS – RSS 和 RSS – FSS 分离转换过程的计算结果可以发现,FSS – RSS 转换过程的转换落压比约为 3.0544,而 RSS – FSS 转换过程的转换落压比约为 2.3481。因此,在 NPR = 2.3481 ~ 3.0544 的范围内,喷管流场既可能处于 FSS 模式,也可能处于 RSS 模式。如图 9.70 所示,喷管起动和关闭过程中分离模式跳转的转换落压比不同,导致喷管性能出现迟滞现象,可以考虑采用主动流动控制的方法来控制喷管过膨胀流场的分离模式,从而改善喷管过膨胀状态下的性能。

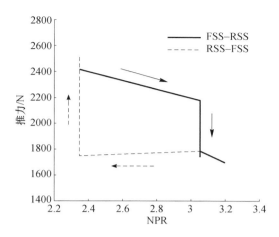

图 9.70　短下板 SERN 模型起动和关闭过程中形成的推力性能迟滞环

9.5.3　长下板 SERN 模型中的分离模式跳转

1. 长下板 SERN 模型起动过程中的 RSS(flap) – FSS 模式跳转

在 9.4.2 节已经介绍了长下板 SERN 模型中存在 RSS(flap) 和 RSS(ramp) 两种受限激波分离模式。由于 RSS(flap) 模式出现的落压比较低,因此在喷管起动的过程中先后出现 RSS(flap) – FSS 模式跳转和 FSS – RSS(ramp) 模式跳转过程,最终形成 RSS(ramp) 的分离模式。与 9.5.2 节相同,计算过程中选取喷管落压比的变化率为 0.2/s。

从数值模拟的结果来看,RSS(flap) – FSS 模式跳转在 NPR = 3.236 时开始,在 NPR = 3.24 时结束。随着喷管落压比一点点增加,主射流逐渐向上偏转,下壁面上的分离点逐渐靠近喷管尾缘,并最终导致下壁面上分离泡打开,形成开放的回流区,环境气体填充进下壁面上的回流区内,使得回流区内的静压上升,导致 RSS(flap) – FSS 模式跳转后下壁面上的分离激波前移。由于受到下壁面分离激波的限制,上壁面的分离激波也会略微前移。图 9.71 和图 9.72 所示分别为长下板 SERN 模型 RSS(flap) – FSS 转换过程中喷管上下壁面的静压分布。图 9.73 为分离模式跳转前后喷管下壁面分离泡、回流区的速度矢量图。

图 9.74 所示为 FSS – RSS(ramp) 的转换过程中喷管无量纲性能参数变化过程,其中推力减小 1.09%,升力下降 114.57%,并由正升力变化为负升力,力矩减小 11.21%。由于这种流动分离模式转换过程相对平稳,性能变化出现峰值的现象并不是特别明显。对于水平下壁面的 SERN,喷管的下壁面并不产生推力,推力主要由喷管的上膨胀面产生。从转换过程中壁面压力分布的变化可以看出,

FSS – RSS(ramp)转换过程前后上壁面上的分离点移动有限,因此对喷管的推力变化较小。虽然喷管的下壁面不产生推力,但对喷管的升力和俯仰力矩性能有较大的贡献。分离模式跳转后,下壁面上的分离点前移且回流区内的压力明显上升,导致下壁面产生的负升力和抬头力矩明显变大,喷管性能恶化。特别是喷管升力变化剧烈,分离模式跳转发生前喷管的升力较小,发生后不仅升力变化的幅度较大,而且升力方向发生变化,由正升力变为了负升力。

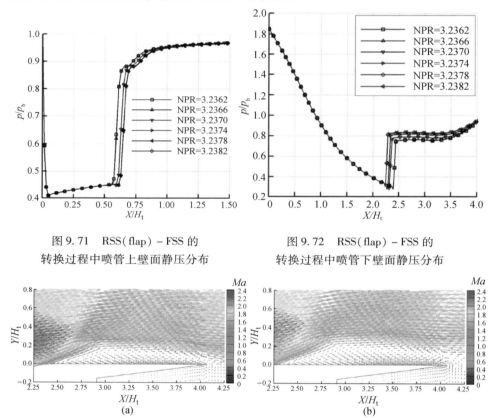

图 9.71 RSS(flap) – FSS 的
转换过程中喷管上壁面静压分布

图 9.72 RSS(flap) – FSS 的
转换过程中喷管下壁面静压分布

图 9.73 RSS(flap) – FSS 分离模式跳转前后喷管下壁面分离泡、
回流区的速度矢量图

(a) t_0(工作 NPR = 3.2362);(b) $t_1 = t_0 + 0.01$s(工作 NPR = 3.2382)。

2. 长下板 SERN 模型起动过程中的 FSS – RSS(ramp)模式跳转

在长下板 SERN 模型起动的过程中,首先发生 RSS(flap) – FSS 的转换,之后随着喷管落压比的进一步增加,将会发生 FSS – RSS(ramp)的转换过程。在 FSS – RSS(ramp)的转换发生时,喷管主流会在很短的时间内完成在喷管上膨胀面的再

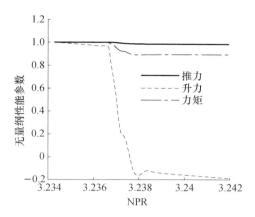

图 9.74　FSS – RSS(ramp)的转换过程中喷管无量纲性能参数变化过程

附,并伴随着喷管上壁面分离点迅速向下游移动。在分离模式转换前后,喷管主流方向有剧烈的改变,会对喷管性能造成较大影响。从数值模拟的结果分析发现,FSS – RSS(ramp)跳转在 NPR = 3.310 时开始,在 NPR = 3.314 时结束,整个跳转过程持续时间小于 0.01 s。图 9.75 为 FSS – RSS(ramp)模式跳转过程中的马赫数云图,展示了跳转过程中喷管流场的变化。

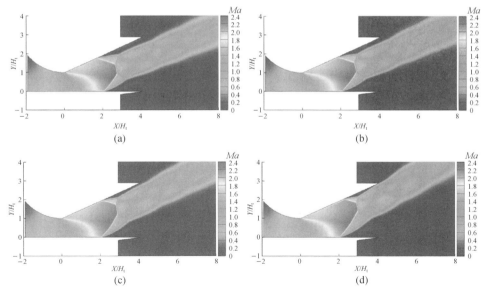

图 9.75　长下板 SERN 模型在 FSS – RSS(ramp)模式跳转过程中的马赫数云图
(a) t_0(工作 NPR = 3.3126);(b) t_0 + 0.0005 s(工作 NPR = 3.3127);
(c) t_0 + 0.001 s(工作 NPR = 3.3128);(d) t_0 + 0.0015 s(工作 NPR = 3.3129)。

图 9.76 所示为长下板 SERN 模型在 FSS - RSS(ramp) 模式跳转过程中,喷管无量纲性能参数的变化。这种分离模式跳转对喷管的升力影响最大,其次是俯仰力矩和推力。在分离模式跳转前后,喷管推力下降 20.65%,升力下降 82.52%,俯仰力矩下降 67.89%。转换过程中,由于冲击壁面的作用,喷管的性能参数出现峰值,推力最大下降 21.66%,升力最大下降 83.71%,俯仰力矩最大下降 71.06%。与短下板 SERN 模型的 FSS - RSS 转换过程相比,长下板 SERN 模型下壁面长出部分对喷管的升力和俯仰力矩有更严重的影响,因此在相似的分离模式跳转中,长下板 SERN 模型的升力和俯仰力矩性能变化更为剧烈。此外,由于长下板 SERN 模型在 FSS - RSS(ramp) 模式跳转过程中主流方向的变化较小,因此对上壁面冲击相对较弱,造成的喷管性能振荡的效果也并不明显。

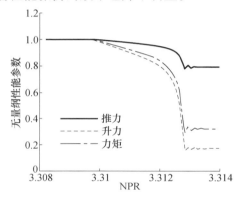

图 9.76　长下板 SERN 模型 FSS - RSS(ramp)
模式跳转过程中喷管无量纲性能参数的变化

3. 长下板 SERN 模型关闭过程中的 RSS(ramp) - RSS(flap) 模式跳转

同样,通过数值模拟方法计算落压比以 0.2/s 减小的喷管关闭过程,发现了 RSS(ramp) - RSS(flap) 的分离模式跳转过程。RSS(ramp) - RSS(flap) 模式跳转过程在 NPR = 2.357 时开始,在 NPR = 2.355 时结束。整个跳转过程持续时间小于 0.01s,跳转过程的马赫数云图变化如图 9.77 所示。

图 9.78 所示为长下板 SERN 模型在 RSS(ramp) - RSS(flap) 模式跳转过程中的无量纲性能变化。在分离模式跳转前后,推力增加 39.31%,升力增加 100.08%,俯仰力矩增加 132.62%。分离模式转换过程中推力、升力、俯仰力矩出现的峰值分别为 53.39%、105.15% 和 154.54%。长下板 SERN 模型关闭过程中出现的分离模式跳转的跳转落压比比短下板 SERN 模型中的要高。

图 9.79 所示为长下板和短下板 SERN 模型中分离模式跳转落压比及相应分离模式所处的落压比范围。与短下板 SERN 模型相比,长下板 SERN 模型中会额

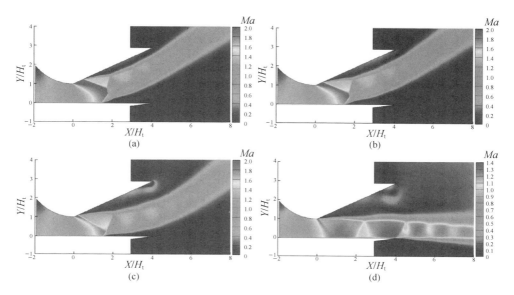

图 9.77　长下板 SERN 模型在 RSS(ramp) – RSS(flap)

模式跳转过程中的马赫数云图

(a) t_0(工作 NPR = 2. 3562) ; (b) t_0 + 0. 0005s(工作 NPR = 2. 3561) ;

(c) t_0 + 0. 001s(工作 NPR = 2. 3560) ; (d) t_0 + 0. 002s(工作 NPR = 2. 3558)。

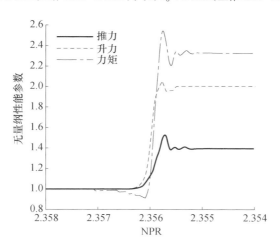

图 9.78　长下板 SERN 模型 RSS(ramp) –

RSS(flap)模式跳转过程喷管无量纲性能参数

外产生 RSS(flap)的分离,相应的分离模式跳转落压比也相对较高。在长下板模型中,FSS 分离模式只存在于起动过程中 NPR = 3. 2378 ~ 3. 3128 的条件下,FSS 分离模态存在的过程较短,并不是一个十分稳定的状态,RSS 分离模态是长下板 SERN 模型中稳定的过膨胀流动状态。

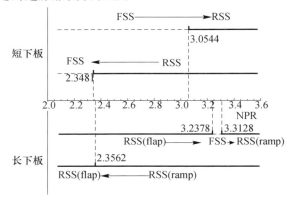

图 9.79　分离模式跳转落压比及相应分离模式所处的落压比范围

长下板 SERN 模型中的流动分离模式以及相应的流动分离模式转换现象,也可以通过激波极线的方法进行分析。与短下板 SERN 模型相比,不同之处只有下壁面上出现的是分离激波而并不是尾缘激波。

9.6　长下板 SERN 模型的分离模式跳转实验

9.6.1　实验设备与实验模型

1. 风洞与实验设备

风洞实验在南京航空航天大学的高落压比喷管专用实验台进行,此风洞采用高低压气源联合工作。其中,空气压缩机可以提供 0.8 ~ 0.9MPa 的高压源,真空泵可以提供 3 ~ 5kPa 的低压环境,最大流量 0.8kg/s。风洞的测试设备包括纹影系统、高清相机以及压力采集设备。采用 Z 形纹影系统,其镜面直径 200mm;纹影照片和影像录制使用 Canon 的 500D 相机,相机的最大分辨率为 4752 × 3168,短片拍摄分辨率 1920 × 1080,每秒拍摄 20 帧。高速摄像机采用 IDT MotionPro Y5,该相机的最大分辨率为 2336 × 1728,在最大分辨率下的拍摄速度为 730 帧/s;该相机的最高拍摄速度为 69000 帧/s,相应的拍摄分辨率为 2336 × 16。压力采集系统的误差为满量程的 0.05%。风洞及相关测试设备如图 9.80 所示。

2. 实验模型

实验中使用的喷管模型为一个缩比的二元单边膨胀喷管,其中上膨胀面为直线,膨胀角度为 25°,下壁面长度与上膨胀面长度相等。喷管的喉道面积 $A_t =$

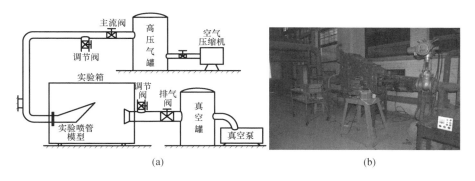

(a)　　　　　　　　　　　　　　　(b)

图 9.80　风洞及相关测试设备

（a）实验风洞构造示意图；（b）实验风洞照片。

$1200\mathrm{mm}^2$，膨胀面积比为 $A_\mathrm{e}/A_\mathrm{t}=2.896$，喷管宽度为 $60\mathrm{mm}$，其侧壁面为光学玻璃，因此喷管内的流动状况和流场结构可以在实验中测量得到。喷管前配备一个长 $30\mathrm{mm}$ 的圆形到矩形的转换段，其中圆直径为 $66\mathrm{mm}$，矩形的长宽为 $60\mathrm{mm}\times38.5\mathrm{mm}$。转换段的内型面通过直纹面的方法获得。喷管几何构型的细节如图 9.81（a）所示，喷管实验模型的照片如图 9.81（b）所示。

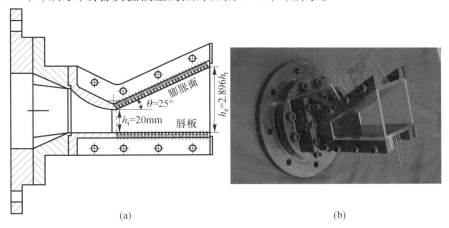

(a)　　　　　　　　　　　　　　　(b)

图 9.81　SERN 喷管实验模型

（a）实验喷管几何构型；（b）喷管实验模型照片。

9.6.2　长下板 SERN 模型中的过膨胀流场

1. 实验中的落压比变化

实验开始时，逐渐起动真空泵，喷管也随之起动。低压环境的压力逐渐降低，但高压源的供气总压仍近似于环境压力，因此喷管的落压比也逐渐升高。当分离模式发生跳转且落压比达到3.0后,关闭真空泵。此后,环境气体逐渐进入低压环境,低压环境的压力逐渐升高,喷管的落压比逐渐降低,直至发生分离模式跳转。当喷管运行落压比低于2.0时,关闭风洞,实验结束。

在严重过膨胀SERN实验中,观察到RSS(ramp)和RSS(flap)两种流动分离模式,在喷管起动和关闭的过程中发生了相应的流动分离模式跳转。由于流动分离模式跳转前后喷管模型和风洞处于不同的运行状态,当喷管处于RSS(flap)模式时,气流可以顺利地流出实验舱,而当喷管处于RSS(ramp)时,喷管射流偏离真空管道轴线方向,会导致实验舱内的压力升高。因此,在分离模式跳转发生的同时会导致喷管运行的落压比发生突变。图9.82所示为一组实验过程中喷管落压比的变化过程。可以得到,在喷管起动和关闭的过程中跳转落压比分别为2.95和2.28。

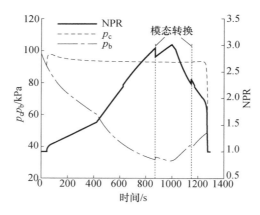

图9.82 实验过程中喷管落压比的变化过程

2. RSS(ramp)模式

从上面的讨论中可以得到,RSS模式为过膨胀SERN中最普遍存在的流动分离模式,喷管射流在壁面上发生分离并在下游再附,在喷管壁面上会形成封闭的分离泡。分离泡有可能在喷管的上壁面上形成,也有可能在喷管的下壁面上形成。在SERN中,喷管的上壁面是主要的膨胀型面,通常气流都会在喷管的上膨胀面快速膨胀并造成严重的过膨胀现象,分离泡也更容易在喷管的上膨胀面上形成。在先前的研究中,RSS(ramp)模式已经在多个数值模拟和实验结果中给出,在本实验中同样通过纹影方法观察到了RSS(ramp)模式,图9.83所示为实验中拍摄的纹影照片以及相应的激波结构分析。由于喷管工作的落压比较低,气流在经过分离激波和反射激波后,相应的马赫数较低,反射激波后的激波串结构在纹影中并不明显。由于SERN的非对称性,上下壁面的分离点位置以及分离激波强度也不同。

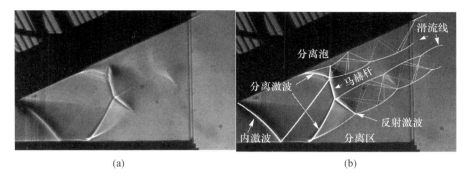

图 9.83　RSS(ramp)模式流场纹影(NPR = 2.85)

由于激波前气流方向和马赫数均有所不同,导致分离激波产生一定的弯曲。在上膨胀面分离点前 $Ma \approx 2$,在下壁面分离点前 $Ma \approx 1.8$。在纹影图中可以明显地观察到由分离激波相交、反射形成的马赫杆,以及典型的"λ"激波结构即 MR 反射,而在 MR 反射形成的马赫杆前 $Ma \approx 2.1$。气流在喷管上膨胀面分离后,在下游实现再附,并在上膨胀面上形成了一个封闭的分离泡,是典型的 RSS(ramp)模式分离流场。在反射激波和再附点后,气流为了进一步匹配环境压力,形成了一系列的激波、膨胀波串,激波串的位置、波节数量受分离点位置以及喷管工作落压比的影响。此外,上膨胀面分离激波和马赫杆相互作用形成的反射激波会与分离泡边界相互作用,并反射形成膨胀波。膨胀波又与马赫杆后形成的亚声速气流边界相互作用,反射形成压缩波,并最终在上膨胀面和滑移面上逐步反射。与上膨胀面形成的分离激波、反射激波相比,由于下壁面上气流没有实现再附,下壁面分离激波和马赫杆相互作用形成的反射激波,以及之后形成的反射波均是与气流的气动边界相互作用,并不受喷管壁面的影响。实际上,气流经过两道反射激波后的压力略高于经过正激波后的压力,因此正激波后亚声速区的通道被压缩,形成收缩通道,使亚声速气流得以加速到声速。随后,由于反射激波后的激波、膨胀波串的作用,正激波后气流流道实现了先收缩再扩张的过程,最终使正激波后的亚声速气流加速到超声速。

图 9.84 为不同喷管落压比下,SERN 中的激波结构图,其中原点、方点和三角点分别指上膨胀面上的分离点、激波三叉点和下壁面上的分离点。从图中可以看出,上膨胀面上分离点位置对喷管的工作落压比比较敏感。随着喷管落压比的降低,上膨胀面上的分离点明显前移,喷管气流的偏转角也会减小。然而,相对于上壁面,喷管下壁面上的分离点位置和分离激波强度对喷管工作落压比并不敏感。下壁面上的分离点几乎不随喷管落压比的降低而向前移动,且下壁面分离激波的角度几乎没有变化。气流经过下壁面分离激波后静压急剧上升,并与环境压力相

互匹配,因此喷管下壁面上的分离点与喷管的工作状态和环境压力密切相关。在实验过程中,很难得到壁面分离点的准确位置,一般将壁面压力开始升高的位置近似看作分离点位置。图9.85所示为实验中测量得到的上壁面中心线上的压力分布。随着喷管落压比的降低,壁面压力上升的位置明显提前,与纹影照片结果吻合。此外,由于气流再附的作用,壁面压力上升,改善了上膨胀面上的过膨胀现象。虽然再附的作用使得喷管上膨胀面尾缘压力高于环境压力,但是随着喷管落压比的降低,再附点附近的最高压力也逐渐降低,最终与环境压力相近。

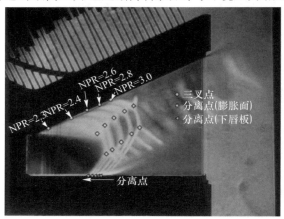

图9.84 不同喷管落压比下,SERN中RSS(ramp)模式的激波结构

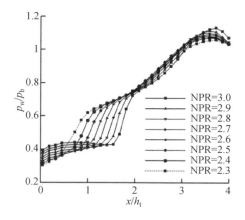

图9.85 上膨胀面中心线上的压力分布

图9.86所示为实验中测得的下壁面中心线上的压力分布。虽然喷管下壁面所布测点较为稀疏,并没有准确地捕捉到分离激波所引起的压力上升点的位置,但仍可说明下壁面上的分离点对喷管工作落压比并不敏感。对于图9.86(a)中的第

四个测点,NPR 为 2.4 和 2.3 时的 p_w/p_c 明显高于 NPR≥2.5 时的结果。由于喷管的几何构型固定,喷管马赫数分布在分离激波前均保持一致,即在同一测点 p_w/p_c 的值保持一致。因此,当 NPR≥2.5 时,第四个测点均位于分离点上游,而当 NPR 为 2.4 和 2.3 时,第四个测点位于分离激波附近,该位置的压力受到分离激波的影响有所上升,但分离激波并没有完全移动到该测点之前,最终使得其压力并没有充分上升到与环境压力相近。对于图 9.86(b) 中的第五个测点,当 NPR = 3.0 时,该测点的压力明显小于 NPR≤2.9 时的结果。在 RSS(ramp) 模式,喷管下壁面处的回流区与环境气体连通,回流区内喷管壁面压力与环境背压相近。因此,当 NPR≤2.9 时,第五个测点位于分离点下游,而当 NPR = 3.0 时,该测点位置受到分离激波的影响,虽然压力上升,但并没有充分上升到环境背压附近。从上述分析中可以得到:当 NPR = 2.3 时,下壁面上分离激波最靠近喉道;当 NPR = 3.0 时,分离激波最靠近喷管尾缘,与纹影照片的结果一致。

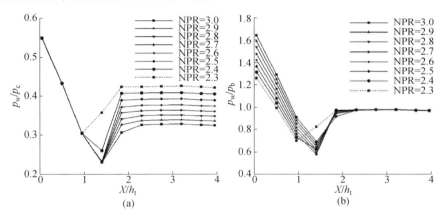

图 9.86　下壁面中心线上的压力分布
(a) 以进口总压无量纲化;(b) 以环境背压无量纲化。

3. RSS(flap) 模式

RSS(ramp) 模式是过膨胀 SERN 模型中最普遍的流动分离模式,但在 2.4.2 节数值模拟的结果中还发现了喷管射流沿喷管下壁面流动的特殊流动分离模式,并定义其为 RSS(flap) 模式。在实验过程中成功捕获了这种流动分离模式,图 9.87 为 NPR = 2.9 时 RSS(flap) 模式流场纹影图。

由于喷管工作在严重的过膨胀状态,在喷管的上膨胀面和下壁面均产生分离。RSS(ramp) 模式的再附发生在喷管的上膨胀面,而 RSS(flap) 模式的再附发生在喷管的下壁面。由于 SERN 几何构型的不对称特性,气流在不同的壁面再附所形成的流场大相径庭。如图 9.87 所示,上膨胀面分离点靠近喷管喉道,上膨胀面上没有产生分离激波,但可以观察到较强的内激波,内激波经过喷管下壁面反射之后变得很弱。在喷管的喉道处,还会产生膨胀波,使气流向上偏转。膨胀波经喷管下壁面反射后与气动边界相互作用,形成压缩波。压缩波再一次在喷管下壁面反射并汇聚,最终形成分离激波。分离激波后形成分离泡,气流在喷管尾缘再附。与 RSS(ramp)模式相比,RSS(flap)模式流场中的激波结构相对简单,流场中最主要的激波结构为下壁面上的正激波和喉道处的激波。

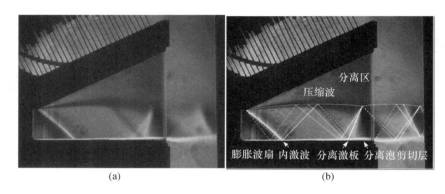

图 9.87　RSS(flap)模式流场纹影图(NPR = 2.9)

图 9.88 和图 9.89 所示分别为实验中测量得到的下壁面和上膨胀面中心线上的压力分布。当 NPR≥2.7 时,下壁面上出现分离激波并使壁面压力上升。随着喷管落压比的上升,分离点位置后移,分离激波增强,导致波后压力急剧增加。而上壁面上的压力与环境背压相近,但环境气体进入上膨胀面的回流区时会有不同程度的损失,造成静压略微下降。

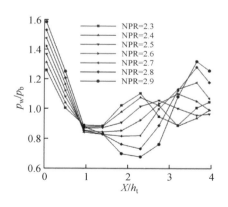

图 9.88　下壁面中心线上的压力分布

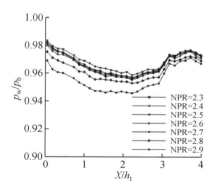

图 9.89　上膨胀面中心线上的压力分布

9.6.3　长下板 SERN 模型中的流动分离模式转化过程

1. 起动过程中的 RSS(flap) – RSS(ramp) 的转换过程

在实验过程中,喷管的起动和关闭过程中均发现了流动分离模式转换现象。在喷管刚刚起动时,喷管气流沿下壁面流动,类似于 RSS(flap)模式,但并没有产生分离激波,如图 9.90(a)所示。随着喷管落压比逐渐升高,下壁面出现分离激波,形成 RSS(flap)模式。当落压比达到分离模式跳转临界落压比时,喷管射流从沿下壁面流动突然转换为沿喷管上膨胀面流动,喷管的流动分离模式转换为 RSS(ramp)模式。

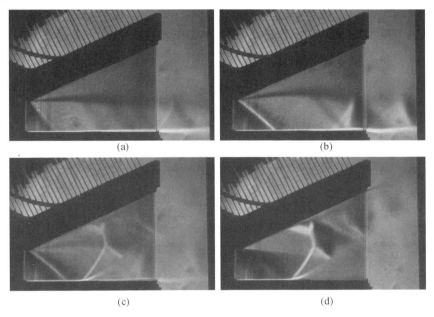

(a)　　　　　　　　　　　　　(b)

(c)　　　　　　　　　　　　　(d)

图 9.90　流动分离模式转换实验过程中通过 Canon 500D 拍摄的纹影照片

(a)沿下壁面流动(NPR = 2.5);(b) $t_{transfer} - 0.05\mathrm{s}$;(c) $t_{transfer}$;(d) $t_{transfer} + 0.05\mathrm{s}$。

分离模式转换过程持续时间很短,利用拍摄速率为 20 帧/s 的普通相机并不能观察到转换中流场的变化过程,图 9.90(b)、(c)、(d)分别给出了分离模式转换时刻及其前后各一帧的纹影照片。图 9.90(c)为分离模式转换时刻的图片,图中明显为 RSS(flap)模式与 RSS(ramp)模式流场的叠加,而其前后一帧分别为典型的 RSS(flap)模式和 RSS(ramp)模式流场,即在这个曝光过程中完成了分离模式的跳转。在拍摄过程中,相机的反光板始终打开,因此单帧照片的曝光时间为 0.05s,分离模式跳转过程的时间也远小于 0.05s。随后,采用高速摄像机 IDT

MotionPro Y5 对转换过程中的流场进行拍摄,并观察分离模式转换过程中的流场结构变化。在拍摄的过程中,相机的拍摄速率为 1560 帧/s,单幅照片的曝光时间为 0.424ms,整个视频拍摄时间为 7.92s。图 9.91 所示为喷管起动过程中 RSS(flap) – RSS(ramp)模式转换过程中的流场变化过程。

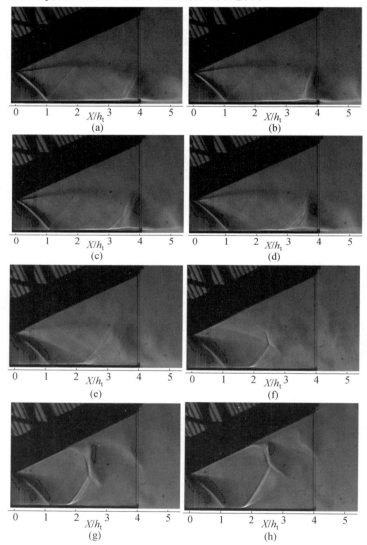

图 9.91　喷管起动过程中,通过高速摄像机拍摄的 RSS(flap) – RSS(ramp)分离模式转换
(a) t_0; (b) $t_0 + 0.641$ms; (c) $t_0 + 1.282$ms; (d) $t_0 + 1.923$ms;
(e) $t_0 + 2.564$ms; (f) $t_0 + 3.205$ms; (g) $t_0 + 3.846$ms; (h) $t_0 + 4.487$ms。

在分离模式跳转过程开始时,下壁面上的激波率先变得不稳定,并逐渐前移,在下壁面上形成的分离泡逐渐增大。当下壁面上的分离激波前移到临界位置时,下壁面上的分离泡打开,形成一个与环境气体相连通的回流区。此时,分离激波为典型的斜激波结构,波后气流向上壁面偏转,气流也开始向上壁面跳转。由于下壁面分离激波后的气流上偏的作用,喷管气流经过喉道后开始在上壁面进行膨胀,并在上壁面形成分离激波,上下壁面的分离激波相互作用构成两个不对称的 λ 形激波结构。随后,上壁面的分离激波和正激波逐渐后移,流场结构逐渐稳定,跳转过程完成,整个跳转过程持续时间不超过 5ms。

内激波是 RSS(flap)模式中主要的激波结构之一,它影响着整个下游流场结构。然而,在 RSS(ramp)模式中,由于下游流场的压力较低,内激波也变得较弱,对整个流场的影响有限,甚至在纹影图中很难观察到内激波在喷管下壁面处的反射激波。

2. 关闭过程中的 RSS(ramp)-RSS(flap)的转换过程

在 SERN 的关闭过程中,同样也观察到了流动分离模式跳转的过程。当喷管落压比较高时,气流沿喷管的上壁面流动,处于分离泡在上壁面的 RSS 状态。随着喷管落压比逐渐降低直至达到跳转落压比,喷管内的流动分离模式发生突变,喷管内气流从上壁面突然跳到下壁面,形成分离泡在下壁面的 RSS 状态。在这个跳转过程中同样使用高速摄像机进行拍摄,拍摄速率为 1500 帧/s,单幅照片的曝光时间为 0.424ms,整个视频拍摄时间为 8.232s。图 9.92 所示为喷管关闭过程中 RSS(ramp)-RSS(flap)模式转换过程中的流场变化过程。

在分离模式跳转过程开始时,上壁面的分离激波开始变得不稳定,由于跳转落压比较低,上壁面的分离激波位置靠近喷管喉道,分离激波缓慢前移并前后振荡,导致正激波的位置和形状不断变化。一旦分离激波进入喉道前,分离激波就瞬间消失,气流失去了维持其在上壁面流动的动力,因此气流开始向下偏转。此时,下壁面上的分离激波并没有消失,反而由于失去了上壁面分离激波的约束发展得更充分。随着气流逐渐向下壁面偏转,下壁面的分离激波也逐渐后移并逐渐消失,流场结构逐渐稳定,跳转过程完成,整个跳转过程持续时间同样不超过 5ms。由于跳转落压比较低,跳转完成后气流在喷管的上壁面处发生分离,但喷管内并没有明显的激波结构。

3. 起动/关闭过程中的迟滞现象

从上面对分离模式跳转过程的分析发现,分离跳转的发生都是由分离激波的不稳定导致的。使分离激波模式发生跳转或者使分离激波消失都需要比较苛刻的条件,并且流场都具有保持其结构不变的性质,因此在喷管起动和关闭过程中出现分离模式跳转过程的条件也就不尽相同,从图 9.82 中也可以看出风洞实验中两次

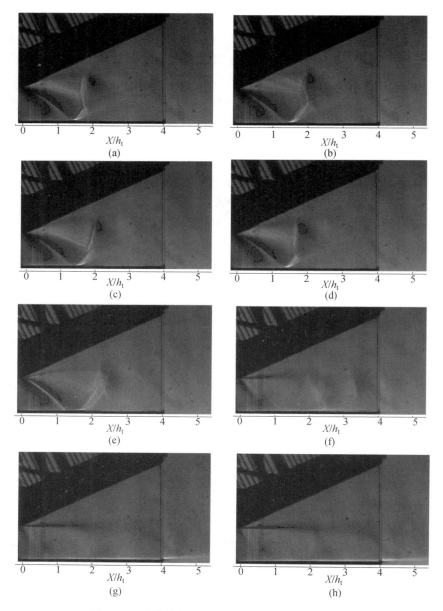

图 9.92　喷管关闭过程中,通过高速摄像机拍摄的
RSS(ramp) – RSS(flap)分离模式转换
(a) t_0; (b) $t_0 + 0.667$ms; (c) $t_0 + 1.333$ms; (d) $t_0 + 2.000$ms;
(e) $t_0 + 2.667$ms; (f) $t_0 + 3.333$ms; (g) $t_0 + 4.000$ms; (h) $t_0 + 4.667$ms。

分离模式跳转过程所处的落压比并不相同。由于喷管在起动和关闭过程中的跳转落压比不同,在起动和关闭过程中喷管所处的状态也不完全相同,分离泡在上壁面的 RSS 状态与分离泡在下壁面的 RSS 状态可能出现在同一段落压比内,从而形成一个迟滞的效果。SERN 起动和关闭过程中上壁面上分离点位置以及落压比的对应关系如图 9.93 所示。

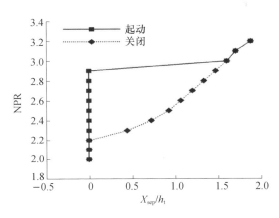

图 9.93　SERN 起动和关闭过程中上壁面上分离点位置以及落压比对应关系

从以上分析可以看出,分离泡在下壁面的 RSS 中,气流在喉道处即分离,分离点位置近似等于 0。在喷管起动的过程中,分离泡在下壁面停留的时间较长,因此分离点较长时间处于喷管喉道处。当分离跳转发生后,上壁面上的分离点迅速后移,形成分离泡在上壁面的 RSS 状态。在喷管的关闭过程中,喷管较长时间处于分离泡在上壁面的 RSS 状态,直至落压比到达 2.2~2.3 才发生分离跳转。随着喷管落压比逐渐降低,上壁面的分离点已经逐渐靠近喉道,上壁面的分离点在喷管关闭时分离跳转的过程中位置突变并不是那么明显。

9.7　SERN 流动分离控制初步研究

利用二次流引气控制流动分离是一种很有效的控制方法。为了解决二次流引气需要附加气源的问题,同时避免较大的附加重量,提出了一种自适应引气的方案,将喷管收缩段的气体引至扩张段引射,并针对该方案采用数值模拟研究了在上下膨胀面引气的效果和规律。

9.7.1　计算模型与自适应控制方案介绍

为了研究这种具有自适应性的 SERN 引气性能,采用设计落压比为 15、上下膨胀面特征线法设计、出口修正角均为0°的基准喷管。同时,为了研究方便,选取了严重过膨胀特征压比(NPR = 4.0)作为基准状态进行研究。

基准喷管的计算网格见图9.94,基准状态流场见图9.95。由于喷管处于严重过膨胀工作状态,喷管上膨胀面是典型的闭式分离状态,有一个较大的分离泡,下膨胀面则处于开式分离状态。因此,喷管流场内部会出现上下两道分离激波,经过一系列相交、反射形成带有很多波节的主流。此时喷管的性能很差,轴向推力系数仅有86.16%。

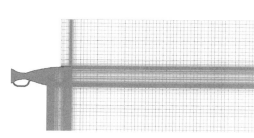

图9.94　基准喷管的计算网格

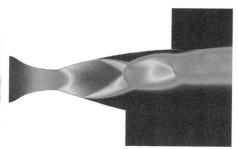

图9.95　基准喷管的基准状态
（NPR = 4.0）流场

为了改善喷管的过膨胀性能,二次流引气是一种常见且有效的控制方案。但由于需要携带高压气源,这就给二次流引气控制方案的应用带来了很多局限。本章基于提高 SERN 严重过膨胀状态下的性能,提出了将喷管收缩段的亚声速气流通过一段设计的通道直接引至扩张段,达到二次流引射的效果。这种方案能够根据流场参数的变化进行自适应调节,并具有结构简单、效果显著、无须附加气源等优点。

由于管路弯曲时的局部能量损失与转弯角、管路直径 d 和转弯半径 D 有关。为了降低管路损失,根据相关技术手册,连接管路采用转弯半径为管路直径4倍的设计,即 $D/d = 4$。方案示意如图9.96所示。

为了更好地研究自适应控制方案对喷管性能的影响,本章除了选取传统二次流方案的影响因素,如二次流入射角度、位置和流量之外,还根据自适应控制的特点,研究了收缩段上二次流引气位置对喷管性能的影响。其中:二次流射流位置以喉道截面为起点,沿流向分别选取了 $L/4$、$L/2$、$3L/4$ 三个位置;二次流流量以无量纲的旁路管道宽度来衡量(参考值取喉道高度 H_t),选取了 0.05、0.1、0.15 三个值;引气位置选取了 $h/8$、$h/4$、$h/2$ 三个位置,其中 h 为喉道水平线与进口水平线的高度;二次流入射角度 α 为入射方向与气流流向的夹角,定义如图9.97所示。

由于有 4 个影响因素,每一个因素选取了 3 个水平,因此全部实验的次数为

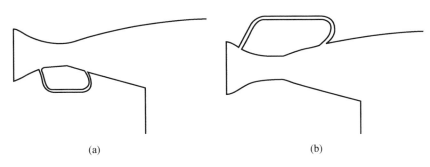

图 9.96 自适应引气方案示意图

（a）引气至下膨胀面；（b）引气至上膨胀面。

$3^4 = 81$。但是，采用了正交实验设计方法后，不但实验次数大大减少（只需做 9 次实验），而且统计分析的计算也变得简单。

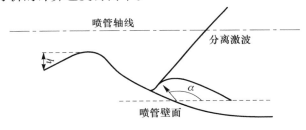

图 9.97 参数的定义

9.7.2 下膨胀面自适应引气正交实验设计与分析

正交实验设计是实验优化的常用技术，是安排多因素实验、寻求最优水平组合的一种高效率实验设计方法。它具有如下优点：①能在所有实验方案中均匀地挑选出代表性强的少数实验方案；②通过较少的实验次数，可推出较优的方案，且最优方案往往不在样本点范围内。因此，在工程技术领域正交实验设计具有较广泛的应用。

1. 正交实验设计方案

为了获得最佳的引气效果，研究了二次流引气喉道高度比 $H_{t,s}$、入射角度 α、引气相对位置 L_1、射流相对位置 L_2 四个关键因素的影响。运用正交实验设计的方法，以轴向推力性能为目标函数，基于各影响因素通常的取值范围，设计了一个 4 因素 3 水平的 $L_9 3^4$ 正交实验表，其中喉道高度比 $H_{t,s} \in \{0.05, 0.1, 0.15\}$（将这三个值分别记为 1,2,3，余同），入射角度 $\alpha \in \{90°, 120°, 135°\}$，引气相对位置 $L_1 \in \{h/4, h/2, 3h/4\}$，射流相对位置 $L_2 \in \{L/4, L/2, 3L/4\}$，利用 Fluent 商用软件进行二维流场计算。按照文献[2]中正交表数据处理方法及极差值的大小，得出了4种因素对目标函数影响的主次顺序，并利用趋势图分析法获得了一组性能最优的组合，与正交表中的最佳性能的参数组合进行实验验证对比，最终确定了最优性能的参数组合。正交实验设计表如表9.3所列。

表9.3　下膨胀面正交实验设计

实验号　\　因素	A 喉道高度比 /%	B 入射角度 /(°)	C 引气相对位置 /%	D 射流相对位置 /%	实验方案	推力系数
1	1	1	1	1	$A_1B_1C_1D_1$	0.9177
2	1	2	2	2	$A_1B_2C_2D_2$	0.8967
3	1	3	3	3	$A_1B_3C_3D_3$	0.8684
4	2	1	2	3	$A_2B_1C_2D_3$	0.8607
5	2	2	3	1	$A_2B_2C_3D_1$	0.9389
6	2	3	1	2	$A_2B_3C_1D_2$	0.9333
7	3	1	3	2	$A_3B_1C_3D_2$	0.9024
8	3	2	1	3	$A_3B_2C_1D_3$	0.8848
9	3	3	2	1	$A_3B_3C_2D_1$	0.9413
K_1	2.6828	2.6808	2.7358	2.7979		
K_2	2.7329	2.7204	2.6987	2.7324		
K_3	2.7285	2.743	2.7097	2.6139		
k_1	0.8943	0.8936	0.9119	0.9326		
k_2	0.9110	0.9068	0.8996	0.9108		
k_3	0.9095	0.9143	0.9032	0.8713		
极差 R	0.0167	0.0207	0.0124	0.0613		
因素主次	D－B－A－C					
优选方案	$A_3－B_3－C_2－D_1$					

表9.3中，K_i表示正交表中任一列上水平号为$i(i=1,2$或$3)$时所对应的实验结果之和；

$k_i=K_i/s$，其中s为任一列上各水平出现的次数，所以k_i表示任一列上因素水平i实验结果的算术平均值；

极差R，表示任一列上$R=\max\{K_1,K_2,K_3\}-\min\{K_1,K_2,K_3\}$，或者$R=\max\{k_1,k_2,k_3\}-\min\{k_1,k_2,k_3\}$。

通常各列的极差R是不同的，它表征了各因素水平的改变对实验结果的影响程度。极差越大，该因素数值的改变对实验指标的变化的影响越大。所以，极差最

大的因素就是对实验结果影响最大的因素[3]。因此,从表9.3可以得出:

(1)四种影响因素对推力性能影响的顺序为 D – A – B – C,即在这种下膨胀面自引气的方案中,射流相对位置 L_2 对性能的影响最大,喉道高度比 $H_{t,s}$ 次之,入射角度 α 再次之,引气相对位置 L_1 的影响最小。

(2)实验号9的方案的性能是9次实验中最优的。

(3)由于基准喷管的推力系数为 0.8616,由表9.3可以看出,在下膨胀面采用这种控制方案能有效提高喷管性能,且效果显著。

2. 优方案的确定

优方案是指在所做的实验范围内,各因素较优的水平组合。本次实验设计的目标函数是对推力性能的考核,轴向推力 C_{fx} 越大越好。因此,应挑选每个因素的 K_1、K_2、K_3 中最大值对应的水平,由于:

A 因素列 K 值最大为 K_2;

B 因素列 K 值最大为 K_3;

C 因素列 K 值最大为 K_1;

D 因素列 K 值最大为 K_1。

所以,优方案为 $A_2B_3C_1D_1$,即喉道高度比 $H_{t,s}$ 取 0.1、入射角度 α 取 135°、引射相对位置 L_1 取 $h/4$、入射相对位置 L_2 取 $L/4$。

由图 9.98 可以看出,表 9.3 中 A、B、C、D 4 因素的变化趋势,即 A 值(喉道高度比 $H_{t,s}$)对于推力性能的影响先升后降,即在喉道高度比 0.1 附近可能存在一个最优值;B 值(入射角度 α)越大,则喷管性能越高;C 值(引气相对位置 L_1)有一个先降后升的变化;D 值(射流相对位置 L_2)越小,则喷管推力性能越高。而且,D 值(射流相对位置 L_2)的趋势图曲线斜率最大,也可以看出射流位置对于喷管性能的影响最显著,是主要影响因素。所以,根据趋势图的变化,得出优方案 $A_2 – B_3 – C_1 – D_1$,将其与正交表中的优方案 $A_3 – B_3 – C_2 – D_1$ 进行实验设计验证,结果见表 9.4。

表 9.4 下膨胀面自适应控制方案算例验证

实验方案	推力系数 C_{fx}	升力系数 C_{fy}	流量系数 C_m	俯仰力矩 $M(\text{N} \cdot \text{m})$	引气流量比/%
$A_3 – B_3 – C_2 – D_1$	0.9413	– 0.0172	0.9931	18.80	8.50
$A_2 – B_3 – C_1 – D_1$	0.9432	– 0.0095	0.9928	21.84	7.37

由表 9.4 可以看出,由趋势图给出的实验方案 $A_2 – B_3 – C_1 – D_1$ 的推力性能优于正交表中得出的最优结果,故 $A_2 – B_3 – C_1 – D_1$ 为最优的实验方案,它在引气流

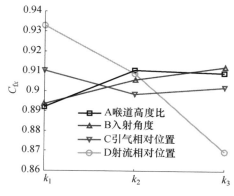

图 9.98　下膨胀面引气方案 4 因素趋势

量比为 7.37% 的条件下,使喷管的推力系数由基准喷管的 0.8616 升高到 0.9432,而且该最优结果在 9 次实验设计之外,而这正是正交实验设计的优势,即能够找出实验设计以外更优的结果。

图 9.99 所示为在 NPR = 4 工况下,下膨胀面自适应引气最优方案的流场。可以看出,由于下膨胀面射流的影响,主流被高压二次流推到上膨胀面,形成一系列的反射激波,使上膨胀面压力升高,壁面压力分布也相应地上下波动。虽然主流在上膨胀面形成了一系列的反射激波。但是由于自适应旁路的存在,相当于增大了喷管喉道高度,使流通流量增加。而且,由于激波后静压升高,喷管上壁面压力积分增大,而下壁面由于填充了环境压力,压力积分变化不大。因此使喷管内推力增大,性能提升。图 9.100 为增加自适应旁路前后喷管上下壁面压力分布图。可以看出,激波的反射使上膨胀面压力分布上下波动,波后压力的升高使上壁面压力积分增大,性能提高。

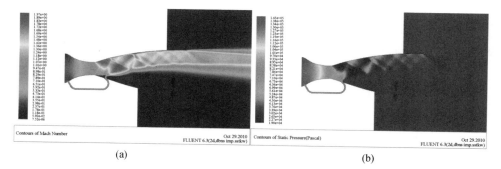

图 9.99　下膨胀面引气方案流场图

(a) 马赫云图;(b) 压力云图。

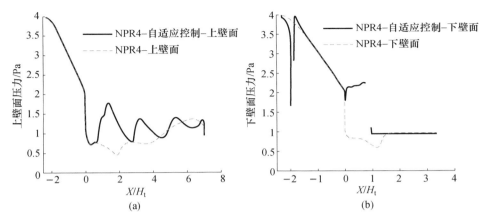

图 9.100　采取控制措施前后喷管上下壁面压力分布对比

　　表 9.5 所列为原始喷管和最优实验设计方案各项性能的对比。可以看出,在采用自适应控制方案后,在引气量为 7.37% 的情况下,推力从原来的 0.8616 提高到 0.9432,提高了 9.47%,而且负升力下降了 80.41%,说明这种下膨胀面自引气控制方案对于提高 SERN 喷管在严重过膨胀条件下的性能具有很好的效果。

表 9.5　自适应控制前后喷管的性能变化

实验方案	推力系数 C_{fx}	升力系数 C_{fy}	流量系数 C_m	俯仰力矩 M /(N·m)	引气流量比
SERN - 0	0.8616	- 0.0485	0.9945	- 2.7	—
$A_2 - B_3 - C_1 - D_1$	0.9432	- 0.0095	0.9928	21.84	7.37%

9.7.3　上膨胀面自适应引气正交实验设计与分析

1. 正交实验设计方案

　　上膨胀面影响因素分别为二次流引气喉道高度比 $H'_{t,s}$、入射角度 β、引气相对位置 L'_1、射流相对位置 L'_2。具体设计方法与上面相同,其中喉道高度比 $H'_{t,s} \in \{0.05, 0.1, 0.15\}$(将这三个值分别记为 1,2,3,余同),入射角度 $\beta \in \{0°, 90°, 135°\}$,引气相对位置 $L'_1 \in \{h/8, h/4, h/2\}$,射流相对位置 $L'_2 \in \{L'/4, L'/2, 3L'/4\}$。设计方案同 9.7.2 节。上膨胀面正交实验设计表如表 9.6 所列。

　　由表 9.6 可以得出以下结论:

　　(1) 四种影响因素对推力性能影响的主次顺序为 D - C - B - A,即在这种方

案中射流相对位置 L'_2 对性能的影响最大,引气相对位置 L'_1 次之,入射角度 β 再次之,喉道高度比 $H'_{t,s}$ 影响最小。

表 9.6 上膨胀面正交实验设计

实验号 \ 因素	A 喉道高度比 /%	B 入射角度 /(°)	C 引气相对位置 /%	D 射流相对位置 /%	实验方案	推力系数
1	1	1	1	1	$A_1 B_1 C_1 D_1$	0.8808
2	1	2	2	2	$A_1 B_2 C_2 D_2$	0.8605
3	1	3	3	3	$A_1 B_3 C_3 D_3$	0.8576
4	2	1	2	3	$A_2 B_1 C_2 D_3$	0.8630
5	2	2	3	1	$A_2 B_2 C_3 D_1$	0.8562
6	2	3	1	2	$A_2 B_3 C_1 D_2$	0.8265
7	3	1	3	2	$A_3 B_1 C_3 D_2$	0.8617
8	3	2	1	3	$A_3 B_2 C_1 D_3$	0.8290
9	3	3	2	1	$A_3 B_3 C_2 D_1$	0.9086
K_1	2.5989	2.6055	2.5363	2.6456		
K_2	2.5457	2.5457	2.6321	2.5487		
K_3	2.5993	2.5927	2.5755	2.5496		
k_1	0.8663	0.8685	0.8454	0.8819		
k_2	0.8486	0.8486	0.8774	0.8496		
k_3	0.8664	0.8642	0.8585	0.8499		
极差 R	0.0177	0.0199	0.0320	0.0323		
因素主次	D – C – B – A					
优选方案	$A_3 - B_3 - C_2 - D_1$					

(2)实验号 9 的方案性能在 9 次实验中最优,推力系数为 0.9086。

(3)由于基准喷管的推力系数为 0.8616,由表 9.6 可以看出在上膨胀面采用这种控制方案的效果不是很明显。

2. 优方案的确定

根据表 9.6 中各因素 K 值的变化趋势可以确定优方案的参数组合:

A 因素列 K 值最大为 K_3;

B 因素列 K 值最大为 K_1;

C 因素列 K 值最大为 K_2;

D 因素列 K 值最大为 K_1。

所以,优方案为 $A_3 - B_1 - C_2 - D_1$,即喉道高度比 $H'_{t,s}$ 取 0.15、入射角度 β 取

0°、引射相对位置 L'_1 取 $h/2$、入射相对位置 L'_2 取 $L/4$。

由图 9.101 可以看出 A、B、C、D 4 因素的变化趋势,即 A 值(喉道高度比 $H'_{t,s}$)、B 值(入射角度 β)对推力性能的影响有一个先下降后上升的过程;C 值(引气相对位置 L'_1)先升后降,即存在一个最优的引气位置,且在收缩段上壁面 $h/4$ 左右;D 值(射流相对位置 L'_2)越小,则喷管推力性能越高,而且当射流位置靠近喷管出口时,喷管性能变化不大。所以,根据趋势图的变化,得出优方案 $A_3 - B_1 - C_2 - D_1$,与正交表中的优方案 $A_3 - B_3 - C_2 - D_1$ 进行实验设计验证,结果如表 9.7 所列。

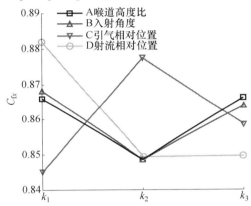

图 9.101　上膨胀面引气方案四因素趋势图

表 9.7　上膨胀面自适应控制方案算例验证

实验方案	推力系数 C_{fx}	升力系数 C_{fy}	流量系数 C_m	俯仰力矩 $M/(\text{N}\cdot\text{m})$	引气流量比/%
$A_3 - B_3 - C_2 - D_1$	0.9086	-0.1713	0.9928	-25.1074	9.27
$A_3 - B_1 - C_2 - D_1$	0.8666	-0.1781	0.9928	-46.7650	9.60

由表 9.7 可以看出,由趋势图给出的实验方案 $A_3 - B_1 - C_2 - D_1$ 的推力性能低于正交表中得出的最优结果,故选取 $A_3 - B_3 - C_2 - D_1$ 为最优的实验方案,它在引气流量比为 9.27% 的条件下,使喷管推力系数由基准喷管的 0.8616 升高到 0.9086。

图 9.102 为上膨胀面自引气最优方案的流场图。可以看出,采用自适应控制后,喷管主流在二次流的影响下向下板偏转,导致负升力变大。而且,主流偏转,矢量偏转角增大,影响了喷管轴向推力性能。从图 9.103 也可以看出,采用自适应控制后,下膨胀面的壁面压力分布变化不大。虽然上膨胀面的压力分布变化较大,但是,壁面压力积分有一定的抵消,从而限制了喷管推力性能的进一步提升。具体性能比较结果如表 9.8 所列。

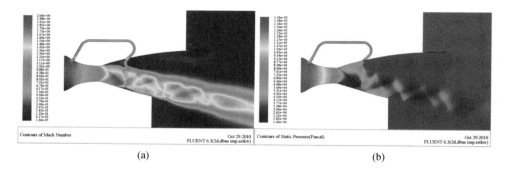

图 9.102   上膨胀面自引气方案流场图

（a）马赫云图；（b）压力云图。

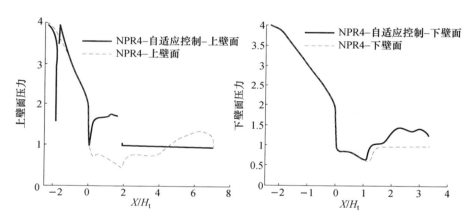

图 9.103   采取控制措施前后喷管上下壁面压力分布对比

表 9.8   自适应控制前后喷管的性能变化

实验方案	推力系数 C_{fx}	升力系数 C_{fy}	流量系数 C_m	俯仰力矩 $M/(N \cdot m)$	引气流量比/%
SERN－0	0.8616	－0.0485	0.9945	－2.7	—
$A_3 - B_3 - C_2 - D_1$	0.9086	－0.1713	0.9928	－25.1074	9.27

由表 9.8 可以看出,在严重过膨胀(NPR＝4)条件下,采用这种上膨胀面自适应控制方案,最优的实验方案引气量为 9.27% ,性能只提升了 5.45% ,然而负升力却急剧升高了。

参考文献

［1］李云雁,胡传荣. 实验设计与数据处理［M］. 2 版. 北京:化学工业出版社,2008.

［2］邱轶兵. 实验设计与数据处理［M］. 合肥:中国科学技术大学出版社,2008.

［3］吴贵生. 实验设计与数据处理［M］. 北京:冶金工业出版社,1997.

第10章 并联式 TBCC 发动机排气系统设计及性能研究

到目前为止,对于宽飞行包线(高度 0 ~ 40km 或更高,飞行马赫数从亚声速到高超声速)的高超声速飞行器来说,还没有一种成熟的吸气式发动机能独立完成推进任务。这样把不同类型的发动机组合使用,利用其在每一任务段的优势,形成一种组合循环发动机,不失为一种比较合理的方案。在各类组合发动机中,TBCC 发动机在其工作范围内具有较高比冲,是一种很有前景的动力方案。其中将涡轮发动机和亚燃/超燃冲压发动机上下并排布局的方案,因其不需要对现有成熟的涡轮和冲压发动机做较大的改动,具有更好的可实现性。但由于并联式 TBCC 发动机有两个互相独立的流通通道,两台不同的发动机的工作范围和状态有很大的不同,因此,对应的喷管就有各自独立的设计点。这就要求两套喷管不仅要在自己单独工作的飞行包线内有良好的气动性能,而且要充分考虑到两套喷管气流的相互作用和气动耦合效应对整个排气系统性能的影响,以及在工作模态转级过程中,整个 TBCC 发动机排气系统的气动性能的平稳过渡,它们在很大程度上取决于整个 TBCC 发动机排气系统的布局方式及设计点的选取。本章在前面针对非对称喷管的设计基础上,对马赫数 0 ~ 4 范围内的并联式 TBCC 发动机排气系统进行了设计方法研究,并进一步开展了 TBCC 发动机排气系统在整个飞行包线内的性能分析研究。

10.1 TBCC 发动机排气系统推力性能参数定义

为了研究 TBCC 发动机排气系统的性能,需要定义其性能参数。对于单个非对称喷管而言(图 10.1(a)),主要关心的是喷管的推力、升力和力矩特性。

通常,将喷管出口气体的富裕冲量 I_{ex} 定义为喷管的实际推力,则

$$I_{ex} = \dot{m} V_{ex} + (p_e - p_a) A_{ex} \tag{10.1}$$

式中　e——喷管出口;

$\quad\quad x$——轴向。

对于喷管内流场的控制体,由动量定理可知:

$$I_{ex} = I_{inx} - R_x \qquad (10.2)$$

进一步将喷管进口富裕冲量由进口气流的气动参数表达,可得

$$I_{ex} = \dot{m} V_{inx} + (p_{in} - p_a) A_{inx} - R_x \qquad (10.3)$$

式中　in——进口;

　　　R_x——喷管对控制体内气体的作用力在轴向的投影。

气体由喷管进口等熵膨胀到出口的富裕冲量称为喷管的理想推力 F_s,有

$$F_s = \dot{m} \sqrt{\frac{2\gamma}{\gamma - 1} R T_t \left[1 - \left(\frac{p_a}{p_t} \right)^{\frac{\gamma - 1}{\gamma}} \right]} \qquad (10.4)$$

式中　$\dot{m}$——通过喷管的流量;

　　　T_t、p_t、p_a——喷管通道内气体的总温、总压及喷管出口处的环境压力。

因此,喷管的轴向推力系数 C_{fx} 可定义为喷管产生的轴向实际推力与理想推力之比:

$$C_{fx} = \frac{I_{ex}}{F_s} \qquad (10.5)$$

为了衡量喷管的流通能力,定义喷管的流量系数为

$$\varphi = \dot{m} / \dot{m}_s \qquad (10.6)$$

式中　$\dot{m}$——流过喷管的实际流量,流过喷管理想流量定义为

$$\dot{m}_s = K \frac{p_t}{\sqrt{T_t}} A_8 \qquad (10.7)$$

式中　A_8——通道的喉道面积,认为喉道处气流达到声速。

为了说明喷管的工作状态,定义喷管的工作落压比 NPR 为喷管进口总压与出口环境压力的比值,有

$$\text{NPR} = p_t / p_a \qquad (10.8)$$

由于并联式 TBCC 发动机排气系统由两套非对称喷管并列组成,如图 10.1 (b)所示,因此其总推力系数定义为

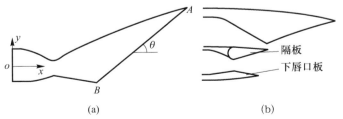

(a)　　　　　　　　　　　　　　(b)

图 10.1　非对称喷管和并联式 TBCC 发动机排气系统构型

(a) 非对称喷管构型;(b) 并联式 TBCC 发动机排气系统构型。

$$C_{fx} = (I_{et} + I_{er}) / (F_{st} + F_{sr}) \tag{10.9}$$

式中 t、r——涡喷喷管通道和冲压发动机喷管通道。

升力定义为控制体中气体对排气系统的作用力在 y 方向的投影,记为 L。

排气系统受到的作用力对冲压发动机喷管进口中心点的力矩记为 M。

10.2 涡喷与冲压发动机喷管位置布局研究

由于涡喷发动机通道与冲压发动机通道相对独立,如何选择其各自的设计点参数是 TBCC 发动机排气系统设计中首先需要考虑的。对冲压发动机来说,其工作马赫数范围为 $Ma2 \sim 4$,但其主要工作状态应该为巡航状态,因此选择巡航点参数作为冲压发动机非对称喷管的设计参数。对于涡喷发动机来说,其工作马赫数范围 $Ma0 \sim 2.5$,为了保证转级过程中排气系统的性能,同时兼顾低马赫数下的性能,本书中涡喷喷管的设计点选为 $Ma2$,表 10.1 列出两套喷管各自具体的设计点参数。在 TBCC 发动机排气系统的设计过程中,首先根据最短长度非对称喷管设计方法获得冲压发动机喷管设计点的非对称喷管型线,然后根据排气系统的几何尺寸限制将喷管截短到长度 L,如图 10.2 所示。接下来就需要合理安排涡喷发动机喷管和冲压发动机喷管的相对位置,假设涡喷喷管出口在冲压发动机喷管上型面的 P 点,如图 10.2 所示,则 P 点到排气系统出口距离 L_P 是排气系统设计中的一个重要参数。由于 TBCC 发动机在转级点附近需要较高的推力性能来保证转级过程的顺利,因此可以通过获得转级点最优的推力性能来寻求最佳的 P 点位置。图 10.3 所示为排气系统在转级点的推力系数随 L_P 值的变化。可以看到,L_P 的取值在一个合理的区间内时,排气系统的总推力性能才会最优,本书中取 $L_P = 0.537L$。图 10.4 为不同 L_P 值时排气系统的流场图。

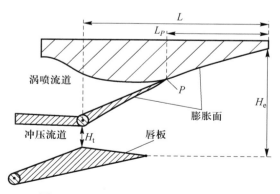

图 10.2 TBCC 发动机排气系统构型图

表 10.1　涡喷喷管和冲压发动机喷管设计点

参数	Ma	p_t/kPa	T_t/K	NPR
冲压喷管	4.0	154.0	1600	94
涡喷喷管	2.0	126.4	923	10.5

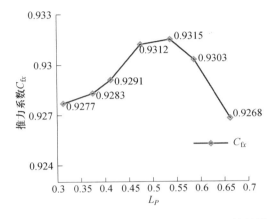

图 10.3　涡喷喷管位置对排气系统总推力系数的影响

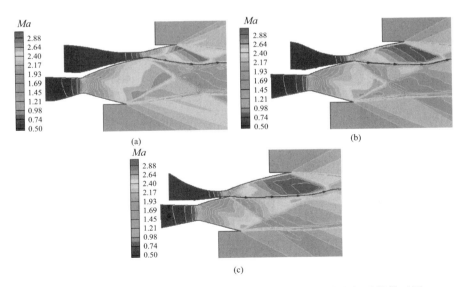

图 10.4　不同涡喷喷管位置处的 TBCC 发动机排气系统流场马赫数云图

（a）$L_P=0.313$；（b）$L_P=0.537$；（c）$L_P=0.663$。

10.3　TBCC 发动机排气系统设计点的选取

当飞行器在亚声速飞行时,排气系统的设计膨胀面积比较大而工作压比很小,内部流动处于严重的过膨胀状态,推力系数普遍较低[1]。由于低压比下喷管性能恶化程度与冲压发动机喷管的设计点压比有关,因此可以考虑减小排气系统的设计落压比,从而改善其在亚声速飞行时的性能。当排气系统的设计落压比降低后,其设计面积比也相应地减小。当其在低落压比工作时,其过膨胀程度就会减小。基于这种考虑,分别选取了 $Ma3.25$、$Ma3.5$、$Ma3.75$ 的冲压发动机喷管进口参数作为排气喷管的设计参数,并重点关注排气系统在亚声速、转接点和巡航点的性能。下面分别对不同设计点下的排气系统在典型工作点上的流动进行了数值模拟及分析。

图 10.5 ~ 图 10.7 所示为不同设计点的排气系统在特征工作点上的推力、升力和俯仰力矩性能,涡喷发动机分别工作在不加力和加力两种状态。由于 TBCC 发动机在转级之前,冲压发动机不工作,因此图 10.5 ~ 图 10.7 中在转级之前的轴向推力系数、升力、力矩只针对涡喷发动机排气喷管性能,不计冲压发动机排气喷管的性能。比较图中曲线可知,随着排气系统设计点马赫数的降低,排气系统在亚声速工作时的性能逐渐提高,其中设计点为 $Ma3.25$ 的排气系统在 $Ma0$ 工作时,涡喷发动机不加力与加力的轴向推力系数分别为 0.915 和 0.896。相对于设计点为 $Ma3.75$ 的排气系统,其轴向推力系数分别有 5.7% 和 3.1% 的提升。同时比较升力、力矩曲线也可知,设计点为 $Ma3.25$ 的排气系统升力、力矩性能也较好。这说明降低排气系统设计点来提高其在低马赫数飞行时的性能是可能的。但是,由于

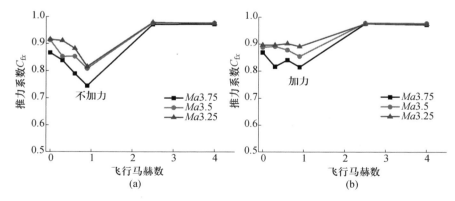

图 10.5　不同设计点的 TBCC 发动机排气系统在加力和不加力时的推力性能
（a）不加力状态；（b）加力状态。

亚声速飞行仅仅是 TBCC 发动机工作过程中的一小段,降低排气系统设计点可能会对巡航点性能有一定影响。因此,是否把设计点取在较低马赫数上,还需从整个飞行任务和总体需求方面仔细权衡考虑。

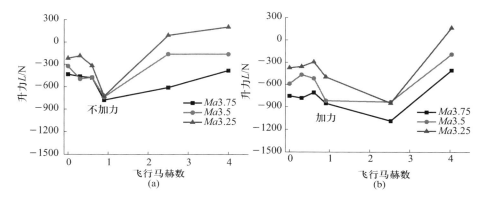

图 10.6　不同设计点的 TBCC 发动机排气系统在加力和不加力时的升力性能

（a）不加力状态；（b）加力状态。

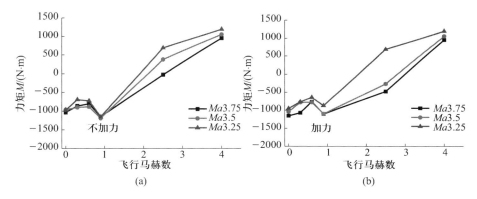

图 10.7　不同设计点的 TBCC 发动机排气系统在加力和不加力时的力矩性能

（a）不加力状态；（b）加力状态。

　　为了考察不同设计点排气系统在巡航点($Ma4$)的性能,图 10.10 给出了计算所得的不同设计点的排气系统在巡航点的推力、升力、俯仰力矩性能。从图中可以看出,改变排气系统设计点马赫数对其巡航点的轴向推力系数影响不大,设计点为 $Ma3.25$、$Ma3.5$、$Ma3.75$ 时,排气系统轴向推力系数相差不超过 0.5%,其中在设计点为 $Ma3.5$ 时有一个峰值。当设计点马赫数继续减小时,排气系统的轴向推力系数有下降的趋势。而降低排气系统的设计点马赫数后,排气系统的升力、力矩性能会有较大的提升。这说明适当降低排气系统的设计马赫数来改善其在低飞行马

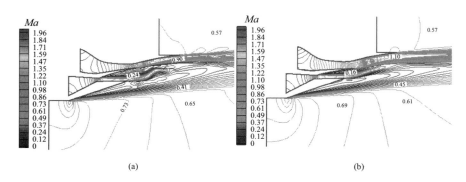

图 10.8 设计点 $Ma3.25$ 的排气系统在 $Ma0.6$、涡喷发动机不加力、
加力时的马赫数等值线图

（a）不加力状态；（b）加力状态。

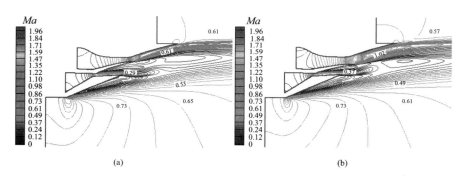

图 10.9 设计点 $Ma3.75$ 的排气系统在 $Ma0.6$、涡喷发动机不加力、
加力时的马赫数等值线图

（a）不加力状态；（b）加力状态。

赫数时的性能是可行的,但必须从总体考虑,权衡利弊之后才能确定,一般需要反复迭代才能最终获得最佳的设计点。

图 10.11 为对应流场的典型的马赫数等值线图。可以看到三套排气系统的流场结构基本相同,设计点为 $Ma3.75$ 的排气系统在喷管上壁出口处气流角较大,因此损失的轴向推力也较大。随着设计点马赫数降低,排气系统上壁出口角也在逐渐减小。在排气系统的下唇板外缘气流膨胀加速,压力下降,产生了不可忽视的底阻,后续的研究中应当考虑喷管与机体的一体化设计,减小底阻的影响。

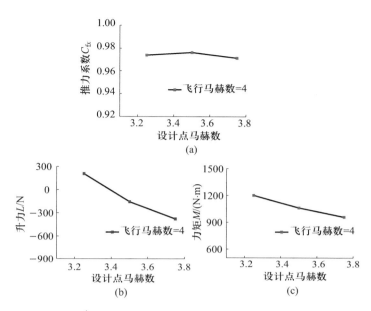

图 10.10　不同设计点排气系统在巡航点的推力、升力和俯仰力矩性能

（a）巡航点推力性能；（b）巡航点升力性能；（c）巡航点俯仰力矩性能。

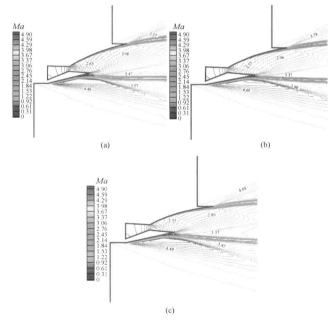

图 10.11　对应流场的典型的马赫数等值线图

（a）设计马赫数 $Ma3.75$；（b）设计马赫数 $Ma3.5$；（c）设计马赫数 $Ma3.25$。

10.4 TBCC 发动机排气系统飞行包线内的性能分析

上述研究表明,设计点的选取对于整个排气系统在低速阶段的气动性能有很大的影响,稍微降低设计点马赫数可较大程度地改善低速情况下排气系统的气动性能,而巡航点处排气系统的推力性能也会有略微的降低。但由于巡航状态是飞行器的主要工作状态,因此其推力性能应该给予保证。综合考虑,选取了设计点为 $Ma3.25$ 的排气系统为最终气动方案。

本节主要针对设计点为 $Ma3.25$ 的排气系统的气动方案,通过数值模拟方法开展详细的流场计算和性能分析,讨论了推力系数、升力、俯仰力矩随飞行马赫数的变化关系,并对此排气系统在亚声速和超声速飞行时的性能给予了初步评价。

10.4.1 计算模型及边界条件

采用 Fluent 软件对排气系统三维黏性流场进行 N-S 方程数值求解,数值计算方法与之前采用的方法一致。图 10.12 为 TBCC 发动机排气系统在双流路通道(亚声速飞行或模态转换过程)下和冲压发动机单独工作条件下的构型图。当排气系统工作在双流路通道的情况下时(图 10.12(a)),用 H_{e1}/H_{t1} 衡量涡喷发动机喷管的扩张比,用 H_{e2}/H_{t2} 衡量冲压发动机喷管的扩张比。在冲压发动机单独工作情况下(图 10.12(b)),用 H_e/H_t 衡量冲压发动机喷管的扩张比。图 10.13 所示为 TBCC 发动机排气系统典型状态下的计算网格,网格量为 70 万左右。

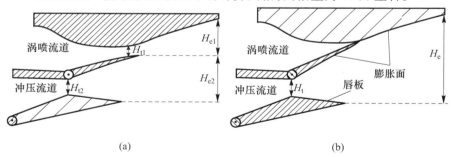

(a)   (b)

图 10.12 TBCC 发动机排气系统构型
(a) 模态转级前;(b) 模态转级后。

10.4.2 CFD 三维数值模拟结果

TBCC 发动机工作过程为:起飞时由传统的涡喷发动机工作,在飞行马赫数达到 2.5 之前一直由其提供动力。当飞行速度达到 $Ma2.5$ 时进行工作模态转换,即

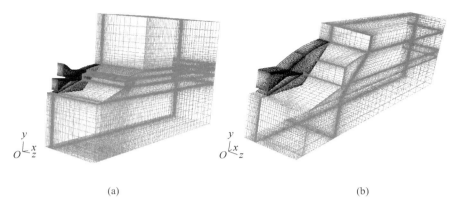

图 10.13　不同特征点上排气系统计算网格

（a）模态转级前；（b）模态转级后。

由涡喷发动机工作模态向冲压发动机工作模态转换,在此过程中两种发动机共同工作,并且涡喷发动机逐渐关闭而冲压发动机逐渐打开。模态转换结束后,冲压发动机单独工作,飞行器由 $Ma2.5$ 加速到 $Ma4.0$,到达巡航工作状态。

　　本节针对 TBCC 喷管在不同飞行范围内的工作特点,将 TBCC 喷管在整个飞行包线内的工作状态分为三个飞行阶段,即亚声速飞行阶段、模态转级阶段、冲压发动机单独工作阶段。图 10.14 所示为三个不同飞行阶段内,涡喷发动机喷管和冲压发动机喷管面积比及工作压比随飞行马赫数的变化规律。

1. 亚声速飞行状态下 TBCC 发动机排气系统的流场及性能计算

　　亚声速飞行条件下,TBCC 发动机只有涡喷发动机工作,冲压发动机不工作,但其通道打开,可以减小阻力。本小节分别对飞行马赫数为 0、0.3、0.6、0.9 时涡喷发动机工作在不加力和加力状态的排气系统内外流场进行了数值模拟。表 10.2 和表 10.3 所列为亚声速飞行时涡喷发动机分别工作在中间和最大状态时涡喷喷管的进口参数。

表 10.2　亚声速飞行条件及涡喷发动机不加力状态工作时喷管进口参数

Ma	H/km	p_a/Pa	T/K	p_t/Pa	T_t/K
0	0	101325	288.15	174905	774.2
0.3	4	61719.28	262.15	112096	709.9
0.6	8	35696	236.15	77303	671.2
0.9	10.6	24186	219.25	69403	675.2

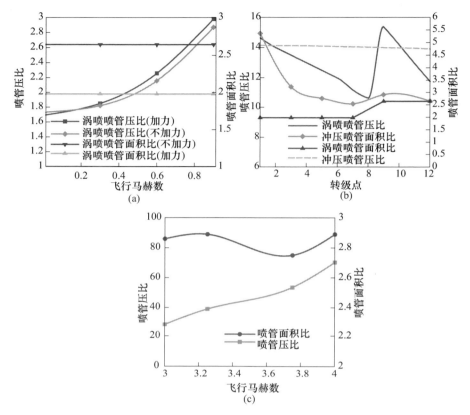

图 10.14　喷管压比和面积比随飞行马赫数变化关系
（a）亚声速飞行阶段；（b）模态转级阶段；（c）冲压发动机单独工作阶段。

表 10.3　亚声速飞行条件及涡喷发动机加力状态工作时喷管进口参数

Ma	H/km	p_a/Pa	T/K	p_t/Pa	T_t/K
0	0	101325	288.15	171280	1700
0.3	4	61719.28	262.15	113975	1682.6
0.6	8	35696	236.15	80604	1671.5
0.9	10.6	24186	219.25	72146	1672.9

　　图 10.15 为飞行器在亚声速飞行条件下,涡喷发动机分别工作在不加力和加力两个状态时 TBCC 发动机排气系统模型对称面上的马赫等值线图。从图中可以直观地看出亚声速飞行条件下,TBCC 发动机排气系统对称面上的流场分布。由于飞行器在低马赫数飞行时,涡喷发动机喷管的压比远小于设计压比,涡喷通道的工作状态为过膨胀,在中间挡板及冲压通道下唇板的下壁面,由于物理壁面的扩张

角过大,均出现较大面积的气流分离,其中在涡喷发动机加力工作时,分离有所改善。另外从图 10.15(c)(d)中可以看出,由于涡喷通道气流的引射作用,在冲压通道出口处造成低压环境,导致冲压喷管内出现了超声速气流。对比图 10.15(d)(c)可以看出,在涡喷发动机加力状态下,挡板下壁面的分离区得到改善,这是由于涡喷开加力时要求喉道面积增大,挡板下移,使冲压通道扩张面积比减小,气流扩压程度下降,压力梯度减小,从而改善分离。通过流线图 10.16 可以看出,相比于中间工作状态,最大工作状态下的分离区得到了明显的改善,因此其性能比中间状态要好。

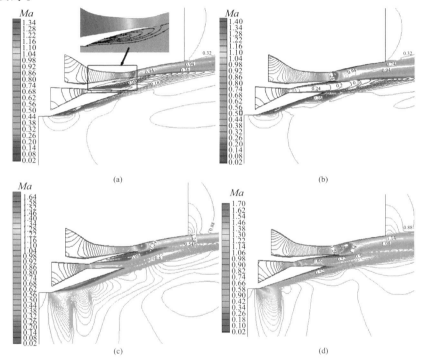

图 10.15　TBCC 发动机排气系统模型对称面上马赫数等值线图
（a）$Ma0.3$（不加力）；（b）$Ma0.3$（加力）；（c）$Ma0.9$（不加力）；（d）$Ma0.9$（加力）。

表 10.4、表 10.5 所列为计算得到的亚声速飞行状态下 TBCC 发动机排气系统涡喷发动机在不加力状态和加力状态下的性能参数。可以看到,在不加力和加力工作状态下,随着飞行马赫数的不断提高,推力系数不断下降,升力都明显减小,力矩都变大,流量系数基本稳定。对比两种状态下的推力系数可以看出,加力状态下的性能得到明显改善,这与数值模拟的流场结构是相符的。不加力状态下的大范围分离区使得性能恶化,因此合理地控制分离区将是提高性能的一种有效手段。

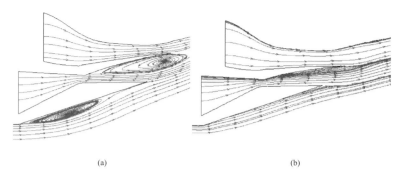

(a) (b)

图 10.16 TBCC 发动机排气系统对称面流线图

(a) $Ma0.9$(不加力状态); (b) $Ma0.9$(加力状态)。

但是在亚声速飞行条件下,整个 TBCC 发动机排气系统的性能偏低,这对 TBCC 飞行器来说是十分不利的。

表 10.4 亚声速飞行条件下 TBCC 发动机排气系统性能参数(不加力状态)

Ma	F_x/N	F_s/N	L/N	M/(N·m)	m_s/(kg/s)	φ	C_{fx}
0	789.39	888.28	−159.11	−511.51	1.996	0.934	0.889
0.3	490.89	606.50	−205.52	−344.12	1.336	0.932	0.809
0.6	367.28	551.11	−359.04	−266.02	0.948	0.928	0.666
0.9	343.53	610.93	−560.66	−294.66	0.848	0.926	0.562

表 10.5 亚音速飞行条件下 TBCC 发动机排气系统性能参数(加力状态)

Ma	F_x/N	F_s/N	L/N	M/(N·m)	m_s/(kg/s)	φ	C_{fx}
0	1135.56	1338.84	−211.99	−507.36	2.111	0.915	0.848
0.3	819.69	981.97	−222.71	−365.14	1.412	0.920	0.835
0.6	613.15	857.50	−351.39	−321.95	1.002	0.903	0.715
0.9	602.55	910.50	−508.24	−329.00	0.896	0.901	0.662

2. $Ma2.0 \sim 2.5$ 飞行条件下 TBCC 发动机排气系统的流场及性能计算

由于已知工作点参数不全,本小节只对 $Ma2$ 和 $Ma2.5$ 工作点进行了数值模拟。表 10.6 所列为这两个计算点在中间状态和最大状态下的工作参数。

表 10.6 $Ma2$、$Ma2.5$ 典型工作点的飞行条件及涡喷发动机工作参数

Ma	H/km	p_a/Pa	T/K	p_t/Pa	T_t/K
2.0(不加力)	16	10287	216.7	107974.000	923.00
2.0(加力)	16	10287	216.7	98501.000	1773.60
2.5(不加力)	20	5475	216.7	84120.000	883.90
2.5(加力)	20	5475	216.7	80104.000	1831.90

图 10.17 为计算模型在对称面上的马赫等值线图。从图中可以看出,喷管处于过膨胀状态,上下出口处产生明显的激波系。整个流场内无明显分离区,喷管出口流场内的激波比较复杂。图 10.17(a)涡喷通道出口下游出现较强的激波,这主要是由气流过膨胀造成内外的压力不平衡,同时各角点处气流的速度方向不一致而导致。在最大状态下,如图 10.17(b),激波减弱,但激波结构依然明显。这主要是由于涡喷加力后,挡板向下偏转,改善了冲压通道的过膨胀性,气流相互作用有所减弱。随着飞行马赫数的增大,涡喷喷管出口气流和冲压喷管出口气流在滑移面上产生的激波逐渐消失,上下壁面出口过膨胀状态有所改善,滑移面基本平行,激波减弱使得总压损失下降,推力性能变好。

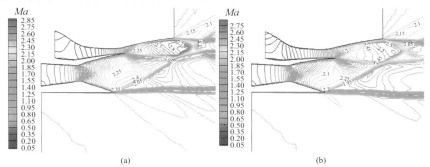

图 10.17　Ma2.0,TBCC 发动机排气系统对称面上马赫数等值线图
(a) Ma2.0(不加力);(b) Ma2.0(加力)。

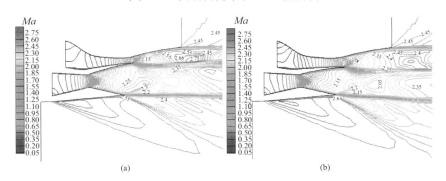

图 10.18　Ma2.5,TBCC 发动机排气系统对称面上马赫数等值线图
(a) Ma2.5(不加力);(b) Ma2.5(加力)。

表 10.7 所列为该阶段 TBCC 发动机排气系统的性能参数。从表中可以看出,随着飞行马赫数和高度的增加,C_{fx} 增加,升力和俯仰力矩也增加。这一方面是因为随着高度的增加,环境压力不断降低,喷管内气流的过膨胀程度得到改善,使得推力系数提高,与外界环境压力密切相关的升力和力矩也均增大;另一方面是喷管

进口压力下降使得总的升力变大。对比中间状态和最大状态可知,升力条件明显改善,由中间状态的负值变为最大状态的正值,这对飞行器的整体平衡至关重要,所以在这一阶段内,通过对以上数据的分析得出结论,排气系统最大状态的性能优于中间状态。

表 10.7　$Ma2.0$、$Ma2.5$ 飞行条件下 TBCC 发动机排气系统性能参数

Ma	F_x/N	F_s/N	L/N	$M/(\mathrm{N} \cdot \mathrm{m})$	$m_s/(\mathrm{kg/s})$	φ	C_{fx}
2.0(不加力)	2552.36	2754.06	-133.26	-690.06	2.576	0.951	0.927
2.0(加力)	3002.86	3184.76	137.78	-402.22	2.636	0.947	0.943
2.5(不加力)	2443.43	2558.06	-27.17	-317.74	2.134	0.956	0.955
2.5(加力)	2835.60	2970.16	200.61	-115.04	2.187	0.951	0.955

3. 模态转换状态下 TBCC 发动机排气系统的流场及性能计算

当飞行马赫数达到 2.5、飞行高度为 18km 时,TBCC 发动机排气系统将进行模态转换,此时涡喷发动机将逐渐关闭,而冲压发动机将逐渐打开。表 10.8、表 10.9 所列为模态转级过程中各计算点涡喷发动机和冲压发动机的工作参数。

表 10.8　转级过程飞行条件及涡喷发动机工作点参数

转级点	Ma	H/km	p_a/Pa	T/K	p_t/Pa	T_t/K
1	2.5	18	7505.00	216.7	109810.000	1832.00
5	2.5	18	7505.00	216.7	93722.000	1400.00
9	2.5	18	7505.00	216.7	115310.000	883.87
12	2.5	18	7505.00	216.7	88207.000	727.60

表 10.9　转级过程飞行条件及冲压发动机工作点参数

转级点	Ma	H/km	p_a/Pa	T/K	p_t/Pa	T_t/K
1	2.5	18	7505.00	216.7	106112.00	1832.00
5	2.5	18	7505.00	216.7	105832.00	1832.00
9	2.5	18	7505.00	216.7	105129.00	1832.00
12	2.5	18	7505.00	216.7	104405.00	1832.00

针对模态转换过程中的四个关键工作点进行数值模拟,对称面上的马赫等值线图如图 10.19 所示。可以看出,在转换过程中整个流场无明显分离,喷管上膨胀面出口处气流平稳,只有内侧有明显的激波系,外侧有弱激波。冲压通道的出口下唇板处有明显的激波产生,这是外流与冲压通道气流相互干扰的结果,因此冲压通道的下壁面需进一步优化设计以减小底阻。

由表 10.10 可以看出轴向推力和推力系数随着下唇板的打开不断增大,升力明显变大,而力矩变化则表现出波动现象,先增大后减小而后又增大。这主要是因

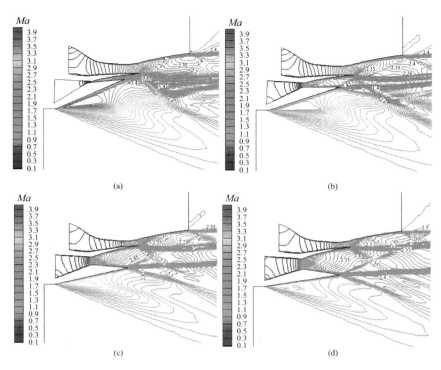

图 10.19　转级过程中 TBCC 排气系统对称面上马赫数等值线图
(a) 转级点 1；(b) 转级点 5；(c) 转级点 9；(d) 转级点 12。

为转级过程中两个通道内的气流参数变化剧烈，相互影响严重，激波系之间的相互干扰导致压力变化剧烈，从而影响到最终的性能参数。虽然涡喷发动机的喷管逐渐关闭，但是总的排气系统的推力系数却不断增大，冲压发动机的优势将逐步得到发挥。

表 10.10　转级过程中 TBCC 发动机排气系统性能参数

转级点	F_x/N	F_s/N	L/N	$M/(N \cdot m)$	$m_s/(kg/s)$	φ	C_{jx}
1	1516.18	1904.83	−494.22	−364.02	1.441	0.922	0.796
5	1940.24	2239.57	−470.24	−288.39	1.839	0.942	0.866
9	2367.22	2593.75	−413.10	−526.45	2.270	0.949	0.913
12	2587.45	2749.93	−333.30	−377.15	2.402	0.957	0.941

4. $Ma3.0 \sim 4.0$ 飞行条件下 TBCC 发动机排气系统的流场及性能计算

完成模态转换后，上挡板完全闭合，涡轮喷气发动机通道完全关闭，TBCC 发动机进入冲压发动机单独工作状态。表 10.11 所列为该阶段内特征工作点的喷管进口参数。

表 10.11　Ma3.0~4.0 飞行条件及冲压发动机工作点参数

Ma	H/km	p_a/Pa	T/K	p_t/Pa	T_t/K
3.0	21	4933.28	216.7	131081.00	1917.10
3.25	22.75	3890.25	216.7	138986.00	1968.10
3.75	24.5	2211.15	222.75	150994.00	2083.40
4.0	26.25	1586.00	224.7	154018.00	1600.00

本小节对 TBCC 发动机在 Ma3.0,3.25,3.75,4.0 飞行条件下的典型工作点进行了数值模拟,得到了各飞行马赫数下的三维流场,模型对称面上的马赫等值线图,如图 10.20 所示。由对称面上的等马赫线图可以看出,整个飞行条件下流场中无明显分离。由图 10.20(a)可知,Ma3.0 条件下喷管略微过膨胀,下唇板附近气流偏向上膨胀面。从图 10.20(b)中可以看出,Ma4.0 时,喷管流场处于明显的欠膨胀,出口气流继续向外膨胀。这将在喷管上下壁面出口处与外流相互干涉,产生复杂的激波、膨胀波等流动结构。

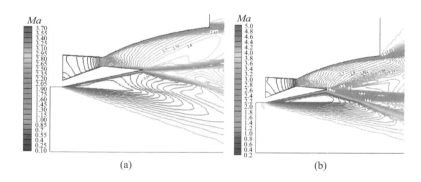

图 10.20　冲压发动机单独工作时排气系统模型对称面上的马赫数等值线图
(a) Ma3.0;(b) Ma4.0。

表 10.12 所列为通过计算得到的 TBCC 发动机排气系统在飞行马赫数为 3.0、3.25、3.75、4.0 条件下的性能参数。从中可以看出,总体而言其推力系数都较好,并且推力系数随着马赫数的增大而先增大后减小,在 Ma3.75 时达到最大,这说明在稍微欠膨胀状态下,推力性能最好。升力、俯仰力矩都随着马赫数和高度的增加而增加,这主要是环境压力的变化导致的。

表 10.12　$Ma3.0 \sim 4.0$ 飞行条件下 TBCC 发动机排气系统的性能参数

Ma	F_x/N	F_s/N	L/N	$M/(N \cdot m)$	$m_s/(kg/s)$	φ	C_{fx}
3.0	1905.79	2040.99	−448.32	192.34	1.319	0.984	0.934
3.25	2146.48	2259.12	−293.16	329.45	1.405	0.982	0.950
3.75	2842.93	2956.20	−0.55	561.49	1.700	0.982	0.962
4.0	2570.44	2702.17	14.87	588.16	1.727	0.987	0.951

5. 飞行包线内 TBCC 发动机排气系统的性能

图 10.21 所示为 TBCC 发动机排气系统性能随飞行马赫数的变化关系。由图 10.21(a)可以清楚地看出,在整个飞行包线内,随着飞行马赫数的不断提高,推力系数先减小后增大。其中在亚声速飞行条件下,推力系数持续下降,这主要是由于在亚声速飞行条件下,气流严重分离导致喷管性能恶化,从而导致推力系数不断下降。而涡喷发动机工作在加力状态时,变化趋势与其不加力状态保持一致,但推力系数有明显的提高。从图 10.21(b)可以看到飞行包线内 TBCC 发动机排气系统升力的变化趋势。升力随飞行马赫数的变化而发生波动,在亚声速飞行条件下,喷管工作在过膨胀状态,排气系统的升力较小。而在冲压发动机单独工作时,排气系统后部气流流动为欠膨胀状态,升力有所增大。在涡喷发动机加力状态时,升力变化趋势也基本与不加力状态保持一致。从图 10.21(c)可以看出,力矩在整个飞行包线范围内先增大后减小,然后持续增大。图 10.21(d)则表明在整个飞行包线内,TBCC 发动机排气系统的流量系数变化不大。

从排气系统性能曲线中可以看到 TBCC 发动机排气系统在亚声速飞行条件下性能较差,在冲压发动机单独工作条件下性能较好。因此要保证 TBCC 发动机排气系统在整个飞行包线内的高效飞行,提高亚声速、跨声速飞行条件下排气系统的气动性能是十分必要的。

10.4.3　侧板构型对 TBCC 发动机排气系统的影响

对于实际飞行器来说,后体喷管由上壁面、下壁面以及左右侧壁构成。侧壁的构型对于以空天飞机为代表的大尺度高超声速飞行器来说是比较重要的。由于后体相对于内喷管更长,因此左右两侧壁通常较短,以便减轻重量,但是短侧壁会对喷管性能造成多大的影响需要进一步研究。本节为了研究侧壁对排气系统性能的影响,在上述计算模型(模型 1)的基础上,将侧壁改为从下壁面出口垂直延伸到喷管上膨胀面,得到模型 2。鉴于计算量关系,本节只对选取的几个典型工作状态进行了模型 2 的计算,分别为 $Ma0.6$、$Ma3.25$(设计点)和 $Ma4$(巡航)。两种计算模型如图 10.22 所示。

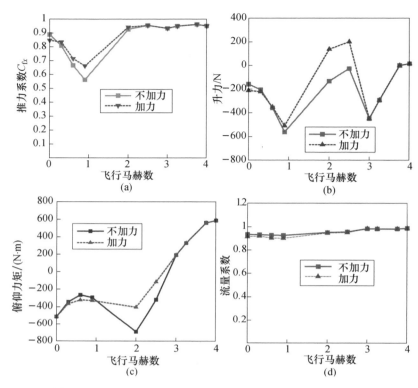

图 10.21　TBCC 发动机排气系统性能随飞行马赫数变化关系

（a）轴向推力系数；（b）升力；（c）力矩；（d）流量系数。

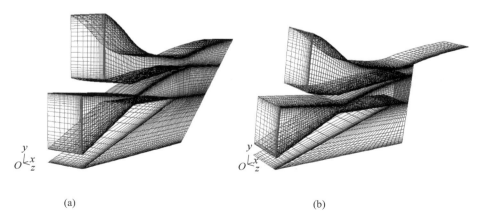

图 10.22　不同侧壁构型的 TBCC 发动机排气系统计算网格

（a）模型 1；（b）模型 2。

1. 模型 2 数值模拟结果

计算模型 2 与计算模型 1 只是侧板形式不同,其他条件均相同,网格量与模型 1 相差不大。图 10.23 和图 10.24 分别为 $Ma0.6$ 飞行工况下 TBCC 发动机排气系统模型 1 和模型 2 对称面上的马赫等值线图和流线图。可以看出,对称面上模型 1 与模型 2 流场结构类似。在 $Ma0.6$ 飞行条件下,下唇板和挡板的下膨胀面均有气流分离,且模型 2 分离区比模型 1 明显增大,这主要是由侧板包围面积过小,对气流的限制作用不大,气流扩张过快所致。由图 10.24 中的流线分布可以清楚地看到两个分离区。达到巡航马赫数以后,排气系统将呈现出明显的欠膨胀(图 10.25)。表 10.13 所列为模型 2 在不同工况下的性能参数。与模型 1 类似,其推力性能在亚声速时最差,下节将比较模型 1 和模型 2 的性能。

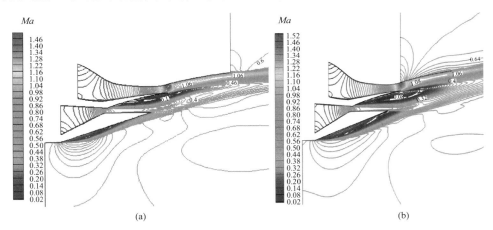

图 10.23　TBCC 发动机排气系统对称面上马赫数等值线图

(a) $Ma0.6$(模型 1);(b) $Ma0.6$(模型 2)。

表 10.13　TBCC 发动机排气系统模型 2 在不同飞行条件下的性能参数

Ma	F_x/N	F_s/N	L/N	M/(N·m)	m_s/(kg/s)	φ	C_{fx}
0.6	337.22	553.88	-482.11	-429.26	0.948	0.928	0.609
3.25	2033.57	2278.27	-374.03	256.76	1.405	0.990	0.891
4	2583.40	2731.14	-123.16	458.62	1.727	0.997	0.946

2. 模型 1 与模型 2 结果分析及性能对比

将计算模型 1 和计算模型 2 在 $Ma0.6$(不加力)、$Ma3.25$、$Ma4.0$ 的工作点数据进行对比。图 10.26 和图 10.27 为不同模型在等 x 面上的马赫等值线图。从图中可以发现,模型 1 和模型 2 的马赫等值线图有明显的差异:在 $Ma0.6$ 飞行条件

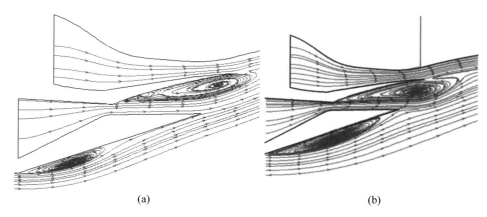

(a)　　　　　　　　　　　　　　　(b)

图 10.24　TBCC 发动机排气系统对称面上流线图

（a）*Ma*0.6(模型 1）；（b）*Ma*0.6(模型 2）。

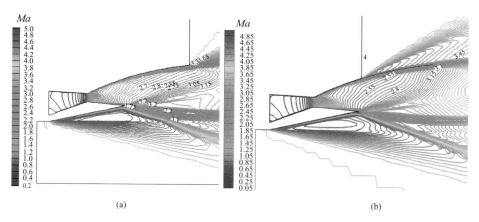

(a)　　　　　　　　　　　　　　　(b)

图 10.25　TBCC 发动机排气系统对称面上马赫数等值线图

（a）*Ma*4.0(模型 1）；（b）*Ma*4.0(模型 2）。

下,没有侧板限制的模型 2 三维效应严重,而模型 1 中有侧板限制,使得排气系统的流场更加接近二维流场。如图 10.27 所示,在 *Ma*4.0 飞行条件下,可以明显地看到,喷管侧壁上的三维效应得到抑制。

表 10.14～表 10.16 所列为不同飞行条件下两种模型的推力性能。ΔF_x、ΔL、ΔM 都是模型 2 相对模型 1 的变化量。由表 10.14 可以看到,在低速状态下推力下降,这是由于模型 2 侧板包围面积小,无法约束上壁面的气流膨胀,使上壁面上压力膨胀到外界环境压力,出口富裕冲量减少,造成推力下降。当达到高速飞行状态

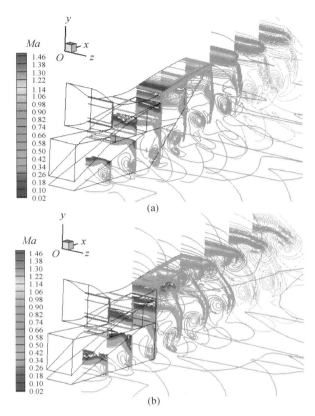

图 10.26　排气系统模型等 x 面上马赫数等值线图

（a）模型 1（$Ma0.6$，不加力状态）；（b）模型 2（$Ma0.6$，不加力状态）。

后，推力稍有增加，这是由于在高速飞行状态下侧板的摩擦阻力将成为推力损失的主要因素，侧板面积越大，摩擦损失越大，模型 1 的推力相对变小。由表 10.15 可以看出，升力明显下降，随着马赫数增大，升力下降加快，在 $Ma4.0$ 飞行工况下推力下降量最大。由表 10.16 可以看出，侧板对力矩的影响也很大，这主要是由不同侧板模型的上膨胀面上压力分布变化较大所致，因此需要认真考虑。

表 10.14　模型 1、模型 2 推力性能对比　　　　　　　　　　　　　　（N）

Ma	0.6	3.25	4.0
模型 1	367.28	2146.48	2570.44
模型 2	337.22	2033.57	2583.40
$\Delta f_x/\%$	−8.1	−5.2	0.5

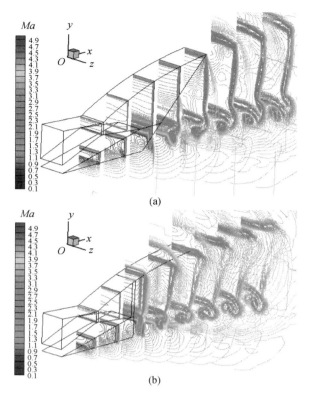

图 10.27　TBCC 发动机排气系统模型等 x 面上马赫等值线图

(a) 模型 1(Ma4.0)；(b) 模型 2(Ma4.0)。

表 10.15　模型 1、模型 2 升力性能对比　　　　　　　　　　　　（N）

Ma	0.6	3.25	4.0
模型 1	−359.04	−293.16	14.87
模型 2	−482.11	−374.03	−123.16
ΔL/%	−34.3	−27.6	−928.0

表 10.16　模型 1、模型 2 力矩性能对比　　　　　　　　　　　（N·m）

Ma	0.6	3.25	4.0
模型 1	−266.02	329.45	588.16
模型 2	−429.26	256.76	458.43
ΔM/%	−61.4	−22.1	−22.1

10.5　TBCC 发动机排气系统冷流实验研究

10.5.1　实验设备和测量系统

1. 喷管实验台

实验在南京航空航天大学专用喷管实验台中进行,如图 10.28 所示。该喷管实验系统主要由高压压气机组和高压气罐、模型实验舱、真空泵组等组成,采用高低压气源联合工作方式。实验舱之前连接容积为 $25m^3$、耐压 15atm（1atm = 0.1MPa）的储气罐,可提供总压为 0.7～0.9MPa 的稳定来流气源。实验舱之后连接体积约为 $600m^3$ 的真空舱,可提供最低为 6kPa 的稳定真空压力。由于 TBCC 发动机排气系统实验模型有两个流道,因此采用两套管路来提供高压气源,通过管路中的调压阀来调节各个流道的进口总压,以实现两个喷管流道不同的落压比要求。

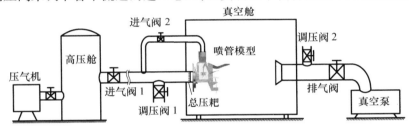

图 10.28　喷管实验台示意图

2. 实验模型

并联式 TBCC 发动机排气系统实验模型如图 10.29 所示,它由冲压发动机喷管流道和涡喷发动机喷管流道构成,分别由两路高压管道供气。中间分流板可绕轴转动,用于调节涡喷发动机喷管的喉道,冲压下唇板用来调节冲压发动机喷管喉道,两个可动部件分别通过连杆机构由外部的直线步进电机精确驱动。由于涡喷和冲压发动机喷管在分流板出口处存在流场的相互干扰,为了获得排气系统流场内的详细流动结构,排气系统侧板采用高透光性的光学玻璃,以方便通过纹影等光学手段获得排气系统内部的流场结构。图 10.30 为实验模型在实验舱内安装图。由于管路布置的原因,实验模型在实验舱内倒置安装。实验模型上的步进电机通过连接线由实验舱外的驱动器驱动,压力测点通过测压软管与舱外的 PSI 相连。

排气系统模型的调节结构和尺寸如图 10.31 所示,模型总长为 315mm。中间分流板和冲压通道下唇板分别通过连杆结构由直线步进电机驱动,其连杆尺寸如图 10.31 所示。冲压通道下唇板的调节方式简化为图 10.32。直线步进电机驱动 BC 杆在滑槽内上下滑动,通过连杆 AB 驱动连杆 OA 绕 O 点转动,通过冲压发动机下唇板(OA)的转动实现冲压发动机喷管喉道面积的调节。

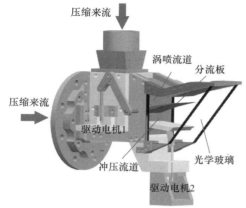

图 10.29　排气系统实验模型

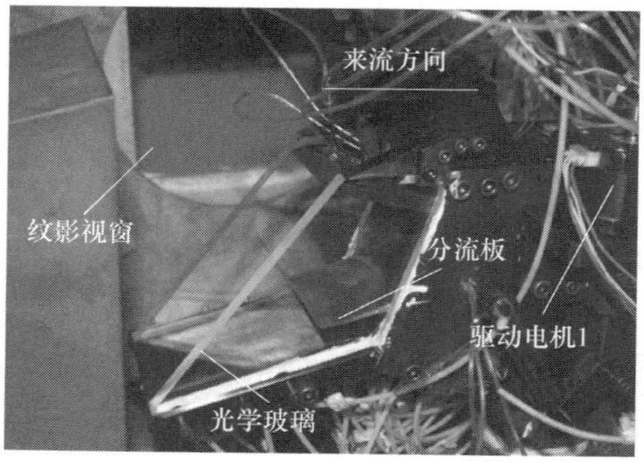

图 10.30　实验模型安装图

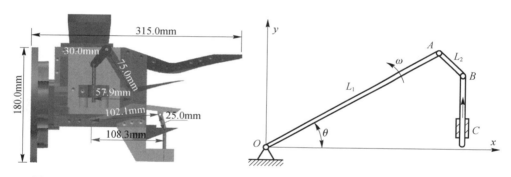

图 10.31　实验模型调节机构和尺寸

图 10.32　曲柄连杆机构

OA 杆的转动角度可由 BC 杆的滑动距离精确控制,下面推导 OA 转动角度 θ 与 BC 杆位置 y_B 的关系。A 点的坐标表示为

$$x_A = L_1 \times \cos\theta \tag{10.10}$$

$$y_A = L_1 \times \sin\theta \tag{10.11}$$

A 点和 B 点的关系为

$$(x_B - x_A)^2 + (y_A - y_B)^2 = L_2^2 \tag{10.12}$$

B 的 y 坐标值可表示为

$$y_B = y_A - \sqrt{L_2^2 - (x_B - x_A)^2} \tag{10.13}$$

即

$$y_B = L_1\sin\theta - \sqrt{L_2^2 - (x_B - L_1\cos\theta)^2} \qquad (10.14)$$

其中 L_1、L_2、x_B 均为固定值,则步进电机的驱动位置 y_B 和下唇板的位置 θ 唯一确定。

控制系统框图如图 10.33 所示,直线步进电机和控制器如图 10.34 所示。

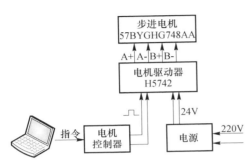

图 10.33　控制系统框图

图 10.34　直线步进电机和控制器

3. 测量设备

实验中主要进行实验模型壁面的压力测量和流场的纹影观测与记录,压力的测量采用 PSI(Pressure System Inc.)公司的 98RK 电子压力扫描阀,其采集频率为 10Hz。如图 10.35 所示,其测量精度为满量程的 0.05%。流场的观测与记录采用反射式平行光纹影法,实验中的纹影光路如图 10.36 所示。纹影法的主要原理是,根据光线通过不同密度的透明介质产生的偏转角不同来体现其折射率,它是一种测量光线微小偏转角的方法,可将流场中密度梯度的变化转化为记录平面上相对光强的变化,使流场中的激波、膨胀波等密度变化剧烈的区域变成可分辨、可观察的图像。

图 10.35　98RK 多通道电子压力扫描阀

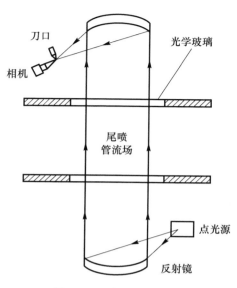

图 10.36　实验纹影光路

10.5.2　实验结果

1. 涡喷发动机单独工作时排气系统冷流实验结果

在实验过程中,通过调节上下游的总压和背压来模拟排气系统的压比。在排气系统转级之前,涡喷发动机单独工作,冲压发动机不工作,因此只模拟涡喷发动机喷管流道的流动状态,冲压发动机流道不通气。涡喷发动机喷管喉道有两种位置状态,即喷管喉道开度100%和62.5%,分别对应涡喷发动机加力和不加力状态。相应的总压和背压分别如表10.17、表10.18所列,其落压比与真实飞行环境下的一致。

表 10.17　排气系统不同工况下实验压力值(涡喷发动机喷管喉道开度62.5%)

Ma	$p_{t,turb}$	p_0	NPR
0.6	13351.78	6172.45	2.16
0.9	18060.42	6313.78	2.86
2.0	60133.56	5732.01	10.49

表 10.18　排气系统不同工况下实验压力值(涡喷发动机喷管喉道开度100%)

Ma	$p_{t,turb}$	p_0	NPR
0.9	21310.18	7151.1	2.97
2.0	63404.5	6623.1	9.57

图 10.37 所示为涡喷发动机在不加力状态时,典型工况下喷管上膨胀面数值模拟与实验压力分布比较。可以看到,无论在亚声速飞行状态($Ma0.6$)、跨声速飞行状态($Ma0.9$)还是超声速飞行状态($Ma2$),数值模拟结果与实验结果都吻合很好。在 $Ma0.6$,涡喷喷管落压比 NPR = 2.16,喷管处于严重过膨胀状态,在喷管喉道之后,超声速膨胀气流经过一道较强的激波之后变成亚声速,压力基本趋于一致。而在 $Ma0.9$ 时,喷管落压比 NPR = 2.86,实验数据表明膨胀面上存在双压力峰值,第一个压力峰的幅值较大,而第二个压力峰的幅值较小,这表明气流在喷管上膨胀面经历了超声速膨胀 – 压缩 – 再膨胀 – 再压缩的过程,除了微小细节之外,

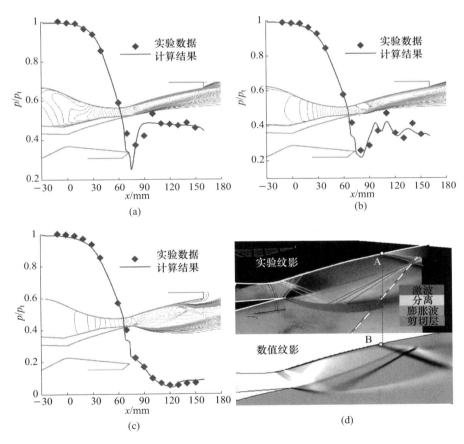

图 10.37　涡喷喷管喉道开度 62.5% 时喷管上
膨胀面数值模拟与实验压力分布比较

(a) $Ma0.6$,喉道开度 62.5%；(b) $Ma0.9$,喉道开度 62.5%；

(c) $Ma2$,喉道开度 62.5%；(d) $Ma2$,实验纹影和数值纹影对比。

数值模拟能够呈现这一流动图谱。在 Ma2，喷管落压比 NPR = 10.49 时，喷管上膨胀面沿程压力不再呈现双峰值分布，而只存在一道分离激波，分离激波后压力升高，实验压力和数值模拟结果都体现了这一流动特点。图 10.37(d) 所示为实验纹影和数值纹影的比较。从实验纹影图片中可清晰地看到喷管喉道后发出的膨胀波系以及膨胀波系在自由流面上反射形成的激波，上膨胀面由于过膨胀而产生了分离激波，数值纹影中也清晰地呈现了这些流动现象，其波系结构与实验结果非常吻合。数值纹影中，分离激波起始位置 B 也与实验纹影中的分离激波位置 A 重合，这些都进一步验证了数值计算的可靠性。图 10.38 所示为涡喷发动机加力情况下喷管上膨胀面数值模拟与实验压力分布比较。再次看到，数值模拟和实验数据非常吻合。

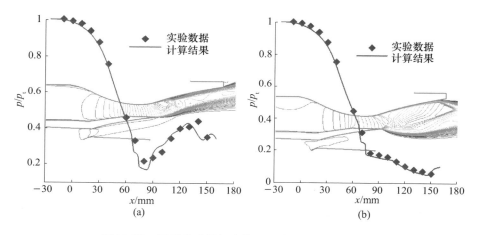

图 10.38　涡喷发动机加力情况下喷管上膨胀面数值
模拟与实验压力分布比较

（a）Ma0.9，喉道开度 100%；（b）Ma2，喉道开度 100%。

在冷流实验中，只能保证喷管落压比与真实飞行条件下的一致，而喷管气体比热比、总温、总压等均难以与真实流动保持一致。因此，为了确定在冷流条件下获得的喷管流场性能是否能够反映真实高温流动环境下的喷管性能，本节采用数值模拟的方法分别研究了冷流及高温流动环境下的喷管性能。冷流边界条件为实验条件，热流边界条件与第 9 章中给出的喷管进口条件一致，气体比热比 $\gamma = 1.33$。图 10.39 所列为典型工况下冷流和热流喷管上膨胀面压力分布的比较。总体而言，两者差别非常小。两者细微差别在于：在喷管喉道之后的一小段超声速区域内,冷流条件下的无量纲压力分布通常低于热流条件下的值。由式(10.15)可知,在 $Ma1$ 时,$\gamma = 1.4$,$(p/p_t)_{cold} = 0.528$,$\gamma = 1.33$,$(p/p_t)_{hot} = 0.540$,即

$$p/p_t = \left[1 + Ma^2 \cdot (\gamma - 1)/2 \right]^{-\gamma/(\gamma-1)} \tag{10.15}$$

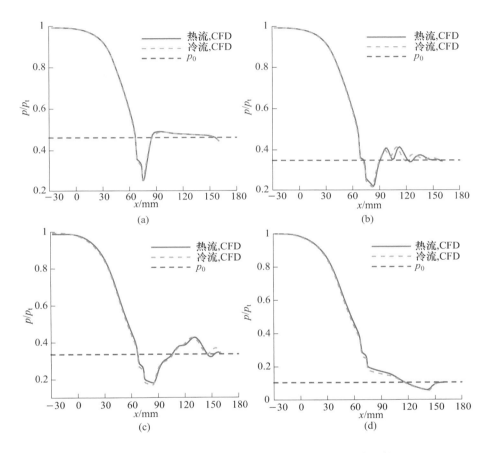

图 10.39　冷流和热流条件下喷管上膨胀面压力分布比较

(a) $Ma0.6$,喉道开度 62.5%;(b) $Ma0.9$,喉道开度 62.5%;

(c) $Ma0.9$,喉道开度 100%;(d) $Ma2$,喉道开度 100%。

表 10.19、表 10.20 所列分别为不同涡喷发动机喷管喉道开度时冷流、热流条件下喷管性能的差异。可以看到,在绝大多数情况下,喷管冷流、热流条件下的性能差异都不超过 1%。这说明在冷流条件下获得的实验结果基本上能够反映热流条件下的喷管流场结构和性能。

表 10.19　涡喷发动机不加力情况下冷流、热流对喷管性能的影响

Ma	C_{fx}	
	冷流	热流
0.6	0.892	0.906
0.9	0.924	0.929
2	0.954	0.961

表 10.20　涡喷发动机加力情况下冷流、热流对喷管性能的影响

Ma	C_{fx}	
	冷流	热流
0.9	0.918	0.908
2	0.960	0.956

2. 转级过程排气系统实验结果

从涡喷发动机模态到冲压发动机模态的转级过程,是 TBCC 发动机研制过程中所要面对的关键问题之一。为了实现转级过程中发动机性能的平稳过渡,排气系统需要在转级过程中提供良好的推力等气动性能。在并联式 TBCC 发动机排气系统转级过程中,涡喷发动机通道和冲压发动机通道在分流板出口位置处存在相互干扰,整个排气系统流场波系结构非常复杂,通过数值模拟获得的结果需要在实验中进一步验证。整个模态转级过程划分为 12 个特征工作点,其中转级特征点 1 ~ 8 是涡喷发动机工作在加力状态、喷管喉道开度为 100%、冲压发动机喷管逐渐打开的过程。转级点 9 ~ 12 是涡喷发动机关闭加力、喷管喉道开度为 62.5%、冲压发动机喷管继续打开直到最大喉道位置的过程。表 10.21 所列为转级过程特征点上排气系统的实验压力值。其中 $\varepsilon_{ram,th}$ 表示冲压发动机喉道开度,转级完成时(转级点 12)冲压发动机喉道开度定义为 100%,其余状态则以此状态时的喉道面积无量纲化。$p_{t,turb}$、$p_{t,ram}$ 分别为涡喷发动机通道和冲压发动机通道的进口总压,p_0 为排气系统实验舱中的压力,NPR_{turb}、NPR_{ram} 分别为涡喷发动机喷管和冲压发动机喷管的落压比。

表 10.21　转级过程中特征点上排气系统的实验压力值

转级点	$\varepsilon_{ram,th}$/%	$p_{t,turb}$/Pa	$p_{t,ram}$/Pa	p_0/Pa	NPR_{turb}	NPR_{ram}
2	17.3	54729.56	54635.4	3884.7	14.08	14.06
3	25.1	77567.4	88216.25	6184.3	12.54	14.26
4	32.9	71051.3	98398	6811	10.43	14.44
5	40.7	70967.5	98477.5	6519.2	10.88	15.10
6	53.1	70482.3	96146.9	6382.9	11.04	15.06
7	61.7	74074.2	94042.48	6654.9	11.13	14.13
8	68.7	74202.9	96918	6684.7	11.10	14.50
10	84.1	85307	91819	6132	13.91	14.97
11	87.9	99885	88817.8	6695	12.31	14.91
12	100	60116.7	83680.9	5291.8	11.36	15.81

　　图 10.40 所示为转级过程中第 2、6、10 点以及第 12 点数值模拟和实验压力分布的比较。由于中间分流板是可动部件,没有布置压力测量点。从图中可以看出,涡喷发动机喷管上膨胀面的数值模拟与实验压力分布吻合很好,冲压发动机喷管下唇板数值计算与实验压力分布也比较吻合。但由于下唇板是可动部件,在实验调节的过程中调节位置可能会存在一些偏差,特别是第 12 点,其下唇板上数值计算与实验压力分布出现了误差。图 10.41 所示为转级过程第 10 点实验纹影和数值纹影的比较。可以看到,排气系统流场中存在复杂的波系结构,涡喷通道和冲压通道的两股气流被剪切层 C 分割开来,但是在涡喷和冲压发动机喷管通道的分流板出口处,由于压力及气流角度的不匹配产生了较强的相互干扰,在冲压通道分流板出口处产生了一道很强的激波 F,它对剪切层 C 产生压缩,影响了涡喷通道内的

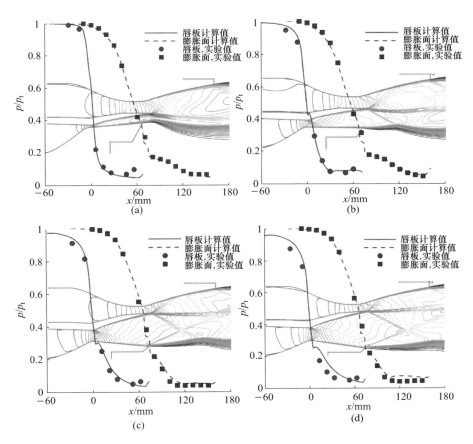

图 10.40　转级过程中典型点数值模拟和实验压力分布比较

(a) 转级第 2 点;(b) 转级第 6 点;(c) 转级第 10 点;(d) 转级第 12 点。

流动状态。在冲压通道的下唇板处由于过膨胀也产生了一道激波 E，如果激波 E 入射到膨胀面，则会对涡喷喷管的推力产生一定的影响。最后，剪切层 D 把冲压通道气流和外流分开。总体来看，数值纹影中的波系结构和位置与实验纹影中的非常一致，验证了 CFD 计算结果的可靠性。

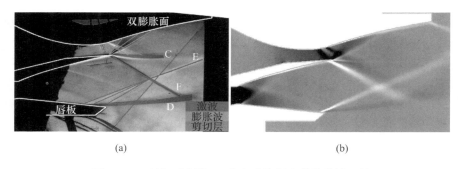

图 10.41　转级过程第 10 点实验纹影和数值纹影比较

(a) 实验纹影；(b) 数值纹影。

图 10.42 所示为转级过程特征点上排气系统的推力系数变化。其中 $C_{fx,t}$ 代表涡喷发动机喷管的推力系数，$C_{fx,r}$ 代表冲压发动机喷管的推力系数，C_{fx} 表示排气系统总推力系数。从图中可以看到，随着冲压发动机喷管喉道开度逐渐增大，冲压发动机喷管的推力系数从 0.91 逐渐增大到 0.98 左右，而涡喷发动机喷管的推力系数在转级点 2 ～ 8 基本保持在 0.96 左右，在转级点 8 之后，当涡喷发动机喷管喉道调到不加力状态时，其推力系数稍微降低，在整个转级过程中，涡喷发动机的推力系数变化不大。从图 10.43 实验测量的涡喷通道上膨胀面压力分布可以看到，在转级点 2 ～ 8（即涡喷发动机加力状态），其上膨胀面压力分布完全一致，而转级点 10 ～ 12（涡喷发动机关闭加力），其上膨胀面压力分布也完全一

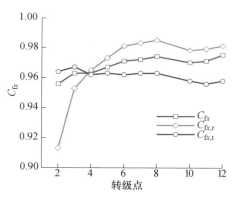

图 10.42　转级过程特征点
排气系统推力性能

致。这说明在转级过程中，涡喷上膨胀面的流动状态没有受到冲压发动机喷管调节的影响。表 10.22 所列为排气系统在转级过程特征点上推力系数的具体数值，整个排气系统的推力系数从 0.956 逐渐增加到 0.975。

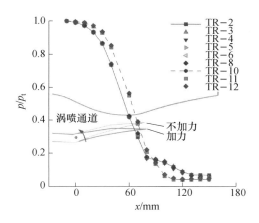

图 10.43　涡喷通道上膨胀面压力分布

表 10.22　转级过程特征点排气系统推力系数

工作点	$C_{fx,t}$	$C_{fx,r}$	C_{fx}
2	0.964	0.913	0.956
3	0.967	0.953	0.963
4	0.962	0.965	0.963
5	0.963	0.973	0.967
6	0.962	0.981	0.971
7	0.963	0.983	0.972
8	0.963	0.985	0.974
10	0.958	0.978	0.970
11	0.956	0.979	0.971
12	0.958	0.981	0.975

表 10.23 所列为排气系统在冷流和热流状态下排气系统推力性能的差异。可以看到,二者的推力系数差别非常小,均未超过 1%,这也进一步证实了冷流实验的有效性。

表 10.23　转级过程特征点冷流、热流排气系统性能差异

转级点	C_{fx}	
	冷流	热流
2	0.956	0.949
6	0.971	0.963
10	0.970	0.963
12	0.975	0.976

当 TBCC 发动机转级完成后,涡喷发动机将关闭,冲压发动机单独工作,此时排气系统中分流板向上调节,涡喷发动机喷管完全关闭,最终成为单个非对称喷管构型,如图 10.44 所示。图 10.44(a)所示为转级完成后非对称喷管上膨胀面数值模拟与实验压力分布比较。两者非常吻合。图 10.44(b)所示为非对称喷管实验纹影与数值计算的马赫数等值线图比较。从实验纹影图中可明显看到喷管由于过膨胀而产生的唇口激波,马赫数云图中的唇口激波也非常明显,且与实验纹影中的激波位置一致。表 10.24 所列为排气系统转级完成后冲压发动机单独工作时非对称喷管的推力性能。与上面研究结果一样,其冷流和热流状态下非对称喷管的推力系数差别非常小。然而,由转级第 12 点的喷管的推力系数比较可知,此时喷管的推力系数只有 0.91 左右,下降将近 6%。这主要是由于分流板向上调节将涡喷通道关闭之后,整个冲压排气通道上膨胀面增长、喷管面积比增大,则喷管的过膨胀程度加剧,导致其推力系数下降。因此,如何避免涡喷通道关闭时造成的推力性能下降仍需进一步研究。

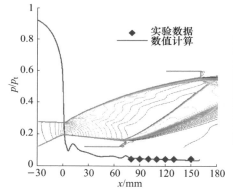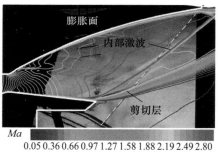

图 10.44　转级完成后排气系统流场结构

（a）冲压发动机喷管上膨胀面压力分布；（b）非对称喷管流场实验纹影图。

表 10.24　转级完成后非对称喷管的推力性能

流态	T_t/K	γ	$p_{t,turb}$/Pa	p_0/Pa	NPR	C_{fx}
冷流	300	1.4	96092.2	6647.85	14.45	0.912
热流	1832	1.33	108481.9	7505	14.45	0.915

10.6　TBCC 发动机排气系统转级过程动态特性研究

模态转换过程在高度 18km、$Ma2.5$ 时进行,涡喷发动机和冲压发动机处于同时工作的状态,其中涡喷发动机逐渐关闭,冲压发动机逐渐打开。模态转换过程本身是一个非定常过程,加之隔板和下唇口板的转动以及喷管进口参数随时间的变化,要求利用 Fluent 软件对该过程进行模拟时采用非定常计算模型、动网格技术以及 UDF 函数。

　　根据总体要求,模态转换过程中总的时间约为 30s,假设模态转换开始时为 $t=0$s 的初始时刻。图 10.45 就是 $t=0$ 时刻排气系统几何结构,图 10.46 为 $t=30$s 时排气系统的几何结构。在 $t=0\sim30$s 之间,下唇口板逐渐顺时针转动,对应冲压发动机逐渐打开;在此其间某个时刻隔板逆时针转动,对应涡喷发动机加力关闭。模态转换过程中,涡喷和冲压发动机喷管的进口总压都随之变化,涡喷发动机喷管进口的总温也随之变化。计算过程中,假设隔板和下唇口板都是匀速转动的,经过计算,给出下唇口板的转动角速度为时间 t 的线性函数,即

$$\varpi_1 = 0.62(°)/s, 0 \leqslant t \leqslant 30 \qquad (10.16)$$

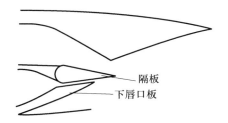

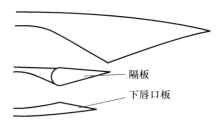

图 10.45　模态转换过程初始　　　　　图 10.46　模态转换过程结束
　　时刻排气系统几何构型　　　　　　　　时刻排气系统几何构型

隔板的角速度为

$$\varpi_2 = \begin{cases} 0(°)/s, & 0 \leqslant t < 19.5 \\ 3.65(°)/s, & 19.5 \leqslant t \leqslant 21.5 \\ 0(°)/s, & 21.5 < t \leqslant 30 \end{cases} \qquad (10.17)$$

　　这里近似地取涡喷发动机加力关闭发生在 $t=19.5$s ~ $t=21.5$s 之间。另外,涡喷发动机喷管进口总压的变化规律也近似是时间 t 的分段线性函数:

$$p_{total,T} = \begin{cases} 109810 - 1545.33333t, & 0 \leqslant t < 19.5 \\ 79676 + 17818(t-19.5), & 19.5 \leqslant t \leqslant 21.5 \\ 115310 - 3188.58824(t-21.5), & 21.5 < t \leqslant 30 \end{cases} \qquad (10.18)$$

　　涡喷发动机喷管进口总温的变化规律近似为时间 t 的线性函数:

$$T_{total,T} = 1832 - 36.813333t, \quad 0 \leqslant t \leqslant 30 \qquad (10.19)$$

冲压发动机喷管进口总压的变化规律也近似是 t 的线性函数：

$$p_{\text{total,R}} = 106112 - 56.9t, 0 \leqslant t \leqslant 30 \qquad (10.20)$$

在利用 Fluent 软件计算时，需将以上五个函数都写成 UDF 文件，经 Fluent 软件编译后，在边界条件设置和动网格参数设置时，选择相应的 UDF 函数，方可对模态转换过程进行非定常计算。要进行动网格计算，则一般要将动网格区域的网格划分成非结构化的，二维情况下就是三角形的。边界条件方面，下唇口板和隔板为移动壁面，需设置成为 Dynamic Mesh Zones，并采用上面提到的 ϖ_1 和 ϖ_2 的运动规律（事先确定好各自的质心坐标），其他壁面不变；涡喷发动机喷管进口为压力进口边界，其总压选择上述的 $p_{\text{total,T}}$ 变化规律，总温选择 $T_{\text{total,T}}$ 变化规律，冲压发动机喷管进口边界总压为 $p_{\text{total,R}}$ 变化规律，总温为 1832K 不变。网格更新采用 Smoothing + Remeshing 方法。非定常计算的时间步长为 0.001s，共计算 30000 时间步，总的时间正好是 30s。每个时间步长迭代 12 步。

图 10.47 为模态转换过程中 8 个时刻的等马赫云图。从图中可直观地看到整个模态转换过程，冲压发动机喷管喉道逐渐打开，在 $t = 19.5\text{s} \sim t = 21.5\text{s}$ 之间涡喷发动机加力关闭，喷管喉道减小。所有时刻膨胀面都无明显分离。图 10.48 ～图 10.57 所示为模态转换过程各项性能参数随时间 t 的变化趋势。由图 10.48、图 10.49 可以看出，随着模态转换过程的进行，涡喷发动机推力逐渐减小，冲压发动机推力逐渐增加，且呈线性规律。图 10.56 给出了下唇口板底阻的变化规律，可见底阻相对于推力来说是个小量，虽然其变化剧烈，且在涡喷发动机加力关闭时有突升，但对排气系统总推力的变化趋势并无太大影响。三者综合作用的结果如图 10.54 所示，排气系统总的推力逐渐增加。其中在 $t = 20\text{s}$ 附近的涡喷发动机推力有个小的突升，这是由对加力关闭过程喷管进口参数的线性近似所造成的误差引起的。由图 10.50、图 10.51 可以看出，前 12s 内涡喷发动机喷管和冲压发动机喷管的升力的变化趋势正好相反，前者先降后升，后者先升后降，之后涡喷发动机喷管升力逐渐下降，冲压发动机喷管升力则略有上升后，在涡喷发动机加力关闭时陡然降低，之后进一步逐渐下降。二者综合作用的结果如图 10.55 所示，由图可知在 $t = 5\text{s}$ 升力达到最大值，在 $t = 19.5\text{s} \sim t = 21.5\text{s}$ 这段时间内，由于涡喷发动机加力关闭，排气系统隔板逆时针转动，导致升力骤降。涡喷发动机喷管的轴向推力系数在 0.88 ～ 0.9 之间，并无太大波动，冲压发动机轴向推力系数在 0.98 ～ 0.99 之间，也无太大波动，只是第一点较低，为 0.936，这是因为冲压发动机喷管喉道面积很小，黏性损失所占比例较大。但总的推力系数却随时间的推移从 0.9 增加到 0.96 左右。原因很明显，起初涡喷发动机推力所占比例较大，总的推力系数接近涡喷发动机的推力系数，随着模态转换过程的进行，冲压发动机推力的比例较大，总的推力系数又向冲压发动机的推力系数靠拢。

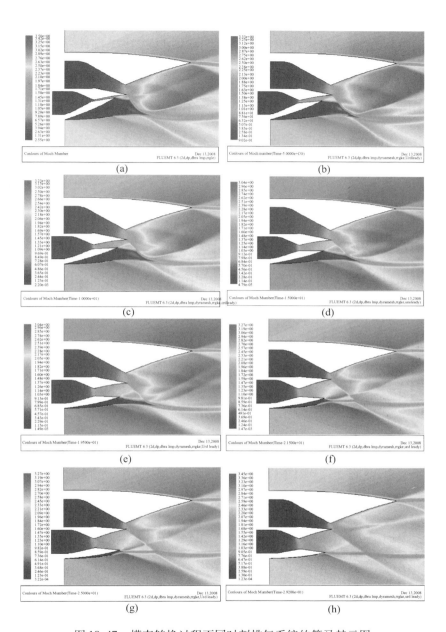

图 10.47　模态转换过程不同时刻排气系统的等马赫云图

（a）$t=0$；（b）$t=5$；（c）$t=10$；（d）$t=15$；

（e）$t=19.5$；（f）$t=21.5$；（g）$t=25$；（h）$t=30$。

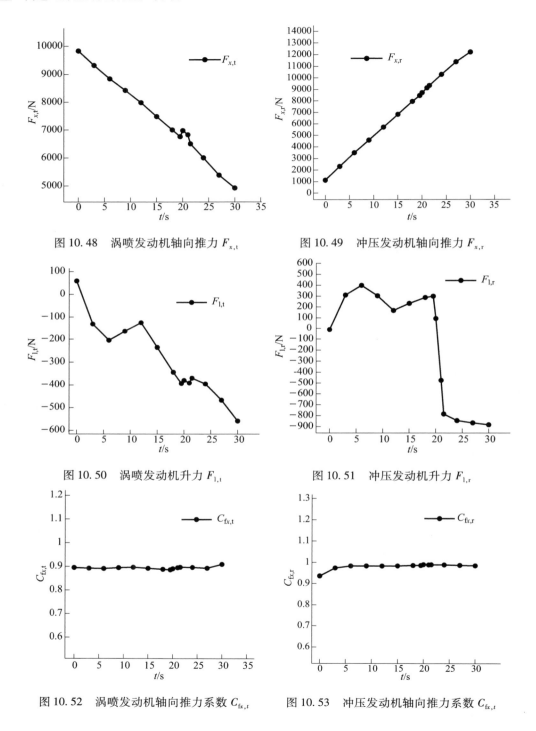

图 10.48　涡喷发动机轴向推力 $F_{x,t}$

图 10.49　冲压发动机轴向推力 $F_{x,r}$

图 10.50　涡喷发动机升力 $F_{l,t}$

图 10.51　冲压发动机升力 $F_{l,r}$

图 10.52　涡喷发动机轴向推力系数 $C_{fx,t}$

图 10.53　冲压发动机轴向推力系数 $C_{fx,t}$

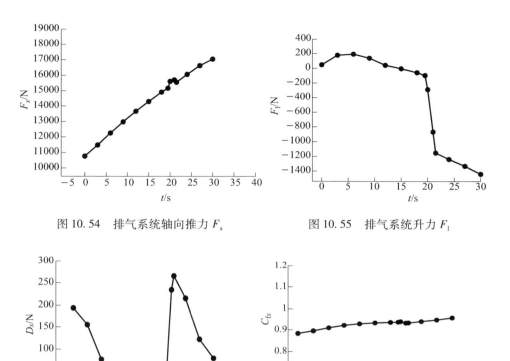

图 10.54　排气系统轴向推力 F_x　　　　图 10.55　排气系统升力 F_l

图 10.56　排气系统下唇口板底阻 D_x　　　图 10.57　排气系统轴向推力系数 C_{fx}

■10.7　TBCC 发动机排气系统流固耦合计算与分析

前已述及,TBCC 发动机的一个研究难点就在于两类发动机的模态转换过程。对于并联式 TBCC 发动机[1-3]而言(图 10.58),在模态转换过程中,涡喷发动机与冲压发动机同时工作,通过两个流道之间的转级板作动,调节流道面积的相对变化,打开或关闭涡喷发动机喷管,进而实现从一台发动机到另一台发动机的过渡。

在模态转换过程中,排气系统中的转级板发挥着十分重要的作用:其上下表面构成涡喷、冲压发动机流路的一部分,同时考虑到两台发动机在模态转换时具有显著不同的工况,作用在转级板上下表面的压力分布也会显著不同,这将是导致转级板出现流固耦合现象的直接诱因。考虑到 TBCC 发动机排气系统尾流场会呈现出复杂的激波 – 激波相交、激波 – 剪切层相交、激波 – 膨胀波相交的现象,转级板的

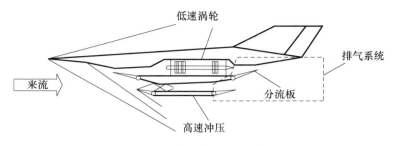

图 10.58　并联式 TBCC 发动机

振动与变形将引起流场复杂的非定常变化,进而引起喷管推力、升力、俯仰力矩的复杂波动,同时对飞行轨迹控制、双流道推进系统稳定、安全的工作等造成威胁[4]。因此,研究转级板与其周围流场之间的相互耦合作用具有重要的意义。

10.7.1　耦合计算模型

1. 流场计算模型

图 10.59 所示为 TBCC 转级板的流固耦合计算模型。上流道为涡喷发动机通道,下流道为冲压发动机通道,转级板的 S1 面为涡喷发动机尾喷管的一部分,其 S2 面为冲压发动机尾喷管上膨胀面的一部分。膨胀面与唇板均根据特征线方法设计。在模态转换过程中,两台发动机的工况不同,使得作用在转级板上下面的压力也不相同。在压差作用下,转级板将出现一定程度的流固耦合现象,下面将针对该动态响应过程进行研究。如图 10.59 所示,S1 与 S2 面构成了流固耦合作用面,在该面上流场与结构相互传递作用力和位移数据。

图 10.60 为喷管尺寸简图。研究选取的喷管模型为不带侧向膨胀的二元喷管,以 L 代表冲压发动机进口高度,涡喷发动机进口高度、TBCC 喷管总长均按冲压发动机进口高度无量纲化处理。在模态转换过程中,排气系统工作于双流路通道的情况,以 H_{t_1}/H_{e_1} 衡量涡喷发动机喷管的扩张比,以 H_{t_2}/H_{e_2} 衡量冲压发动机喷管的扩张比。其中 H_e 表示各流道的出口面积,H_t 表示各流道的喉道面积,下标 1、2 分别为涡喷、冲压发动机流道。

图 10.61 所示为流场计算的边界条件及网格划分情况。整个流场采用结构网格,网格总数为 48314。同时为了准确捕捉流场细节,在喷管喉道、激波、剪切层等流动区域进行网格加密。计算时取壁面为绝热无滑移边界,采用理想气体状态方程描述热物理参数,选用变比热模型(C_p 为温度 T 的分段多项式),动力黏性系数 μ 由 Sutherland 公式确定。在该计算状态下,涡喷发动机喷管与冲压发动机喷管的落压比分别为 15.36 与 14。

在湍流模型的选取方面,文献[5]分别选用一方程模型(S-A 模型)和两方程

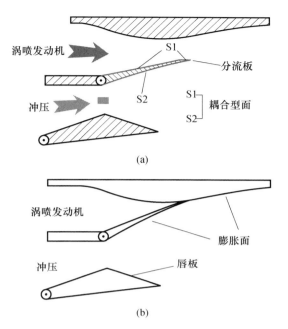

图 10.59　转级板流固耦合计算模型

（a）共同工作状态；（b）冲压单独工作状态。

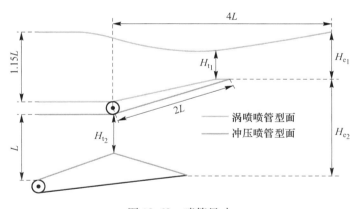

图 10.60　喷管尺寸

模型（$k-\varepsilon$ 模型、SST $k-\omega$ 模型）进行了 TBCC 模型实验压力分布与数值计算结果的对比，并指出湍流模型的选取对计算结果的影响较小，因此本书选用了 RNG $k-\varepsilon$ 模型。为准确求得壁面作用力的大小，壁面附近采用增强壁面函数，网格划分时保证壁面的 y^+ 在 1 左右。流场非定常计算引入伪时间项，采用双时间隐式方法推进时间积分，时间步长取为 $2\times10^{-5}\mathrm{s}$。

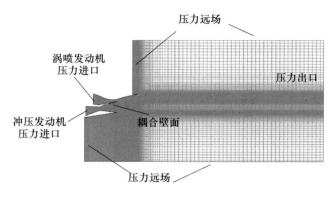

图 10.61　流场边界条件及网格划分

2. 结构计算模型

转级板结构示意如图 10.62(a)所示。为了方便结构计算,将转级板的转动铰接端简化为固定支承,如图 10.62(b)所示。图 10.62(b)中的 Tip 点为定义的特征点,用来表征转级板的振动情况。由于转级板的展向尺度较大,因而在有限元计算时将其简化为平面应变问题。转级板共划分为 6903 个三角形单元。图 10.63 所示为结构有限元分析时的网格划分情况。

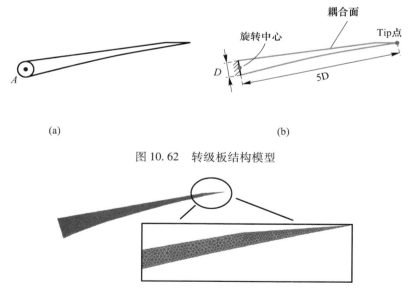

(a) (b)

图 10.62　转级板结构模型

图 10.63　转级板结构网格划分

转级板具体的物性参数总结于表 10.25 中。同时假设了转级板的 Rayleigh 阻尼形式,并取阻尼比为 0.02。

表 10.25　物性参数

E/MPa	μ	$\rho/(kg/m^3)$
120000	0.3	8030

10.7.2　数值计算准确性验证

对初始流场的计算进行了网格无关性分析。考虑到耦合面上流场计算对流固耦合模拟的准确性有很大的影响,因此重点关注耦合面上的压力分布情况。共设置疏、中、密三套网格,各套网格参数及相对误差总结于表 10.26 中。图 10.64 所示为不同网格密度下,上下耦合面上的压力分布情况。可以看出,各套网格计算得到的耦合面压力分布最大偏差均在 1.5% 以内,这说明基准网格可以满足计算要求。

表 10.26　网格无关性分析

网格质量	耦合面处最大单元长度	网格数量	最大相对误差/%	
			涡喷侧耦合面	冲压侧耦合面
粗网格	7.6/mm	28923	1.48	1.08
中等网格	4.2/mm	48314	0	0
细网格	2.1/mm	88379	1.05	0.87

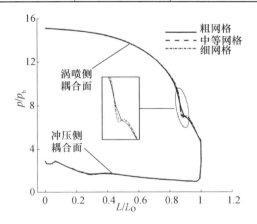

图 10.64　不同网格下的耦合面压力分布

合理选择计算时间步长对流固耦合模拟的准确性有较大影响,在基准时间步长外另设两组不同的时间步长,获得了不同时间步长下转级板的流固耦合响应过程。图 10.65 所示为不同时间步长下转级板 Tip 点的振动情况。可以看出,与更小的时间步相比,Tip 点的振动位移时间曲线最大误差仅为 0.7% ,从而说明基准时间步长已能够捕捉流固耦合过程中的细节。

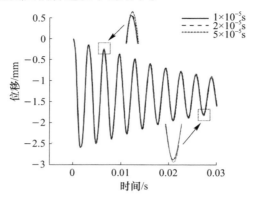

图 10.65　不同时间步下 Tip 点位移时间曲线

10.7.3　计算结果及分析

1. 稳态流场分析

图 10.66（a）为初始流场的压力云图，同时标示出了流线分布情况。

图 10.66（b）为初始流场的马赫数云图，并给出了详细的流场结构。从图中可以明显看出，整个排气系统的流场比较复杂，出现了膨胀波与膨胀波相交、膨胀波与剪切层相互作用、激波与剪切层相互作用、激波与膨胀波相互作用等流动现象。在所给的进口条件下，气流在各自流道的喉道处达到声速，而后继续膨胀，并在转级板尖点交汇。由于两侧气流的压力与速度方向均不相同，且涡喷侧气流的压力高于冲压侧，因而从尖点形成了一道偏向冲压侧的剪切层 2。在冲压通道 R 点处形成斜激波，气流压力升高；而在涡喷通道 T 点处形成膨胀波，气流压力降低。剪切层 2 两侧气流方向相同，静压相同。

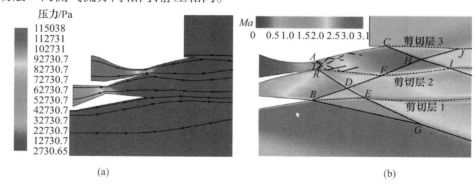

(a)　　　　　　　　　　　　　　(b)

图 10.66　TBCC 发动机排气系统流场特征

在冲压通道的下唇板处,气流经外侧壁面时膨胀加速,压力降低,通过斜激波 *BG*、*BD*,调整冲压流道出口与外侧气流方向、静压相一致,由此形成剪切层 1。斜激波 *BD*、*RD* 相交,形成反射激波 *DF*、*DE*,过 *DF*、*DE* 的气流向外侧膨胀,使剪切层 2、1 发生弯曲,进而分别诱导产生了斜激波 *FH* 与 *EG*。向下,斜激波 *EG* 与 *BG* 在 *G* 点相交,形成了一道更强的激波;向上,斜激波 *FH* 与涡喷通道出口产生的斜激波 *CH* 相交,并产生反射激波 *HJ* 与 *HI*。

2. 流固耦合动态过程分析

由于考虑了结构阻尼,转级板的振动幅值会越来越小,流固耦合模拟的总时间保证结构达到稳定状态。图 10.67 所示为转级板 Tip 点前 40ms 内在 y 方向上的位移 – 时间曲线。由于涡喷发动机侧壁面压力显著高于冲压发动机侧,因而转级板在压差作用下向下振动,振动呈现出明显的周期性,最大振幅达到 3.58mm,占转级板总长的 0.89%。板的振幅不断减小,并最终达到稳定状态,稳定后转级板 Tip 点向下位移 1.88mm。

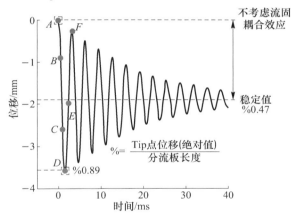

图 10.67　Tip 点位移 – 时间曲线

为了详细研究转级板的流固耦合作用方式,从图 10.67 中选取了一个典型振动周期内的六个特征时刻,分别记为 t_A、t_B、t_C、t_D、t_E、t_F。与结构振动的时间 – 位移曲线相对应,$t_A - t_D$ 时段为转级板向下运动的过程,$t_D - t_F$ 时段为回摆过程。图 10.68(a)(b) 分别给出了 $t_A - t_D$ 时段转级板上冲压、涡喷通道侧的压力变化情况,其中压力分布均用环境背压做无量纲化处理。

从图 10.68(a)可以看出,随着板向下运动,冲压侧转级板的壁面压力不断升高,尤其是在板的后部,压力的变化较为明显。由于转级板下表面为冲压发动机尾喷管的扩张段,该处为超声速气流,板向下运动意味着喷管的扩张比减小,对超声速气流而言,气流的膨胀程度降低,因而压力会有所增加;由于板的悬臂支承结构,

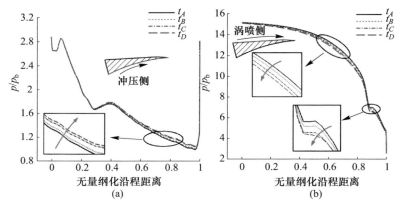

图 10.68　$t_A - t_D$ 转级板压力分布变化

离固支端越远则位移越明显,因而板的后部压力变化会更为显著。涡喷侧转级板前一部分作为喷管的收缩段,后一部分作为扩张段。当板向下运动时,从几何上看,涡喷发动机的尾喷管喉道前移,因而转级板作为亚声速收缩段的部分相对变短,而作为超声速扩张段的部分相对变长,因而从图 10.68(b)中涡喷侧转级板的壁面压力变化来看,板上相同位置处的压力会有所降低。

　　图 10.69(a)(b)所示为 $t_D - t_F$ 时段转级板上冲压、涡喷通道侧的压力变化情况。在转级板向上回复的过程中,其表面压力的变化趋势与向下运动时刚好相反。由于此时冲压流道扩张段面积的增大,气流膨胀程度增加,因而沿冲压侧壁面压力降低;而涡喷发动机的尾喷管喉道后移,转级板上收缩段部分变长而扩张段部分变短,因而相同位置处的压力会有所增加。

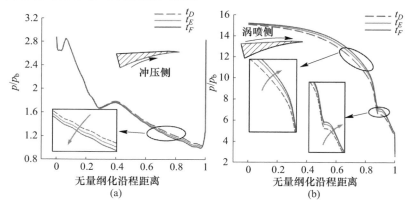

图 10.69　$t_D - t_F$ 转级板压力分布变化

　　综上可以看出,初始时刻在涡喷流道较大的压力作用,转级板向下振动。在向下运动的过程中,涡喷侧板上的压力减小,向下的作用力减小,而冲压侧的板上压力增大,向上的作用力增大,因而气流对转级板向下的总合力减小。同时结构自身向上的弹性恢复力不断增大,到达最低位置时,气流合力最小,而结构的弹性恢复力最大,此时板又会开始向上运动。向上运动时各参数的变化与向下运动时刚好相反,到达向上的最大位置后,气流的总合力大于结构的弹性恢复力,因而板又将向下运动。由于结构阻尼的耗能作用,板的振幅将越来越小。

流场随转级板的振动发生了规律性的变化,图 10.70(a)~(d)为转级板尖点附近 $t_A - t_D$ 时段不同时刻的马赫数分布等值线图,图 10.71 则以示意图的方式给出了当转级板向下运动时排气系统流场的变化过程。

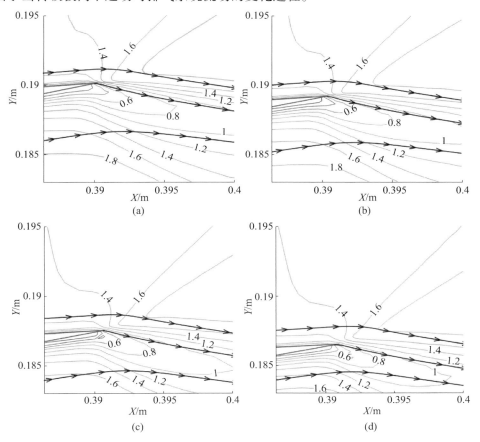

图 10.70　转级板尖点附近 $t_A - t_D$ 时段不同时刻的马赫数分布等值线图

当板向下运动时,从其尖点发出的膨胀波、斜激波、剪切层均按顺时针方向偏转(图 10.71),冲压流道出口处的两道斜激波交点 D' 较原位置 D 点偏向左下方,

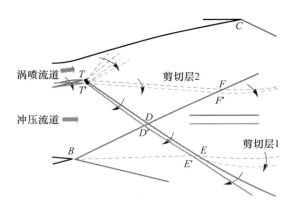

图 10.71　TBCC 发动机排气系统流场演化

反射激波 $D'F'$ 基本与原反射激波 DF 方向一致,但由于剪切层 2 随转级板向下偏转,F' 点较原位置 F 点偏向左下方;反射激波 $D'E'$ 与剪切层 1 的交点 E' 较 E 点偏向后,因而使得剪切层 1 自 E' 后的部分较原位置偏向下。

图 10.72(a) ~ (c) 为转级板尖点附近 $t_D - t_F$ 时段不同时刻的马赫数分布等值线图。在转级板的回复过程中,其附近流场经历了与向下运动时相反的变化过程,而整个排气系统流场的变化也同样如此。

3. 流固耦合对排气系统性能的影响

转级板的振动变形必然会对排气系统的气动性能造成影响,表 10.27 所列为不计流固耦合效应时(即初始流场)与流场达到稳态时的排气系统各项气动参数的对比。表中 a 代表不计流固耦合效应时的情况,b 代表转级板在流固耦合作用下达到稳态时的情况,ε 代表达到稳态后的相对变化率。推力与升力采用沿喷管、转级板壁面力积分的方法求得,规定推力的正方向与排气方向相反,升力正方向向上,力矩中心取为冲压发动机喷管进口的中心位置,沿逆时针方向力矩为正。为便于研究流固耦合效应对各发动机的影响,表中分别给出了涡喷发动机、冲压发动机喷管气动性能的变化情况,其中转级板下壁面属于冲压发动机喷管的一部分,转级板上壁面及整个排气系统的上膨胀面属于涡喷发动机喷管的一部分。

表 10.27　喷管性能参数对比

参数	推力/N			升力/N			力距/(N·m)		
	a	b	ε/%	a	b	ε/%	a	b	ε/%
涡轮喷气发动机	−5873.21	−5806.91	1.13	918.87	925.87	0.76	−763.03	−742.25	2.72
冲压喷气发动机	−3553.80	−3556.00	−0.06	−118.95	−103.36	13.11	267.24	275.50	3.09
整个排气系统	−9427.01	−9362.91	0.68	799.92	822.51	2.82	−495.79	−466.75	5.86

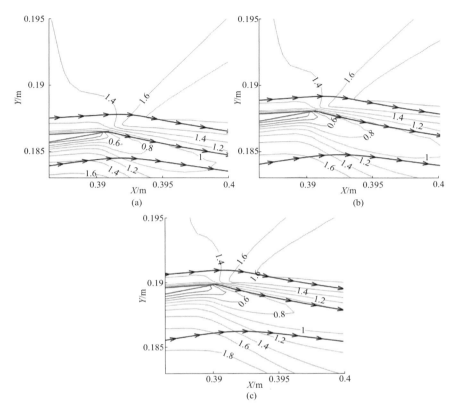

图 10.72　转级板尖点附近 $t_D - t_F$ 时段不同时刻的马赫数分布等值线图

首先分析涡喷发动机尾喷管的气动参数变化情况。图 10.73 所示为涡喷发动机尾喷管整个上壁面初始时刻与稳态后的壁面压力分布。稳态后,转级板相对初始位置向下弯曲一段距离,由于此时几何喉道的位置提前,转级板作为亚声速收缩段的部分相对变短,而作为超声速扩张段的部分相对变长,因而板上相同位置处的压力有所下降。同样也是几何喉道位置提前的缘故,整个上壁面前部压力变化趋势与转级板涡喷侧的变化相同,即相同位置处的压力下降。而观察上壁面后部,在相同位置上,稳态后的壁面压力值更大。这是由于从转级板尖点发出的膨胀波相对初始时刻沿顺时针方向偏转了一定角度,因而打在上壁面扩张段的位置相对靠后,气流沿程膨胀程度减小,故出现压力升高的现象。

正是上述壁面压力的这种变化,使得涡喷发动机喷管的收缩段产生的水平向后的力减小,而扩张段产生的水平向前的力增大,因而稳态后涡喷发动机尾喷管产生的推力较初始时刻增大。对于升力而言,作用于上壁面收缩段向上的压力与作

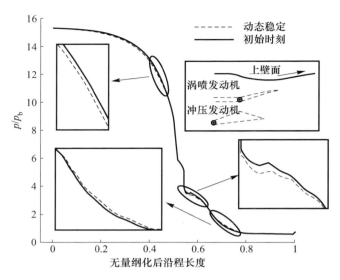

图 10.73　涡喷发动机尾喷管上壁面压力分布对比

用在涡喷侧转级板上的向下压力均减小,两者部分抵消,加之作用于上壁面扩张段向上的压力增加,因而升力略有升高。但不如推力变化的明显。由于压力增大的上壁面扩张段距力矩中心较远,因而喷管力矩增加更为显著。

然后分析冲压发动机尾喷管的气动参数变化情况。转级板的弯曲变形主要改变了其下表面(即冲压发动机喷管的上膨胀面)的压力分布情况,图 10.74 所示为初始时刻与稳态后转级板下壁面的压力分布变化。可以明显看出,作为冲压发动机喷管流道的扩张部分,由于板向下的弯曲变形,气流的膨胀程度降低,沿壁面压力相对升高,因而升力增加较为显著;对推力而言,虽然作用在转级板下表面的合力增加了,但同时考虑到板弯曲变形后,合力方向与水平方向的夹角减小了,因而产生的综合效果是推力有微弱的减小。同样也是由于压力增加的上壁面扩张段距力矩中心较远,因而喷管力矩增加更为显著一些。

综合两个流道的气动参数变化可以得出,在流固耦合作用下,稳态后的 TBCC 发动机排气系统与不计流固耦合效应的情况相比,推力增大了 0.68%,升力增大了 2.82%,俯仰力矩增大了 5.86%。虽然具体的数据根据流动工况、几何参数、材料属性等不同而有所不同,但是由于 TBCC 发动机排气系统性能参数的变化直接与飞行器轨迹控制、推进系统稳定工作等紧密关联,因此开展有针对性的流固耦合研究具有重要的意义。

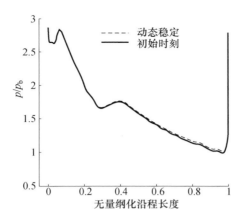

图 10.74　初始时刻与稳态后转级板下壁面的压力分布变化

参考文献

[1] Herrmann H, Rick H. Propulsion aspects of hypersonic turbo – ramjet – engines with special emphasis on noz-zle/afterbody intergration[R]. ASME 91 – GT – 395, 1991.

[2] 谭杰,金捷,杜刚,等. 过膨胀单边膨胀喷管实验和数值模拟[J]. 推进技术,2009,30(3):292 – 296.

[3] 葛建辉,徐惊雷,王明涛,等. 非对称喷管流动分离的预测[J]. 航空学报,2012,31(8): 1394 – 1399.

[4] 王新月,杨振鹏,王彦青. 化学非平衡流动对超燃冲压发动机尾喷管性能的影响[J]. 航空动力学报, 2009, 24(5):1022 – 1027.

[5] 程诚,覃粒子,刘宇. 基于支板燃烧室的喷管化学非平衡效应[J]. 北京航空航天大学学报,2013, 39(1):1 – 6.

第11章 新型双喉道气动矢量喷管

11.1 新型双喉道气动矢量喷管气动特性研究

早在 20 世纪 70 年代，人们为了满足战斗机的高机动性，提出了机械式矢量喷管技术。到了 20 世纪 90 年代，为了追求更低的喷管重量和更佳的隐身性能，人们开始研究定几何的气动矢量喷管技术。**NASA** 和 **USAF** 曾经对气动矢量喷管的潜在性能与全机械的矢量喷管做了一次评估，结果表明气动矢量喷管技术具有明显的优势[1]。

经过 20 年的发展，气动矢量推力技术已经演化出四种主要的类型：激波矢量控制型（**Shock Vectoring Control**，**SVC**）、逆流型（**Counter Flow**）、喉道偏移型（**Throat Shift**）和双喉道型（**Dual Throat Nozzle**）。双喉道气动矢量喷管类似于喉道偏移型气动矢量喷管，且在喉道下游增加了一个凹腔，利用凹腔的作用将气流的矢量偏转效果放大，由于气流在凹腔中的马赫数并不是很大，因此推力损失较小，矢量偏转角稳定，因此非常有应用前景。

目前，国内外针对双喉道气动矢量喷管的研究都只处在实验室研究阶段，离实际应用尚有一定距离，主要体现在如下几个方面：①在大落压比情况下（落压比在 10 左右），目前的双喉道气动矢量喷管的矢量偏转角较低，一般只能达到 10° 左右，不能够满足工程应用的需求；②目前的双喉道气动矢量喷管构型还没有考虑当喷管处于加力状态时发动机流量变化的问题，因此就不能满足喷管在加力状态下的性能要求；③常规的双喉道气动矢量喷管需要一定流量的高压或低压气源，这些流量将用于控制喷管的矢量偏转角，由此喷管的有效流量就会降低，从而降低了喷管的最大推力，增加了耗油率，因此要在保证有效矢量偏转角的前提下，尽可能降低次流流率，保持喷管的原始性能；④喷管的几何尺度对喷管的矢量效果和响应速度有什么影响？目前还没有开展针对双喉道气动矢量喷管容腔效应的研究工作；⑤双喉道气动矢量喷管的气动矢量偏转角主要是由喷管内部的凹腔产生的，同时凹腔内又存在一个较大的回流区，在矢量调节过程中，双喉道气动矢量喷管的动态特性如何？该领域目前开展的研究还很少。

11.1.1　新型双喉道气动矢量喷管概况

国内外对常规的双喉道气动矢量喷管开展了近 10 年的研究,尽管矢量偏转角及推力矢量效率的性能被不断刷新,但均需要从发动机高/低压级引入一定的次流流率来控制喷管的矢量偏转效果。为了克服这一弊端,本课题组提出了新型双喉道气动矢量喷管[1],其基本原理:根据喷管自身流动的特点,在基准的双喉道气动矢量喷管的基础上,在喷管内部设计增加新的次流通道,使喷管自身的部分气流相互作用,并且产生与有源二次流相类似的效果,在喷管出口产生矢量射流,其中新布局的次流总压与主流总压大小一致。新布局既不影响喷管正常的推力性能,也不需要从发动机高/低压级引入二次流,但是它可以像常规的有源二次流一样产生较大的、稳定的矢量偏转角,并保持较高的推力系数。也就是说,通过自适应的旁路通道,解决了二次流的来源问题,并且通过优化设计确定了最佳的结构参数,在此基础上通过横向拉伸及轴向旋转的方式建立了二元及轴对称构型的两款新型双喉道气动矢量喷管三维模型。基于数值模拟方法,对新型双喉道气动矢量喷管开展了气动特性研究,分析该型喷管在矢量特性上的性能潜力及气动参数变化规律,并且进行了风洞实验验证。

图 11.1 为新型双喉道气动矢量喷管的示意图。前期的研究结果表明:在**NPR =** 3 时矢量偏转角可以达到 19.3°,在 **NPR =** 10 时矢量偏转角可以达到 15.2°[1]。

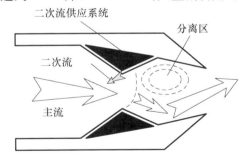

图 11.1　新型双喉道气动矢量喷管的示意图

为了能够准确分析新型双喉道气动矢量喷管的性能,选择最常用的矢量喷管关键性能评价参数,包括矢量偏转角、推力系数和流量系数,其具体定义式如下:

推力系数为

$$C_f = F_p / F_i$$

式中　F_p——实际推力;

　　　F_i——等熵推力。

等熵推力为

$$F_i = \dot{m}_q \sqrt{2\gamma/(\gamma-1)RT^*(1-(1/\mathrm{NPR})^{(\gamma-1)/\gamma})}$$

实际推力为

$$F_p = \sqrt{(\dot{m}_e v_{ex} + (P_e - P_c)A_e)^2 + [\dot{m}_e v_{ey}]^2}$$

y 方向分力为

$$F_{py} = \dot{m}_e v_{ey}$$

x 方向分力为

$$F_{px} = \dot{m}_e v_{ex} + (P_e - P_b)A_e$$

理论流量为

$$\dot{m}_t = KP^* A q(\lambda)\sqrt{T^*}$$

流量系数为

$$C_d = \dot{m}_e / \dot{m}_i$$

矢量偏转角为

$$\delta_t = F_{py}/F_{px}$$

式中　$\dot{m}_e$——喷管出口流量；

A_e——喷管出口面积；

v_{ex}——喷管出口 x 方向速度；

v_{ey}——喷管出口 y 方向速度；

p_e——喷管出口截面静压；

p_b——环境背压；

T^*——总温；

下标 p——实际值；

i——等熵值。

11.1.2　新型双喉道气动矢量喷管的优化设计

在本课题组前期对喷管参数与气动性能研究的基础上[1]，采用基于 Isight 的优化设计平台，以新型双喉道喷管作为研究对象，进一步开展了优化设计研究。图 11.2 所示为优化平台的基本流程，即 Isight 解析输入输出文件(分别包含设计变量和目标函数)，并通过批处理文件(＊.bat)集成 C 语言、ICEM、Fluent，自动进行喷管的仿真。

本章把凹腔收敛角、凹腔扩张角、上下游喉道高度扩张比(即下游喉道高度比

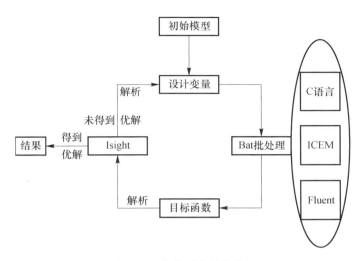

图 11.2　优化平台基本流程

上游喉道高度）、凹腔长度与喉道高度比和新型喷管内部次流流道等参数作为设计变量,开展了喷管矢量偏转角的单目标优化设计,并且优化时仅在单侧设置了内部次流流道布局,表 11.1 列出了优化设计过程中各变量的取值范围。最终获得了如图 11.3 所示的新型双喉道矢量喷管的结构尺寸:凹腔收敛角为 50°、凹腔扩张角为 14.788°、上下游喉道高度扩张比为 1.2、凹腔长度与喉道高度比为 3.34,最终的二维几何模型取喉道高度为 20mm。

表 11.1　各关键参数的优化过程取值范围

影响参数	取值范围	影响参数	取值范围
凹腔收敛角/(°)	30 ~ 60	凹腔扩张角/(°)	10 ~ 20
上下游喉道高度比	0.8 ~ 1.4	凹腔长度与喉道高度比	2 ~ 4

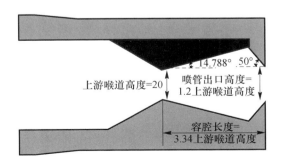

图 11.3　新型双喉道矢量喷管的结构尺寸

11.1.3　数值计算方法及其验证

本书采用 Fluent 软件进行数值模拟研究,数值模拟方法为时间推进的有限体积法。控制方程为一般曲线坐标系下强守恒形式的 N－S 方程,为了提高收敛速度和求解精度,离散格式选用隐式二阶迎风格式。湍流模型选用 RNG $k-\varepsilon$ 两方程模型,为了保证数值模拟结果的精度,利用文献[2]中的实验数据对本书的数值模拟方法进行了验证。

图 11.4 所示为文献[2]中的实验阴影图和模拟的马赫数云图的对比。图 11.5 所示为喷管容腔上壁面压力分布的数值模拟和实验结果的对比。从图 11.4 和图 11.5 中可以看到,流场结构和壁面压力分布与实验结果吻合很好,本书采用的数值模拟方法可以很好地模拟双喉道气动矢量喷管的流动现象,因此计算方法和结果可信。

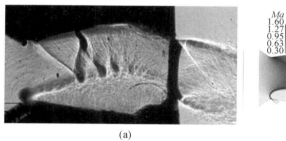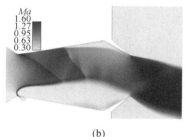

(a)　　　　　　　　　　　　　(b)

图 11.4　数值模拟与实验结果对比

(a) 实验阴影图[2];(b) 数值模拟马赫数云图。

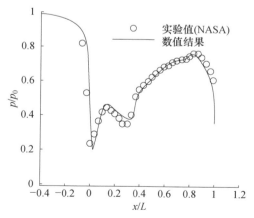

图 11.5　实验与数值模拟的上壁面压力对比

11.1.4　新型二元双喉道气动矢量喷管气动特性

1. 计算网格及边界条件

本节计算的模型为二维和三维的二元构型的新型双喉道气动矢量喷管模型，三维模型在 z 方向厚度为 48.6mm，利用 ICEM 生成网格。为了提高计算的精度及效率，采用了结构化网格生成技术。在喷管壁面附近加密，其网格单元 $y^+ \leqslant 10$，二维网格数目 10 万左右，三维网格 280 万左右。图 11.6 和图 11.7 所示分别为二维和三维的网格划分情况及边界条件。仿真过程中，压力远场和压力出口的静压都是 100000Pa，温度为 300K；进口的压力及温度随着不同的喷管落压比和进口总温情况进行调整。当残差下降 3 个数量级以上，且出口流量及出口冲量长时间保持恒定时，认为计算收敛。

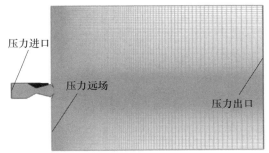

图 11.6　二元构型二维计算网格情况　　图 11.7　二元构型三维计算网格情况

2. 不同喷管落压比的情况

喷管的落压比是喷管工作时的一个重要参数。它的大小决定着喷管的膨胀状态。在本节中，落压比的变化是通过保持环境背压恒定、改变喷管入口总压来调节的，落压比的变化范围是 2～16，其他气动影响参数的设定值见表 11.2。

表 11.2　不同喷管落压比情况下，各气动影响参数设定值

影响参数	设定值	影响参数	设定值
入口总温/K	300	环境背压/Pa	100000
外流场速度	$Ma0.02$	环境总温/K	300
落压比	2,3,4,5,6,7,8,9,10,16		

图 11.8 和图 11.9 所示分别为 NPR＝3、5、10、16 时的流场马赫数云图及压力云图。从图中可以看到：由于落压比不同，气流在喷管内部的膨胀状态出现较大差异，喷管出口处的马赫数和压力变化较大。随着落压比的增大，喷管出口下游的激波串尺寸不断增大，欠膨胀现象持续加剧，矢量偏转角缓慢降低。然而，在喷管凹

253

腔内的马赫数和压力分布规律没有发生明显的变化。可见,双喉道气动矢量喷管在凹腔几何尺寸确定之后,无论喷管的落压比怎么变化,其喷管内的流动特别是马赫数的分布规律就基本确定了,不会有较大改变。

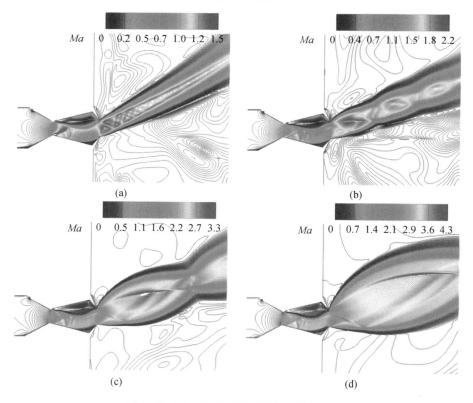

图 11.8 不同落压比下的流场马赫数云图
(a) NPR = 3;(b) NPR = 5;(c) NPR = 10;(d) NPR = 16。

图 11.10 所示为在不同的落压比下,凹腔内上下壁面压力分布。从图中可以发现 NPR = 3 ~ 16 的压力分布较为一致,证明了在 NPR = 3 ~ 16 时,喷管内的流动状况十分相似,波系结构及压力分布规律变化不大。通过观察 NPR = 2 的凹腔内上下壁面压力分布,可以得出如下结论:NPR = 2 时,喷管主流附体下壁面后,由于喷管进口气流的总压较小,气流在起始段膨胀不够剧烈,因此在 22mm 处,相比于较大落压比情况形成的激波较弱。

针对新型双喉道气动矢量喷管,当落压比大于一定值后,喷管内部的流动结构就不随落压比的变化而变化了。在不同的喷管落压比下,虽然喷管凹腔上下侧的压力分布规律变化不大,但是随着进口总压的增加,气流沿 y 方向受到的压力的绝

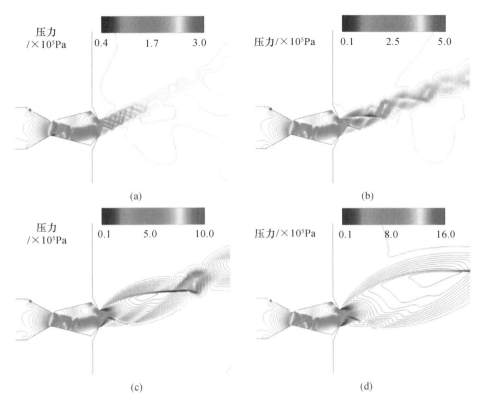

图 11.9 不同落压比下的流场压力云图
（a）NPR=3；（b）NPR=5；（c）NPR=10；（d）NPR=16。

对值是增加的，从而会影响喷管的矢量偏转角。

图 11.11 和图 11.12 分别为推力矢量偏转角及推力系数随落压比变化的趋势图。由图 11.11 可知，矢量偏转角随着落压比的增大而下降，下降速度先快后慢，最终将逐渐趋于一个稳定值。当 NPR=2、5 和 10 时，最大矢量偏转角分别达到了 31.98°、23.12° 和 21.30°。三维计算获得的矢量偏转角较二维的稍小，但均大于 20°。从图 11.12 可以看出，随着落压比的升高，推力系数先增大后减小。从 NPR=2 到 NPR=4，推力系数快速增长，从 NPR=4 到 NPR=16，推力系数又缓慢地下降。出现这种推力系数分布的原因是计算模型的上下游喉道高度扩张比为 1.2，通过计算可以发现：在 NPR≈4 时，喷管恰好处于完全膨胀，因此推力系数在 NPR=4 时获得最大值。从 NPR=4 到 NPR=16，其推力系数从最高值 0.965 减小到最小值 0.918，推力系数下降了约 0.047，因为随着落压比的增加，喷管的欠膨胀状态不断增强。三维计算获得的推力系数较二维的结果大约小 1%，这是由三维

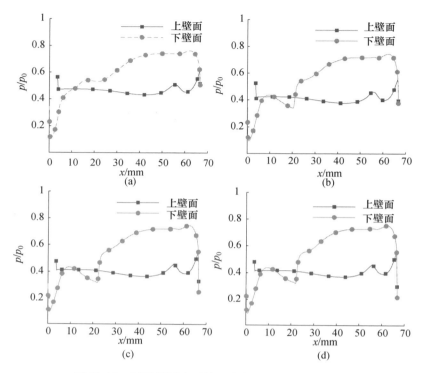

图 11.10　不同落压比下的凹腔内上下壁面压力分布

（a）NPR＝2；（b）NPR＝3；（c）NPR＝6；（d）NPR＝10。

计算时侧壁的摩擦损失造成的。

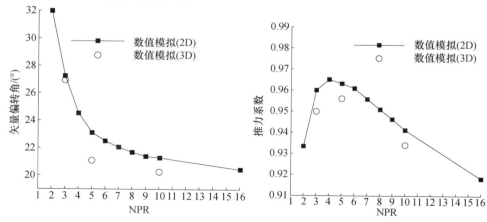

图 11.11　不同落压比下的矢量偏转角情况　　图 11.12　不同落压比下的推力系数情况

3. 不同喷管进口总温的影响

在实际状态下,喷管入口的气流温度远高于 300K,并且在高温环境下,气流的各种属性都将发生变化,如燃气组分、气流的比热容比等。Ishiguro[3]、Emanuele Martelli[4] 和 Ralf[5] 针对钟型喷管在不同进口总温条件下,开展了数值仿真和实验研究。结果表明:不同的进口高温条件下,喷管内的分离区结构会发生变化。双喉道气动矢量喷管在凹腔的作用下不可避免地存在回流区,且回流区面积较大,因此在高温环境下这些气流参数对喷管的各项性能会产生影响。目前尚未见到关于这些问题的相关研究与分析报道。本节在不同入口总温的工况下,对喷管流场进行数值仿真,并分析温度的变化对喷管关键性能参数的影响。由于国内外均未针对双喉道气动矢量喷管开展过热态实验,因此无法对热态的数值模拟结果开展精确的校核。本节采用的计算方法与 4.1.3 节一致,通过对数值模拟结果的分析,研究在热态条件下,双喉道气动矢量喷管的性能变化规律。表 11.3 所列为在不同进口总温时,其他影响参数的设定值。

表 11.3　不同进口总温情况下,其他影响参数的设定值

影响参数	设定值	影响参数	设定值
NPR	5,10	环境背压/Pa	100000
外流场速度	$Ma0.02$	环境总温/K	300
气体模型	理想气体	比热容比	拟合
进口总温/K	300,600,1200		

选择理想气体作为工质,变 C_p 值:

$$C_p = \begin{cases} 1004.4(J/(kg \cdot K)), 0 < T \leqslant 300K \\ 1048.63 - 0.3838T + 9.45576 \times 10^{-4}T^2 - 5.4915 \times 10^{-7}T^3 + 7.9315 \times 10^{-11}T^4, \\ \quad 300 < T \leqslant 1000K \\ 874.10 + 0.3841T - 1.4009 \times 10^{-4}T^2 + 2.4544 \times 10^{-8}T^3 - 1.6362 \times 10^{-12}T^4, \\ \quad 1000 < T \leqslant 5000K \end{cases}$$

图 11.13 为落压比 NPR = 5 的情况下,进口总温 T_{in}^{*} = 300K、600K 和 1200K 时的流场的马赫数云图。喷管进口总温增加,即增加了附面层内的黏性,使得附面层的厚度增加,当存在激波作用时,激波附面层的相互作用也更加剧烈。随着进口总温的增加,结合图 11.13 的计算结果可以发现:①由于压差的作用,在图中的 A 点处会形成激波;②附面层厚度逐步增加,促使 A 点处的激波从正激波逐步转变为斜激波;③激波附面层作用逐渐剧烈,附面层分离越来越严重,凹腔下侧的回流区面积逐步变大,使得喷管主流附体作用减弱,主流在 A 点后逐渐上抬,同时凹腔

上侧的回流区面积随之变小。

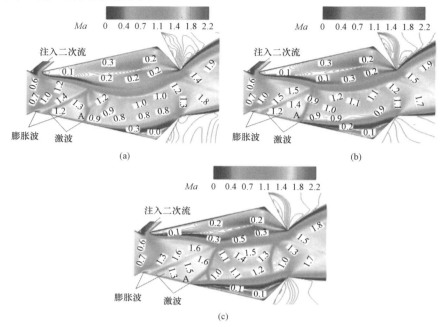

图 11.13　不同进口总温 T_{in}^* 下的马赫数云图（NPR = 5）

（a）$T_{in}^* = 300K$；（b）$T_{in}^* = 600K$；（c）$T_{in}^* = 1200K$。

图 11.14 为落压比 NPR = 5 的情况下，进口总温 $T_{in}^* = 300K$ 和 1200K 时的流场的总压云图。从图中可以发现，由于喷管进口总温的增加，凹腔上下侧回流区内的黏性增加，从而使得回流区内流动的损失增大，总压下降。如图 11.13 所示，因为喷管凹腔上下侧回流区内的马赫数相差不大，通过总静压关系式，可以很容易地推出：随着进口总温的增加，回流区内的静压也是下降的，如图 11.15 所示。

图 11.16 所示为落压比 NPR = 5 的情况下，不同进口总温 T_{in}^* 时的上下壁面压力分布。由图可以发现：①不同进口总温下，在 A 点上游的喷管下壁面压力相差不大；②在 A 点下游的下壁面上的压力随着进口总温的增加而显著下降。这是由于 A 点上游为主流附体区域，该区域为超声速区，虽然进口总温不同，但此处的波系结构大致相同，由总静压关系可以证明该区域的压力不随进口总温的变化而变化。在 A 点处，随着喷管进口总温的增加，激波附面层相互作用增强，凹腔下侧分离区面积增大，同时又因气流黏性增加，在 A 点之后气流总压下降，静压也相应下降。同理喷管凹腔上壁面均处于回流区内，该处随着进口总温的增加，回流区面积减小，气流黏性增大，因此气流总压及静压在这两个因素的共同作用下略有下

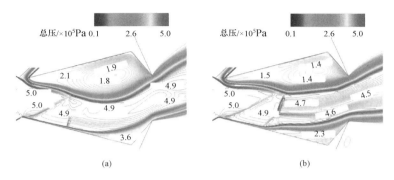

图 11.14　不同进口总温 $T_{\rm in}^{*}$ 下的总压云图（NPR = 5）

（a）$T_{\rm in}^{*}$ = 300K；（b）$T_{\rm in}^{*}$ = 1200K。

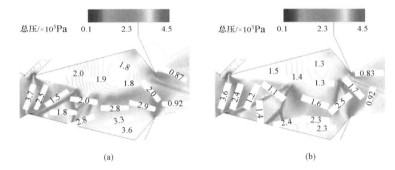

图 11.15　不同进口总温 $T_{\rm in}^{*}$ 下的静压云图（NPR = 5）

（a）$T_{\rm in}^{*}$ = 300K；（b）$T_{\rm in}^{*}$ = 1200K。

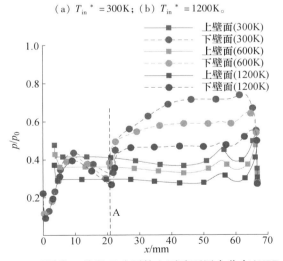

图 11.16　不同进口总温 $T_{\rm in}^{*}$ 下的上下壁面压力分布（NPR = 5）

降。最终获得了如图 11.16 所示的结果,随着进口总温的增加,喷管上下侧的压力差逐步减小。

图 11.17 所示为不同进口总温下的喷管矢量偏转角。如图可见,矢量偏转角随着喷管入口总温的升高而下降,在 NPR=5 时从 300K 时的 23.12° 下降到 1200K 时的 15.37°,下降了 7.75°;在 NPR=10 时从 300K 时的 21.30° 下降到 1200K 时的 13.45°,下降了 7.85°。这说明进口总温对矢量偏转角影响显著。其原因主要是:随着进口气流总温的增加,喷管主流附体效果减弱,凹腔下侧回流区面积增大,凹腔上侧回流区面积减小,A 点后主流射流逐步上抬,同时喷管凹腔上下壁面的压差下降,从而导致喷管矢量效率降低,矢量偏转角下降。

图 11.18 给出了不同进口总温情况下的喷管推力系数。如图可见,推力系数随着喷管入口总温的升高而小幅下降,在 NPR=5 时从 300K 时的 0.963 下降到 1200K 时的 0.942,推力系数降低约 0.021;在 NPR=10 时从 300K 时的 0.941 下降到 1200K 时的 0.921,推力系数降低约 0.02。其主要原因有两点:①在高温环境下,喷管内气流绝对速度较大,由此带来的高速摩擦损失会比低温时大;②由于进口总温的增加,下侧凹腔的分离区面积不断增大,由此带来的损失也较大。

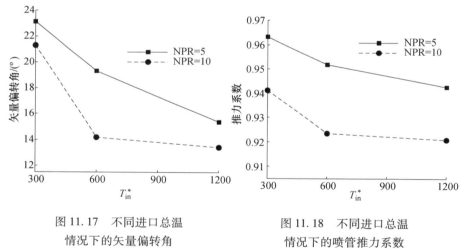

图 11.17　不同进口总温
情况下的矢量偏转角

图 11.18　不同进口总温
情况下的喷管推力系数

11.1.5　新型轴对称双喉道气动矢量喷管气动特性

喷管的推力矢量一方面能够为飞机提供俯仰力矩,另一方面也可以提供偏航力矩。因此轴对称构型的新型双喉道气动矢量喷管具有更大的实用价值。本节将 11.1.2 节获取的几何模型沿轴向进行旋转,获取了一个轴对称构型的新型双喉道气动矢量喷管三维构型,并开展了初步的数值模拟研究。

1. 算例模型

本节的计算方法和边界条件与 11.1.3 节一致。考虑到推力矢量需要具备俯仰和偏航两个作用,作为初期的探索研究,在喷管上游喉道上侧开设了环形 90° 的次流进口通道,如图 11.19 所示。计算区域网格划分情况与 11.1.4 节一致。

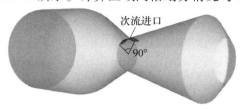

图 11.19　轴对称构型的新型双喉道气动矢量喷管示意图

2. 计算结果与分析

图 11.20 ~ 图 11.22 分别为 NPR = 3、5 和 10 情况下的马赫数云图。图 11.23 所示为 NPR = 5 时的速度云图及其速度矢量。可以发现,轴对称构型的新型双喉道气动矢量喷管在矢量效果上比二元构型的差,在喷管出口截面上没有非常明显的激波串结构,势流核心区面积较小,喷管内部分离区面积更大,使得气流在凹腔内的相互作用更加剧烈。表 11.4 所列为各落压比下,轴对称构型的新型双喉道气动矢量喷管的气动参数。在 NPR = 3 时,矢量偏转角达到了 21.80°,在 NPR = 10 时,矢量偏转角达到了 16.86°。Karen 等[6]2007 年针对轴对称双喉道气动矢量喷管开展了实验研究,在 NPR = 3 时矢量偏转角为 13°,在 NPR = 10 时为 10.2°。由此可见,本书研究的新型双喉道气动矢量喷管在性能上有进一步的提高。

图 11.20　轴对称模型马赫数
云图(NPR = 3)

图 11.21　轴对称模型马赫数
云图(NPR = 5)

值得注意的是,在 NPR = 10 时,轴对称构型比二元构型的新型气动矢量喷管的推力系数高,这是由于:二元构型喷管上下游喉道面积扩张比为 1.2,而轴对称构型喷管上下游喉道的面积扩张比为 1.44。在较高落压比时,轴对称构型的喷管欠膨胀率低,因此推力系数有所改观。从图 11.23 可见,轴对称构型的新型气动矢量喷管在凹腔内的流动更为复杂,凹腔上侧的分离区面积较大,且主流在凹腔下侧附体效果较差,因此要得到性能更佳的轴对称新型双喉道气动矢量喷管构型,需要重点考虑轴对称构型中所特有的凹腔侧向膨胀问题。

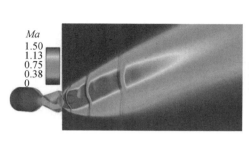 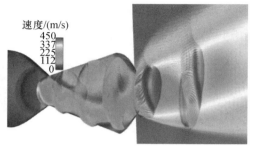

图 11.22　轴对称模型马赫数　　　图 11.23　轴对称模型速度云图及
云图(NPR = 10)　　　　　　　　　其速度矢量图(NPR = 5)

表 11.4　各落压比下,轴对称构型的新型双喉道气动矢量喷管气动参数

落压比	矢量偏转角/(°)	推力系数	流量系数
NPR = 3	21.80	0.906	0.792
NPR = 5	18.86	0.935	0.808
NPR = 10	16.86	0.942	0.811

11.2　双喉道气动矢量喷管的容腔效应

到目前为止,国内外都是只针对缩比尺寸的实验模型开展了计算和风洞实验验证,其几何尺寸一般在 100mm 量级,而在实际情况下,发动机喷管的特征尺寸在米的量级。双喉道气动矢量喷管极为优越的性能很大部分来源于其特有的容腔构型,并且容腔内存在的是一个较大的回流区,因此可能会有一定的气动迟滞效应。遗憾的是,目前国内外还很少有针对双喉道气动矢量喷管容腔效应的研究。在矢量起动过程中,容腔内的回流区是如何发展变化的? 特别是对不同尺度的容腔,其尺寸对喷管矢量偏转角的动态响应时间和矢量偏转角的大小有没有影响? 影响究竟有多大? 上述问题在双喉道气动矢量喷管中具有普遍性。为了回答这些问题,本节建立了一个基准二元双喉道气动矢量喷管,并在此基础上将结构参数放大为实际应用的尺寸量级,利用非定常数值模拟方法,对这两个模型矢量起动过程开展了动态数值模拟,对容腔内的复杂流动现象和机理进行了研究和分析。

11.2.1　数值模拟方法

本章的计算方法与 11.1.3 节一致。研究对象为二元双喉道气动矢量喷管,图

11.24 为喷管的几何结构简图。定义缩比喷管模型为模型 1,实际应用喷管模型为
模型 2。模型 1 的基本几何参数:容腔扩张角 $A = 13.5°$,容腔收敛角 $B = 39°$,次流
注射角度 $\alpha = 15°$,上游喉道高度为 20mm,次流通道高度为 0.1 倍上游喉道高度,
容腔长度为 3.5 倍上游喉道高度,喷管出口高度等于上游喉道高度。考虑到实际
应用的喷管长度为 1m 左右,因此取模型 2 的上游喉道高度为 200mm,其他几何参
数包括参数间的换算关系与模型 1 一致。模型 2 的结构尺度为模型 1 的 10 倍。
网格划分时分别在容腔壁面、次流和喷管出口等区域进行了加密,确保壁面处的
$y^+ \leqslant 10$。计算边界条件:主次流进口气流总温均为 300K,外流马赫数为 0.02,计
算落压比 NPR = 3,次流的进口总压为主流进口总压的 1.5 倍。计算时,首先在初
始 0 时刻,将次流通道关闭,通过稳态的计算获得一个无矢量状态的流场,随后将
次流通道瞬间打开,进行非定常计算,从而获得双喉道气动矢量喷管起动过程的动
态计算结果。在非定常计算中取时间步长为 0.01ms。

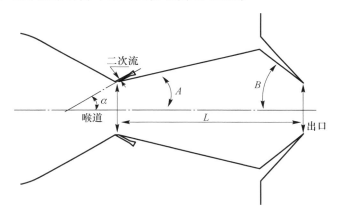

图 11.24　双喉道气动矢量喷管容腔效应模型简图

11.2.2　计算结果及分析

图 11.25 所示为模型 1 在矢量起动过程中喷管的各项性能变化趋势。其中图
11.25(a)所示为模型 1 矢量偏转角的变化过程。可以发现,喷管在产生有效矢量
偏转角之前出现了一个负向矢量偏转角,最大负向矢量偏转角度约为喷管最大矢
量偏转角度的 60%。从最大负向推力矢量偏转角到最大正向矢量偏转角的转化
过程的时间约为 0.5ms,意味着喷管的矢量偏转角变化率达到了 78(°)/ms,可见,
双喉道气动矢量喷管在矢量起动的瞬间是极不稳定的。据作者所知,对此问题之
前尚无相关的研究报道。图 11.25(b)所示为模型 1 流量系数的变化过程。在上
游喉道喷入的二次流,使喷管实际通流的气动喉道面积减小,喷管流量系数下降。

图 11.25(c)所示为推力系数的变化过程。从中可以看出,在喷管矢量起动过程中,喷管的推力系数由于喷管容腔内流场的剧烈变化,出现了大约 6.5% 的波动,待矢量偏转角稳定后,喷管的推力系数较 0 时刻略有增加。

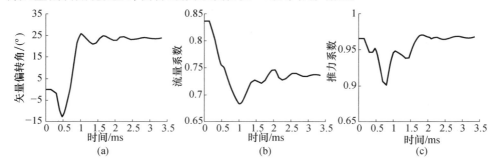

图 11.25　模型 1 在矢量气动过程中的喷管性能变化趋势

（a）矢量偏转角;（b）流量系数;（c）推力系数。

图 11.26 所示为模型 2 在矢量起动过程中喷管的各项性能变化趋势。与图 11.25 类似,图 11.26(a)(b)(c)所示分别为模型 2 矢量偏转角、流量系数和推力系数的变化趋势。其中可以明显地发现,图 11.25 和图 11.26 中相对应的参数变化趋势非常相似,相应的最大值也基本相同。对比各参数曲线上峰值的时间,可以发现模型 2 在起动过程中需要的动态响应时间约为模型 1 的 10 倍。当矢量偏转角稳定后,模型 1 流量系数为 0.736,模型 2 流量系数为 0.728;模型 1 推力系数为 0.967,模型 2 推力系数为 0.971;模型 1 的矢量偏转角为 23.78°,模型 2 的矢量偏转角为 24.99°。可见,当模型尺度放大 10 倍后,相应的参数基本不变,流量系数略有减少,推力系数略有增加,矢量偏转角同比增加 5% 。

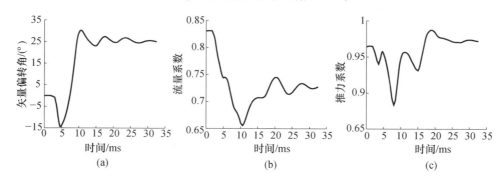

图 11.26　模型 2 在矢量气动过程中的喷管性能变化趋势

（a）矢量偏转角;（b）流量系数;（c）推力系数。

　　对于实际应用的喷管模型,整个矢量调节过程最终达到稳定约需 30ms,从最大负向推力矢量偏转角到最大正向矢量偏转角的转化过程约为 5ms,喷管矢量偏转角快速转换的瞬间,变化率达到 8(°)/ms。在矢量作用时,矢量推力射流对飞行器绕流具有干扰作用,将引起飞行器气动载荷变化,对飞行器操纵性也有潜在的影响[7],特别是在矢量起动时,出现的负向的矢量偏转角是不容忽略的,因为这种流动的动态变化势必产生剧烈的动态载荷,因此需要根据实际情况校核飞机在这种载荷下的动态稳定性。

　　关于喷管矢量起动过程的流动细节如下:在 0 时刻,容腔内存在一组对涡,定义此时容腔上侧的涡为 A 涡,容腔下侧的涡为 B 涡,A 涡和 B 涡旋转方向相反,强度相同,因此喷管的矢量偏转角为 0°。图 11.27 和图 11.28 分别为模型 2 不同时刻容腔内的涡量云图、压力云图和速度矢量图。从图 11.27(a)可以看到:在 1.5ms 时刻,在二次流的作用下,在上游喉道处形成了一个气动喉道,使喉道产生向下的倾斜,促使主流气流向容腔下侧流动。同时又由于二次流引射和主流黏性剪切的作用,在容腔上侧又逐步形成了一个新的涡,定义为 C 涡。C 涡与 A 涡的旋转方向一致,相互并列且在同侧,因此相互排斥,并在两个涡的交接处会出现较高的压力,如图 11.28(a)所示。C 涡的涡量较大,A 涡和 C 涡的相互作用,使得 A 涡的区域逐渐减小,容腔上侧流动结构由初始时刻的开式凹腔流动[8]转变为了闭式凹腔流动。随着流动的继续,在 5ms 时刻,如图 11.27(b)所示,C 涡不断发展,大约占据了 25% 的容腔面积,此时 A 涡已经完全消失,C 涡诱导主流气流冲击容腔上侧收敛角附近的区域并且滞止,导致在该区域出现高压,如图 11.28(b)所示。B 涡在 C 涡诱导速度的作用下向上侧扩张,且在主流的冲击作用下,使得 B 涡左侧区域不断减少。整个容腔内主流气流呈现 S 弯状流动,此时喷管矢量偏转角为 −14°。在 7ms 时刻,C 涡占据容腔 40% 左右区域,B 涡区域大概减少为 0 时刻相应涡区的 40%,C 涡诱导主流气流分为两股,一股依旧冲击容腔上侧收敛角附近区域,另一股则射向喷管出口截面,如图 11.27(c)所示。在 10ms 时刻,C 涡占据容腔 60% 左右区域,B 涡基本消失,只在下壁面容腔角区附近存在极小回流区。C 涡诱导主流射向喷管出口截面,容腔上侧流动结构再次变回为开式凹腔流动,此时喷管矢量偏转角达到 29°,如图 11.27(d)所示。可见,喷管最终的矢量偏转角与 C 涡关系紧密,C 涡的涡量越大,诱导主流的作用越明显,喷管的矢量偏转角越大。

　　图 11.29 为双喉道气动矢量喷管起动过程中,内部涡相互作用的原理简图。在喷管起动时,喷管内部主要涉及三个涡,分别是 A 涡、B 涡和 C 涡。其中 A 涡和 B 涡是 0 时刻喷管主流诱导产生的一组对涡,流动结构均为开式凹腔流动。C 涡

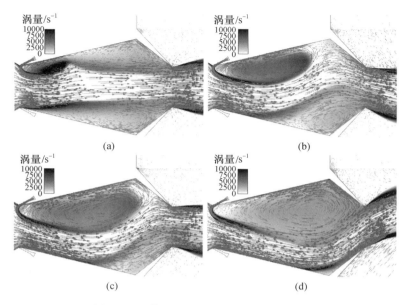

图 11.27　模型 2 的涡量云图和速度矢量图

（a）1.5ms；（b）5ms；（c）7ms；（d）10ms。

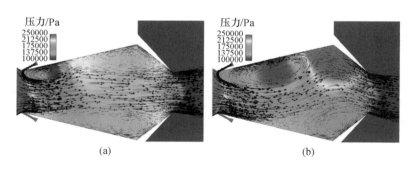

图 11.28　模型 2 的压力云图和速度矢量图

（a）1.5ms；（b）5ms。

由于二次流的喷入而产生，与 A 涡相互排斥，在容腔上侧形成闭式凹腔流动，并且 C 涡诱导主流挤压 A 涡和 B 涡，迫使两个涡的流动区域面积逐步减少。待 A 涡消失后，在 C 涡的诱导作用下，迫使主流冲击容腔上侧收敛角附近区域，导致该区域压力增加，使喷管产生负向矢量偏转角。等 B 涡消失后，C 涡独占整个容腔，使主流形成一个稳定的矢量射流。

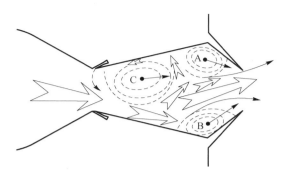

图 11.29   双喉道喷管内部涡相互作用简图

11.3   新型双喉道气动矢量喷管对发动机流量的影响

双喉道气动矢量喷管在矢量调节过程中会使上游喉道面积减小,从而降低喷管实际通流流量,对发动机其他各部件的影响较大。新型双喉道气动矢量喷管同样涉及该问题,因此本章从无矢量状态、最大矢量状态和矢量调节状态这三个方面来讨论新型双喉道气动矢量喷管对发动机流量的影响,计算研究的喷管构型采用11.2 节优化获得的二维喷管型面。

11.3.1   无矢量状态下,喷管对发动机流量的影响

1. 计算模型与计算方法

喷管处于无矢量状态,即要求喷管内部的流场沿对称轴完全对称。本节以11.1.2 节结构优化后的二维喷管模型为研究对象,考虑到无矢量状态时,上下侧流场是对称的,因此计算时的网格模型如图 11.30 所示,同时在上游喉道处设置了一个次流开关,来控制次流流道的打开和关闭。喷管的无矢量状态又分为三种情况,分别是次流流道开关完全打开、次流流道开关完全关闭和次流流道开关状态切换。本节主要研究 NPR = 5 和 NRP = 10 时,次流流道开关完全打开和关闭的两种情况下的性能,并且在 NPR = 3 时,开展了次流流道打开过程中的动态数值模拟。在进行动态计算时,首先对次流流道开关完全关闭的模型进行计算,得到一个稳态收敛的结果后,将其作为整个非定常计算的初始流场,取时间步长为 0.05ms,将次流流道开关瞬间打开,然后开展非定常计算,以捕捉该动态过程的流动特性。

2. 计算结果与分析

图 11.31 ~ 图 11.34 分别为 NPR = 5 和 10 时,在次流开关关闭和打开状态下的马赫数云图及压力云图,表 11.5 和表 11.6 所列为这些算例中计算得到的关键性能参数。

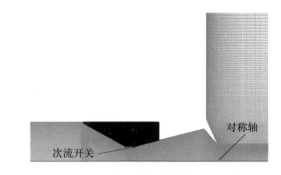

图 11.30　无矢量状态计算模型（对称面）

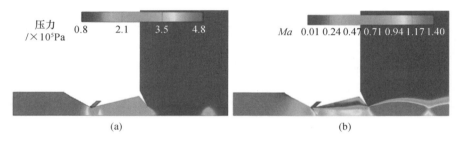

（a）　　　　　　　　　　　　　　（b）

图 11.31　次流开关关闭时的压力云图和马赫数云图（NPR = 5）

（a）压力云图；（b）马赫数云图。

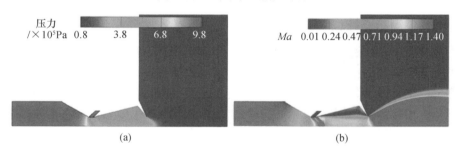

（a）　　　　　　　　　　　　　　（b）

图 11.32　次流开关关闭时的压力云图和马赫数云图（NPR = 10）

（a）压力云图；（b）马赫数云图。

表 11.5　次流开关打开和关闭状态下计算所得的关键性能参数（NPR = 5）

次流通道状态	推力系数	流量系数
关闭	0.952	0.966
打开	0.949	0.804

表 11.6　次流开关打开和关闭状态下计算所得关键性能参数（NPR = 10）

次流通道状态	推力系数	流量系数
关闭	0.917	0.954
打开	0.938	0.802

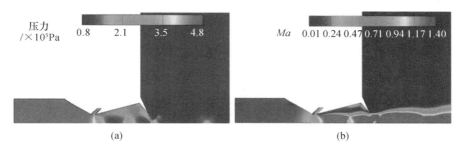

图 11.33 次流开关打开时的压力云图和马赫数云图(NPR = 5)

(a) 压力云图;(b) 马赫数云图。

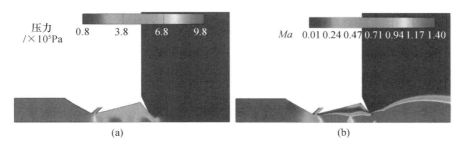

图 11.34 次流开关打开时的压力云图和马赫数云图(NPR = 10)

(a) 压力云图;(b) 马赫数云图。

从图 11.31 和图 11.32 中可以清晰地看到,NPR = 5 和 NPR = 10、次流开关关闭时,在喷管上游喉道附近均会出现一个较强的马赫杆,使得刚通过上游喉道及其下游扩张段的超声速气流又重新转变为亚声速气流,且主流气流在喷管出口截面处再次形成声速截面。从喷管出口截面来看,此时的流场结构与常规收敛喷管的欠膨胀出口射流类似。

图 11.33 和图 11.34 所示为 NPR = 5 和 NPR = 10、次流开关打开时的情况。由图可知,在次流作用下,主流气流通过上游喉道之后,形成了较为稳定的激波串,在凹腔处喷管的主流为超声速气流。在整个双喉道气动矢量喷管内此时仅存在一个声速截面。

由表 11.5 和表 11.6 可知,在 NPR = 5、次流开关关闭时,推力系数等于 0.952,流量系数等于 0.966。次流开关打开后,推力系数降低为 0.949,同比降低 0.32%;流量系数降低为 0.803,同比降低 16.87%;在 NPR = 10、次流开关关闭时,推力系数为 0.917,流量系数为 0.954。次流开关打开后,推力系数增加为 0.938,同比增加 2.29%;流量系数降低为 0.802,同比降低 15.93%。可见喷管次流对流量系数的影响较大。

图 11.35 为 NPR = 3 时,次流开关打开过程中不同时刻的马赫数云图和压力云图,表 11.7 所列为该过程中计算所得的关键性能参数。图 11.36 所示为 NPR = 3 时,次流开关打开过程中的喷管推力系数和流量系数的变化趋势。

表 11.7　NRP = 3 时,次流开关打开过程中,计算所得关键性能参数

时间/ms	推力系数	流量系数
0	0.937	0.855
0.05	0.939	0.885
0.50	0.922	0.921
0.75	0.904	0.891
1.00	0.899	0.853
3.00	0.920	0.804
8.90	0.921	0.802

由图 11.35 和表 11.7 可以看到:次流开关关闭时凹腔内分离区面积较小,且回流区内的气流速度较大,喷管上下游喉道面积相差不大,喷管气流速度在上游喉道附近迅速增加至超声速,随后又产生一个马赫杆。尽管上游喉道之后为扩张通道,但是凹腔区域内的回流区,使实际气动通流面积并没有得到较大扩张,因此从上游喉道至下游喉道之间的气流为亚声速气流。次流开关打开之后,喷管内的流动现象逐步发生变化,上游实际的气动喉道面积在次流的作用下逐渐减小,凹腔内的回流区面积逐步变大,同时回流区内的气流速度又逐步减小。主流气流在经过上游喉道之后速度不断增加,并随之形成激波串。喷管内的波系结构在次流开关启闭过程中,发生了较大的变化。

由图 11.36,从整体上看,NPR = 3 时次流开关从关闭到打开,喷管的推力系数和流量系数均出现较大波动。在该过程中,推力系数从起始状态 0.937,经过 1ms 快速降低至 0.899,随后在 3ms 时又缓慢回升为 0.920,但仍比初始状态降低 1.7%;与此类似,流量系数从起始状态 0.855,经过 0.75ms 快速增加至 0.891,随后在 3ms 时又缓慢降低为 0.804,比初始时刻降低了 6.20%。次流开关从关闭到打开,喷管性能参数波动的时间小于 3ms。

11.3.2　最大矢量状态下,喷管对发动机流量的影响

本节分析了 11.1.4 节计算得到的不同落压比及不同进口总温状态下,喷管最大矢量状态时的流量系数。图 11.37 所示为不同落压比下喷管的流量系数变化趋势。由图可见,喷管落压比为 2 时,喷管进口总压较小,流量系数偏低,待喷管落压

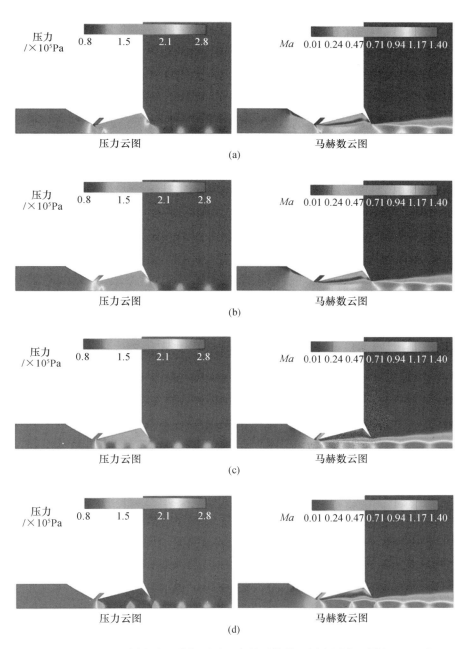

图 11. 35　不同时刻次流开关打开过程中的马赫数云图和压力云图（NPR = 3）

（a）0ms；（b）0.05ms；（c）1ms；（d）3ms。

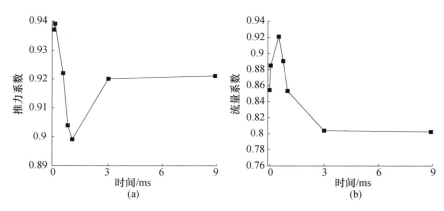

图 11.36 次流开关打开过程中关键性能参数(NPR = 3)

(a) 喷管推力系数;(b) 喷管流量系数。

比大于 3 之后,由 11.1.4 节得出的结论,喷管此时内部波系及压力分布规律趋于稳定,此时流量系数在 0.862 ~ 0.867 之间做小幅波动。

图 11.38 所示为在落压比为 5 和 10 时,不同进口总温下喷管的流量系数变化趋势。可以发现两个落压比状态下,喷管流量系数随进口总温的变化趋势是一致的,即随着喷管进口总温的增加,其流量系数会上升,在 NPR = 5 时,进口总温1200K 比进口总温 300K 时的流量系数约高 0.0215。在 NPR = 10 时,进口总温1200K 比 300K 时的流量系数约高 0.0189。

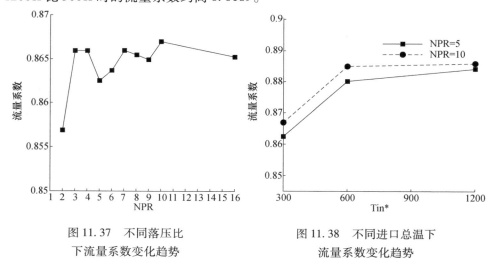

图 11.37 不同落压比
下流量系数变化趋势

图 11.38 不同进口总温下
流量系数变化趋势

结合不同进口总温情况下的喷管的矢量性能分析,在 NPR = 5 的条件下,矢量偏转角从 300K 时的 23.12°下降到 1200K 时的 15.37°。在 NPR =10 的条件下,矢量偏转角从 300K 时的 21.30°下降到 1200K 时的 13.45°。由此可见,随着进口总温的增加,喷管的矢量偏转角下降,主流在凹腔内逐渐上抬,上游喉道声速线偏转量减小,从而改善了主流在喷管内的流通效率,增加了喷管的流量系数,但是矢量偏转角会下降。

11.3.3　矢量调节状态下,喷管对发动机流量的影响

本节针对在矢量调节状态下,喷管对发动机流量影响的问题开展了研究,以 11.1.4 节结构优化后的模型为研究对象,并设计了一个次流控制装置,来控制次流通道的实际次流流率,因此计算时的网格模型如图 11.39 所示。研究在 NPR =3 时,矢量状态下,不同次流流率对发动机矢量状态及发动机流量的影响。

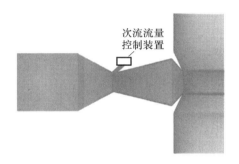

次流流量
控制装置

图 11.39　矢量调节状态喷管计算模型

本节给出了次流控制开关的四种调节状态,分别定义为状态 1 至状态 4,次流通道内的次流流率分别为主流流量的 9.79%、8.87%、6.93% 和 3.90%。图 11.40 为次流控制开关在不同状态下,喷管的马赫数云图与压力云图。表 11.8 所列为次流开关不同状态下,计算所得关键性能参数。图 11.41 ~ 图 11.43 所示分别为不同二次流流率情况下,喷管的矢量偏转角、推力系数和流量系数。由图 11.40 可以发现,随着次流的减少,喷管主流附体下壁面后由于逆压梯度产生的分离激波位置前移,矢量偏转角逐步降低。二次流的作用,使上游实际通流的气动喉道面积减少,喷管的欠膨胀效果减小,因此随着二次流流率的增加,推力系数增加,流量系数呈现准线性减小;二次流使上游喉道产生偏移,同时在凹腔的作用下,使上下侧流动的非对称情况放大,因此随着二次流流率的增加,这种非对称的效果也越来越明显,使得矢量偏转角也增大。特别地,从图 11.41 的变化趋势可以发现,在较低次流时,喷管的矢量效率较高,随着次流的增加,喷管的矢量效率逐步减低。

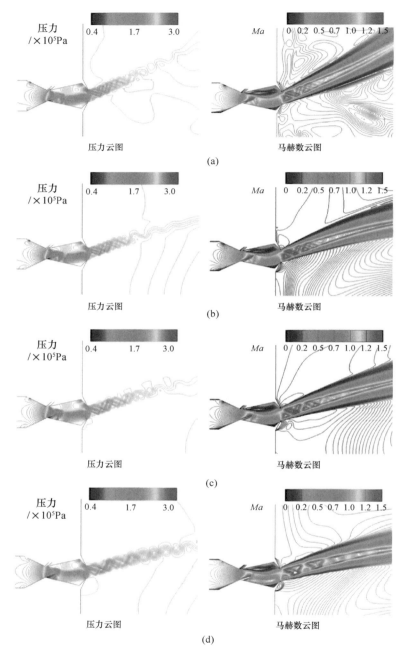

图 11.40　次流控制开关不同状态下,喷管马赫数云图与压力云图
（a）状态 1；（b）状态 2；（c）状态 3；（d）状态 4。

表 11.8　次流开关不同状态下,计算所得关键性能参数(NPR = 3)

状态	矢量偏转角	推力系数	流量系数	次流流率/%
状态 1	27.24	0.961	0.866	9.79
状态 2	26.74	0.960	0.870	8.87
状态 3	25.07	0.959	0.884	6.93
状态 4	22.12	0.956	0.906	3.90

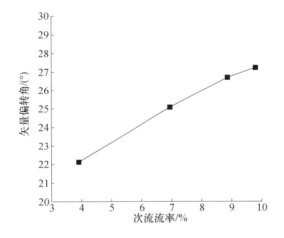

图 11.41　不同次流流率矢量偏转角(NPR = 3)

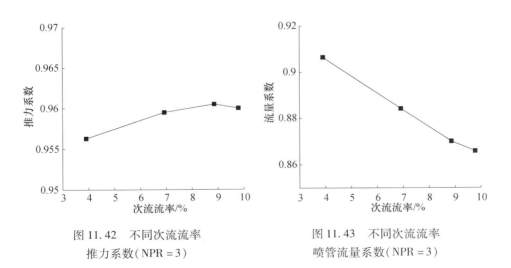

图 11.42　不同次流流率　　　　　　图 11.43　不同次流流率
推力系数(NPR = 3)　　　　　　喷管流量系数(NPR = 3)

11.4 新型双喉道气动矢量喷管过渡态下动态响应特性研究

为了研究过渡态(即单侧次流通道打开或关闭状态)的新型双喉道气动矢量喷管的矢量状态动态响应特性,本节仍以 11.1.4 节的结构优化结果为研究对象,计算落压比 NPR = 3。利用非定常数值仿真的手段分别研究了喷管模型矢量起动过程和关闭过程的动态响应特性,分析其在调节过程中的流动现象,为动态实验奠定理论基础。

11.4.1 矢量起动过程

为了研究喷管矢量起动过程中的动态特性,首先对次流开关完全关闭的模型进行计算,并得到一个稳态收敛的结果,并将其作为整个非定常计算的初始流场,随后取时间步长为 0.05ms,将次流开关瞬间打开,并开展非定常计算,即可完全捕捉该过程的整个流动特性。由于 11.1.4 节的模型仅仅在单侧设置了内部次流流道,喷管上游喉道处存在一定的结构不对称,因此在初始时刻计算获得的流场存在一定的负向矢量偏转角。

图 11.44 为矢量起动过程中,几个特征时间点上的流场的压力云图和马赫数云图。从图中可以清晰地看到次流通道从关闭到打开的瞬间,喷管内的复杂流动现象和流动结构的建立过程。由于喷管在上游喉道处存在一定的结构不对称性,在 0s 时刻喷管主流在凹腔上扩张面处附体,当次流开关打开后,在次流的作用下,主流附壁于上扩张面的效果迅速消失,在凹腔内各种涡的相互作用下,最终使主流附着在凹腔的下扩张面,且形成稳定的矢量偏转角。

表 11.9 所列为次流打开过程中,计算所得关键性能参数。从图 11.45 也可以直观地看到这些参数的变化过程。对照 11.1.4 节喷管稳态的计算结果可以发现,喷管矢量起动约 10.5ms 后,喷管矢量偏转角最终达到稳定。

由图 11.44 可以发现,喷管的矢量偏转角与凹腔上下侧的压力差有明显的关系,从图 11.44(a)~(c)可以清晰地看到矢量偏转角由负变正,同时凹腔上下侧的压力差不断增大的变化过程。矢量起动的时间周期大致为 10.5ms。在起动过程中,各个参数特别是喷管推力系数,均出现一定的波动,在 1.5ms 时起动过程基本完成,如图 11.44(c)所示,该时刻矢量偏转角达到最大值的 86.3% 。在 1.5 ~ 10.5ms 喷管的流动状态逐步调整并最终稳定。

图 11.44(c)和图 11.44(d)所示为喷管形成稳定矢量偏转角的重要阶段。对比压力云图和马赫数云图,可以发现:在 1.5ms 时刻喷管主流附着于喷管凹腔下

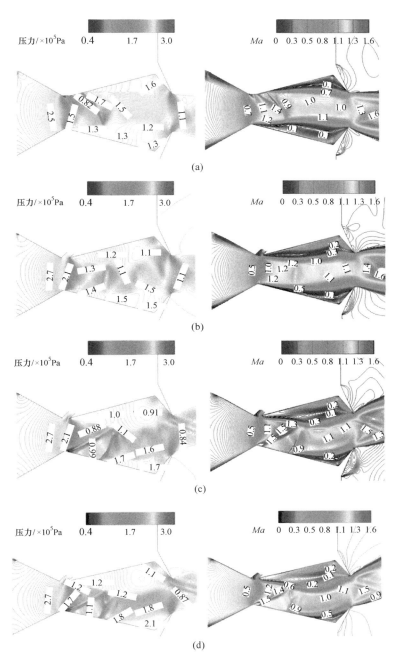

图 11.44　次流打开过程中,流场压力云图和马赫数云图(NPR=3)

(a) 0ms; (b) 0.4ms; (c) 1.5ms; (d) 10.5ms。

扩张段之后,上游喉道的实际通流面积进一步减小,流量系数进一步降低,上游喉道附近的气流马赫数降低,使主流附体之后的激波减弱,主流进一步下滑至下侧凹腔更深处,减小了下侧凹腔的分离区大小。这一系列作用也降低了喷管内的流动损失,提高了喷管的推力系数。流动结构的微调,使凹腔上侧压力降低,凹腔下侧压力升高,喷管矢量偏转角进一步增加。

表 11.9　次流打开过程中,计算所得关键性能参数(NPR = 3)

时间/ms	矢量偏转角/(°)	推力系数	流量系数	次流流率/%
0	− 10.40	0.939	0.957	0
0.1	− 10.12	0.940	0.958	6.37
0.2	− 8.90	0.939	0.954	6.22
0.3	− 3.45	0.930	0.945	5.68
0.4	5.48	0.927	0.936	5.55
0.5	12.42	0.935	0.928	6.26
1.0	14.02	0.926	0.911	9.12
1.5	23.18	0.943	0.876	10.09
3.5	22.40	0.941	0.876	10.02
6.0	22.57	0.942	0.876	9.92
8.5	24.59	0.950	0.870	9.90
10.5	26.84	0.958	0.863	9.81

11.4.2　矢量关闭过程

与11.4.1节类似,为了研究次流关闭过程中的动态特性,首先对次流开关完全打开的模型进行计算,得到一个稳态收敛的结果,并将其作为整个非定常计算的初始流场,随后取时间步长为0.05ms,将次流流道开关瞬间关闭,然后开展非定常计算,即可捕捉该动态过程的流动特性。

图11.46为次流打开过程中,几个关键时间点上流场的压力云图和马赫数云图。从中可以清晰地看到次流从打开到关闭的瞬间,喷管内的复杂流动现象和流动结构的建立过程。可以发现,当喷管次流关闭后,喷管主流附着于凹腔下扩张面的效果迅速消失,喷管在较短的时间内自主调节,由于喷管内存在一定的不对称性,主流最终附着于凹腔上扩张面。

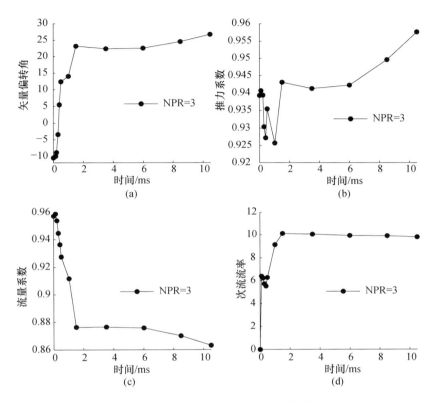

图 11.45　次流打开过程中,喷管关键性能参数(NPR = 3)
(a) 矢量偏转角;(b) 推力系数;(c) 流量系数;(d) 次流流率。

表 11.10 所列为矢量关闭过程中,计算所得关键性能参数。从图 11.47 也可以直观地看到这些参数的变化过程。由表 11.10 和图 11.47 可以看到,矢量关闭的时间周期大致为 2.5ms。在关闭过程中各个参数特别是喷管推力系数均出现一定的波动,在 1ms 时,矢量关闭过程基本完成。由图 11.47(a)、(b) 和(c)可以直观地看到,当次流通道关闭后,由于没有二次流的作用,上游喉道的实际通流面积迅速增大,同时上游喉道偏移的作用也瞬间消失,喷管主流随之向凹腔上侧膨胀,整个喷管内的流动现象出现剧烈变化。由于计算模型在上游喉道附近的上下侧存在一定程度的几何非对称,因此,次流关闭后,喷管主流附着于喷管凹腔上扩张段,使气流矢量偏转角出现负值。

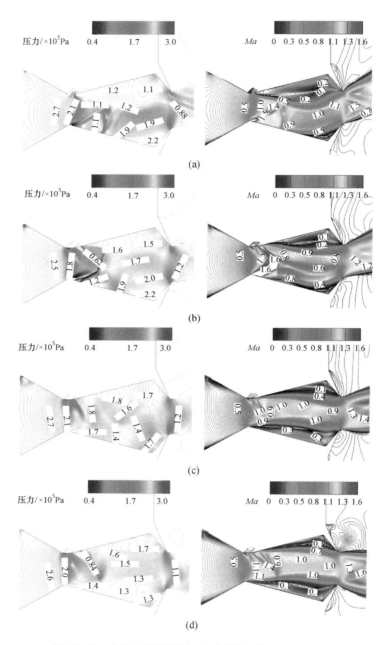

图 11.46　次流打开过程中,几个关键时间点上流场的
压力云图和马赫数云图(NPR = 3)

(a) 0ms;(b) 0.4ms;(c) 0.8ms;(d) 2.5ms。

表 11.10　矢量关闭过程中,计算所得关键性能参数(NPR = 3)

时间/ms	矢量偏转角/(°)	推力系数	流量系数
0	27.24	0.960	0.866
0.1	27.47	0.955	0.854
0.2	25.36	0.945	0.841
0.3	19.50	0.929	0.846
0.4	14.62	0.917	0.870
0.6	12.17	0.932	0.906
0.8	0.52	0.946	0.955
1.0	− 14.07	0.966	0.953
1.5	− 12.19	0.953	0.956
2.5	− 10.77	0.940	0.959

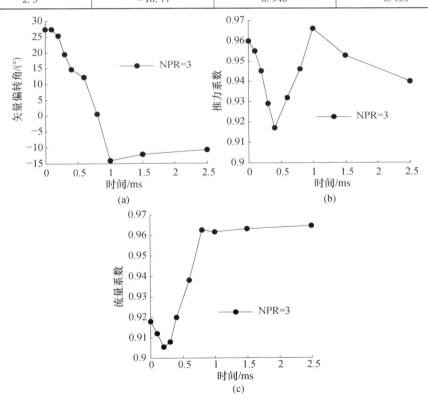

图 11.47　矢量关闭过程中,喷管关键性能参数(NPR = 3)

(a) 矢量偏转角;(b) 推力系数;(c) 流量系数。

11.5 新型双喉道气动矢量喷管的静态/动态实验

尽管数值仿真在近20年随着计算手段的进步,有了迅猛的发展,工程应用日趋成熟,但是气动实验仍然是目前最为可信的研究手段之一,且数值仿真的可靠性也离不开实验结果的校核和验证。本章设计、搭建了新型双喉道气动矢量喷管实验台,并进行了静态及动态的验证实验,为后续的研究奠定了基础。

11.5.1 实验总体方案

本书对 NPR = 3、5、10 三个落压比开展了实验验证。其中静态实验用于校核上面数值仿真的结果,动态实验用于捕捉过渡态中存在的三个重要的动态响应参数:一个是当矢量控制机构发生动作后,流场需要多少时间才开始出现矢量变化,即流场的动态迟滞时间;另一个是喷管在矢量调节时,从最大矢量状态至无矢量状态,或从无矢量状态至最大矢量状态,这之间所需要的时间,即矢量的动态调节时间,以及与之相对应的动态调节速率。另外还包括当喷管在不同矢量状态下进行矢量调节时,这些动态响应特性的变化规律。通过这一系列实验进一步加深了对新型双喉道气动矢量喷管的认识和理解。表 11.11 所列为此次开展的所有的实验工况。

表 11.11 实验工况

序号	NPR = 3	NPR = 5	NPR = 10
1	静态(控制开关开度)(0%, 10%, 30%, 50%, 80%, 100%)	静态(控制开关开度)(0%, 10%, 30%, 50%, 80%, 100%)	静态(控制开关开度)(0%, 10%, 30%, 50%, 80%, 100%)
2	动态(矢量控制器运动频率 0.677Hz)	动态(矢量控制器运动频率 0.677Hz)	动态(矢量控制器运动频率 0.677Hz)
3	动态(矢量控制器运动频率 0.520Hz)	动态(矢量控制器运动频率 0.520Hz)	动态(矢量控制器运动频率 0.520Hz)
4	动态(矢量控制器运动频率 0.363Hz)	动态(矢量控制器运动频率 0.363Hz)	动态(矢量控制器运动频率 0.363Hz)

图 11.48 为实验模型的 UG 图,蓝色的区域表示光学玻璃。图 11.49 所示为模型中心截面处沿程静压及动压测量点,在模型上一共设置了 17 个静压测量点和 4 个动压测量点。矢量控制器如图中的红色标识。动态压力传感器 1 用于实时监测矢量控制器控制的次流流率,由于矢量控制器与动态压力传感器 1 之间的距离为 12mm,气流速度最低约为 120m/s,且 4 个动态压力传感器处于同一个时间系

统,因此能够保证动态压力传感器 1 之后,四个动态传感器可以实时捕捉流场变化的动态反应特性。采用动态压力传感器 1 捕获矢量控制的开度变化情况,实验获得的动态迟滞时间误差低于 0.1ms。同理,实验获得的矢量的动态调节时间误差也低于 0.1ms。在本次的动态实验中,采样频率为 10kHz,因此 0.1ms 的误差可以接受。图 11.50 为喷管实验模型实物图,图 11.51 为实验模型的台架安装图。

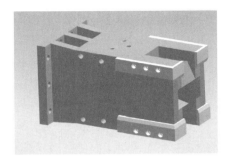

图 11.48 实验模型 UG 图

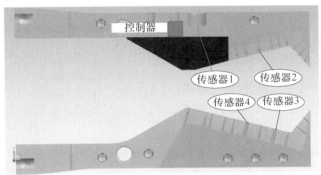

图 11.49 沿程静压及动压测量点在模型上的布置

图 11.50 喷管实验
模型实物图

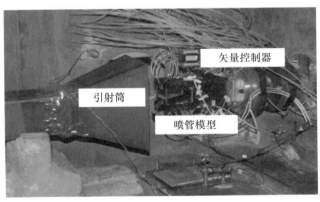

图 11.51 实验模型的台架安装图

图 11.52 为风洞实验管路及设备图。此次实验,压力采集使用压力扫描阀

（PSI）和美国 Kulite 公司生产的 CCQ – 62 型动态压力传感器。影像记录设备是实验室的纹影系统，配合相机，既可以记录实验中单个状态的纹影照片，也可以记录某个时间段的动态纹影录像，并能实时投影。实验方案设定的最高压比为10，进口气流来自环境大气压，因此利用真空泵将实验舱中的压力抽到一定范围，随后通过不断调节主流阀的开度，将整个实验落压比控制在实验需要的范围之内。

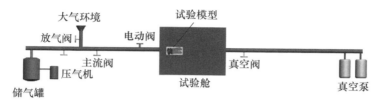

图 11.52　实验台管路示意图

11.5.2　实验结果与分析

1. NPR = 3 静态实验结果与分析

图 11.53 和图 11.54，分别为 NPR = 3 时，最大矢量状态和无矢量状态的纹影图像。可以从纹影图中的射流边界中清晰地发现，新型双喉道气动矢量喷管确实可以产生非常稳定的矢量效果。图 11.55 为数值模拟获得的最大矢量状态的密度等值线图。通过对比可以发现，从波系结构和矢量特征上看，数值模拟结果与实验结果非常吻合。通过对比二维及三维数值模拟及实验获得的凹腔上下壁面压力分布（图 11.56），可以发现数值模拟的结果与实验结果吻合得非常好，特别是凹腔下壁面计算的误差非常小。在凹腔上壁面，计算获得的压力值稍微偏低。从二维及三维各自的计算结果来看，二维的计算结果更加接近实验值。图 11.57 为此刻二维模型计算获得的马赫数云图。

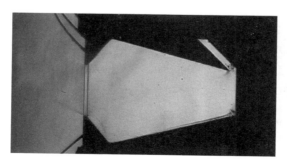

图 11.53　最大矢量状态纹影图(NPR = 3)

在落压比 NPR = 3 时，二维喷管的数值模拟结果：最大矢量偏转角为 27.24°，流量系数为 0.866,推力系数为 0.959。三维的数值模拟结果:矢量偏转角度为 26.95°,流量系数为 0.862,推力系数为 0.950。

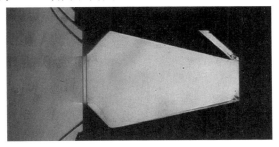

图 11.54　无矢量状态纹影图(NPR = 3)

图 11.55　最大矢量状态的密度等值线图与纹影对照(NPR = 3)

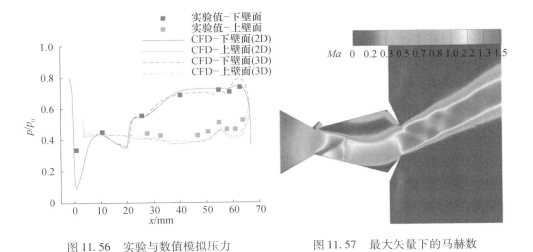

图 11.56　实验与数值模拟压力
　　　　对比情况(NPR = 3)

图 11.57　最大矢量下的马赫数
　　　　云图(NPR = 3)

图 11.58 所示为 0 ~ 16s 内,矢量控制开关从最大开度状态调节到关闭状态过

程中,动态压力采集到的原始数据。通过观察可以发现:①动态压力的波形较为粗糙并带锯齿,说明采集的信号中有许多高频的噪声信号;②四个动态压力传感器,特别是 2 号、3 号和 4 号动态压力传感器采集到的压力信号波形误差带宽度较为一致,而 1 号动态压力传感器采集到的压力信号波形误差带宽度较小;③喷管在给定的状态下,动态压力幅值范围不随时间发生变化,这一点与上面数值模拟的结果相一致,即喷管在给定状态下压力是较为稳定的;④随着喷管工作状态的变化,动态压力的幅值范围出现明显的波动,这个波动具有明显的低频特性,这说明反映喷管流动结构的压力信号也处于低频段;⑤在不同的喷管工作状态下,动态压力波形的误差带宽度也发生了变化,这说明在不同的喷管状态下,高频段的噪声信号也发生了变化。

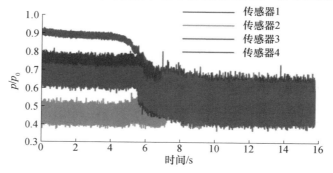

图 11.58　矢量调节过程中的动态压力原始数据(NPR = 3)

图 11.59 和图 11.60 分别为最大矢量状态及无矢量状态下的频谱分析图。可以发现:最大矢量状态下,在大约 1Hz、1700Hz 和 3700Hz 三个频率处出现极大值;同时,无矢量状态时,在大约 1Hz、1600Hz、3300Hz 和 4900Hz 四个频率处出现极大值。

利用带通滤波器对图 11.58 的动态数据进行处理,分别获得了频率为 3600 ～ 3800Hz 和 3200 ～ 3400Hz 的动态压力情况,如图 11.61 所示。图中显示:频率段处于 3600 ～ 3800Hz 的压力信号,在喷管处于最大矢量状态时信号较强,当喷管向无矢量状态转变时,该频段的信号开始迅速衰减;与此相对应,频率段处于 3200 ～ 3400Hz 的压力信号在最大矢量状态时幅值非常小,当喷管处于矢量状态后,该频段的信号开始快速增强。因此,不同的喷管矢量状态会诱发不同频率的振动信号,因此也可以通过采集喷管的振动频率特征来粗略判断喷管的矢量状态。

图 11.62 和图 11.63 所示分别为滤除高频噪声后,四个动态压力传感器测得的最大矢量状态和无矢量状态下的动态压力情况。3 号和 4 号动态压力传感器处于凹腔下壁面:在无矢量状态下,这两个动态压力传感器处于凹腔回流区内,压力相差不大;在矢量状态时,主流附体凹腔下壁面,同时凹腔上壁面存在较大的回流区。因此 3 号和 4 号动态压力传感器位置处的压力不同,2 号动态压力传感器采

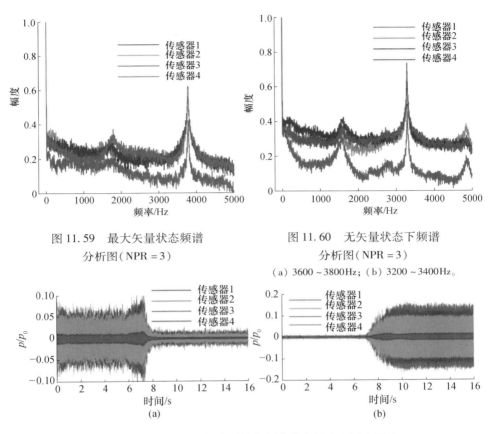

图 11.59　最大矢量状态频谱
分析图(NPR = 3)

图 11.60　无矢量状态下频谱
分析图(NPR = 3)
(a) 3600 ~ 3800Hz;(b) 3200 ~ 3400Hz。

图 11.61　不同矢量状态下的各频率段内的动态压力情况
(a) 3600 ~ 3800Hz;(b) 3200 ~ 3400Hz。

集的压力值较低。

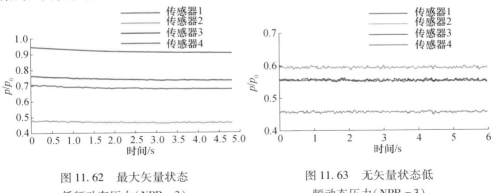

图 11.62　最大矢量状态
低频动态压力(NPR = 3)

图 11.63　无矢量状态低
频动态压力(NPR = 3)

2. NPR = 3 动态实验结果与分析

图 11.64 所示为矢量控制器以 0.677Hz 的频率切换矢量状态时，实验获得的动态压力的变化情况。该动态过程中在 0 时刻时矢量控制开关为关闭状态。实验获得的喷管矢量偏转角动态调节速率为 50(°)/s。

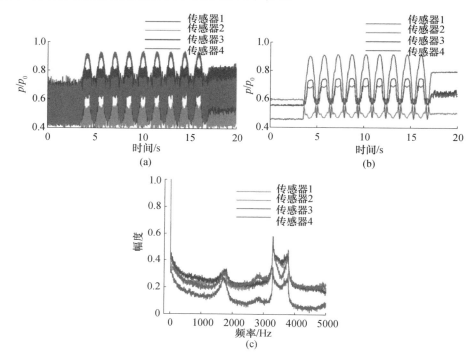

图 11.64　动态压力情况(NPR = 3,矢量控制器频率为 0.677Hz)

(a) 原始的动态压力数据；(b) 低通滤波后的动态压力数据；(c) 频谱分析图。

与图 11.64 类似,图 11.65 和图 11.66 所示分别为矢量控制器以 0.520Hz 和 0.363Hz 的频率切换矢量状态时,实验获得的动态压力的变化情况。该动态过程中在 0 时刻时矢量控制开关为关闭状态。实验获得的喷管矢量偏转角动态调节速率分别为 38.4(°)/s 和 26.8(°)/s。

从以上实验结果可知:在 NPR = 3 时,矢量控制器从矢量控制开关关闭状态开始调节,动态压力传感器捕获的凹腔内的压力变化与控制开关开度的变化几乎一致,实验获得的流场的动态迟滞时间非常短,均小于 1ms。通过分析整个矢量切换过程的频谱特性可以发现,喷管在矢量状态快速切换的过程中,在各矢量状态下仍然保持其特征振动频率,因此在 3000 ~ 4000Hz 区间,频谱图上出现了一个类似 U 形的频谱分布。由于实验时矢量控制器作用机构运动频率的限制,还没有完全获

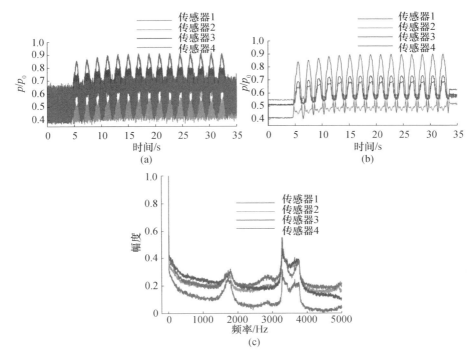

图 11.65　动态压力情况(NPR = 3,矢量控制器频率为 0.520Hz)

(a) 原始的动态压力数据;(b) 低通滤波后的动态压力数据;(c) 频谱分析图。

得在 NPR = 3 时的最佳动态特性,矢量控制器的开关调节的最快时间约 0.74s,相对于喷管的动态调节时间 10.5ms(计算获得的喷管矢量起动的动态调节时间)太长,因此实验获得的喷管的动态调节时间与矢量控制器的开关周期一致。但是尽管如此,此次实验获得的 NPR = 3 时最快的矢量动态调节速率仍为 50(°)/s,已完全满足工程上的要求。

考虑到喷管在实际工作中,还存在从一个矢量状态调节到另一个矢量状态的工作过程。因此下面将开展喷管分别从矢量控制开关开度为 30% 、50% 和 80% 三种情况下进行的动态调节的过程研究,分析在该过程中的动态迟滞时间。

图 11.67 所示为矢量控制器以 0.520Hz 切换矢量状态,控制开关初始开度为 30% 时的动态压力原始数据和低通滤波后的数据。

图 11.68 所示为矢量控制器以 0.520Hz 切换矢量状态,控制开关初始开度为 50% 时的动态压力原始数据和低通滤波后的数据。

图 11.69 所示为矢量控制器以 0.520Hz 切换矢量状态,控制开关初始开度为 80% 时的动态压力原始数据和低通滤波后的数据。

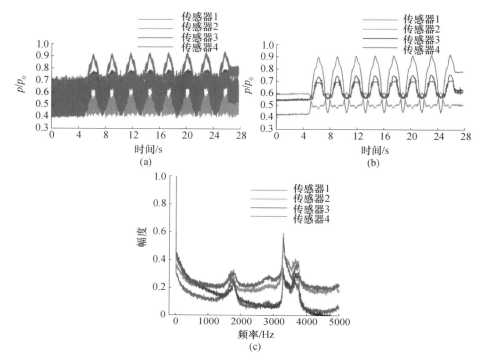

图 11. 66　动态压力情况(NPR = 3,矢量控制器频率为 0. 363 Hz)

(a) 原始的动态压力数据;(b) 低通滤波后的动态压力数据;(c) 频谱分析图。

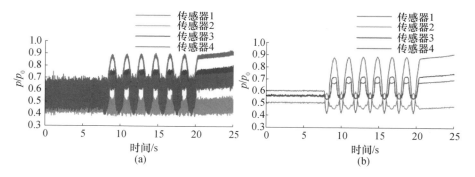

图 11. 67　动态压力情况(控制开关初始开度为 30% ,NPR = 3,
矢量控制器频率为 0. 520 Hz)

(a) 实验原始数据;(b) 低通滤波后的数据。

　　从图 11. 67 ~ 图 11. 69 可以发现,由于 3 号和 4 号动态压力传感器在喷管的凹腔下壁面,此处马赫数较高,分离区较小,因此从实验结果来看,几乎没有延迟时间。2 号动态压力传感器位于凹腔上壁面,此处所有工况都存在一个很大的回流

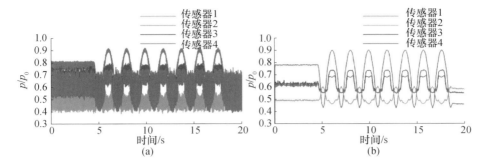

图 11.68　动态压力情况(控制开关初始开度为 50% ,NPR = 3,
矢量控制器频率为 0.520Hz)

(a)实验原始数据;(b)低通滤波后的数据。

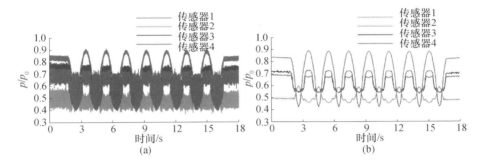

图 11.69　动态压力情况(控制开关开度为 80% ,NPR = 3,
矢量控制器频率为 0.520Hz)

(a)实验原始数据;(b)低通滤波后的数据。

涡。从实验结果来看,2 号动态压力传感器在上述三种工况下,测得的压力有迟滞
现象,迟滞时间在矢量控制开关开度为 30% 、50% 和 80% 的三种情况,均不大于
10ms,并且随着矢量控制开关开度的增加,迟滞时间变化不大。出现这个现象的
主要原因是,喷管凹腔分离区内的回流涡在流动变化过程中存在一定的滞后性。

3. NPR = 5 静态实验结果与分析

图 11.70 和图 11.71 所示分别为 NPR = 5 时,最大矢量状态和无矢量状态的
纹影图像。可以从纹影图中射流边界的对比中清楚地看到新型双喉道气动矢量喷
管明显的矢量效果。图 11.72 为数值模拟获得的最大矢量状态的密度等值线图。
通过对比可以发现,从波系结构和矢量特征上看,数值模拟结果与实验结果非常吻
合。通过对比二维及三维数值模拟及实验获得的凹腔上下壁面的压力分布,如图
11.73 所示,可以发现数值模拟的结果与实验结果吻合得较好,特别是凹腔下壁面
计算的误差很小,对于凹腔上壁面,计算获得的压力值稍微偏低。从二维及三维的

计算结果来看,二维的计算结果更加接近实验值。图 11.74 为此刻二维模型计算获得的马赫数云图。

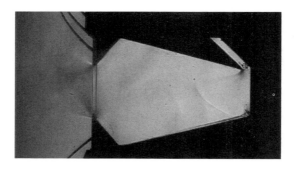

图 11.70　最大矢量状态纹影图(NPR = 5)

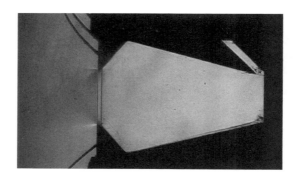

图 11.71　无矢量状态纹影图(NPR = 5)

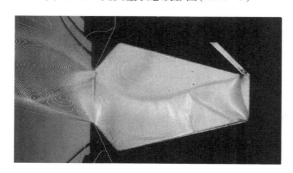

图 11.72　数值模拟获得的最大矢量状态的密度等值线图(NPR = 5)

在落压比 NPR = 5 时,喷管最大矢量状态下,二维数值模拟的结果:矢量偏转角度为 23.20°、流量系数为 0.862、推力系数为 0.964。三维数值模拟的结果:矢量偏转角度为 21.08°、流量系数为 0.870、推力系数为 0.956。

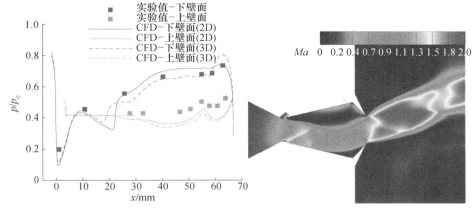

图 11.73　实验与数值模拟压力　　　图 11.74　矢量最大情况马赫数
　　　　对比情况(NPR = 5)　　　　　　　　　云图(NPR = 5)

图 11.75 所示为 0 ~ 16s 内,矢量控制开关从最大开度状态调节到关闭状态过程中,动态压力的原始数据。图 11.76 为该种情况下的三维谱阵图。从图中可以清晰地看到,随着喷管矢量状态的切换,采集到的喷管动态压力的频谱特征也发生变化,待矢量状态稳定后,喷管的频谱特征是较为稳定的,最大矢量状态的振动特征频率较高。

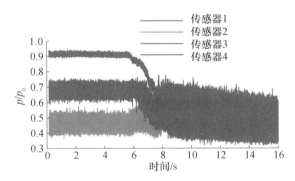

图 11.75　矢量调节过程中的动态压力原始数据(NPR = 5)

图 11.77 和图 11.78 分别为最大矢量状态及无矢量状态下的频谱分析图。可以发现:最大矢量状态下,在大约 1Hz、1700Hz 和 3700Hz 三个频率处出现极大值;同时,无矢量状态时,在大约 1Hz、1600Hz 和 3300Hz 三个频率处出现极大值。与 11.5.1 节 NPR = 3 的情况类似,在 NPR = 5 时,不同的喷管矢量状态会诱发不同频率的振动信号,因此也可以通过采集喷管的振动频率特征来粗略判断喷管的矢量状态。

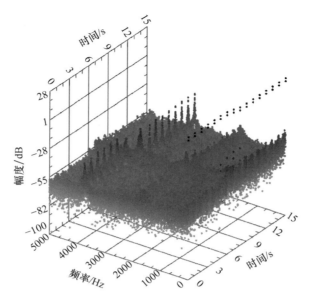

图 11.76　矢量调节过程中的三维谱阵图(NPR = 5)

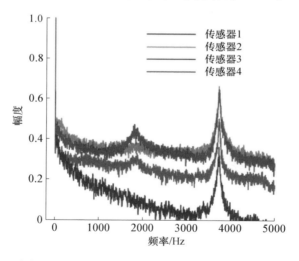

图 11.77　最大矢量状态下频谱分析图(NPR = 5)

　　图 11.79 和图 11.80 所示分别为 NPR = 5 时,滤除高频噪声后,四个动态压力传感器捕获最大矢量状态和无矢量状态下的动态压力情况。

4. NPR = 5 动态实验结果与分析

　　图 11.81 所示为矢量控制器以 0.677Hz 的频率切换矢量状态时,实验获得的动态压力的变化情况。该动态过程中在 0 时刻时矢量控制开关为关闭状态。实验

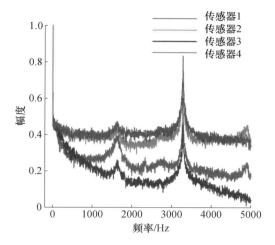

图 11.78　无矢量状态下频谱分析图(NPR = 5)

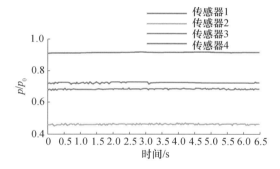

图 11.79　最大矢量状态下动态压力情况(NPR = 5)

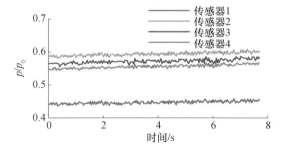

图 11.80　无矢量状态下动态压力情况(NPR = 5)

获得的喷管矢量偏转角动态调节速率为 40(°)/s。

与图 11.81 类似,图 11.82 和图 11.83 所示分别为矢量控制器以 0.520Hz 及

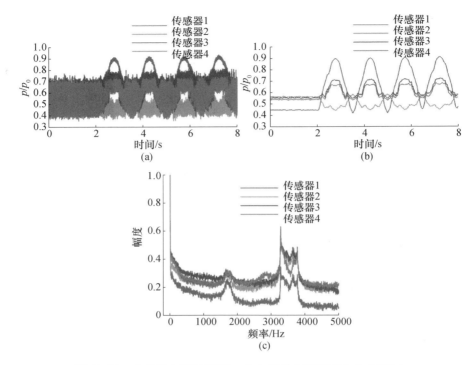

图 11.81　动态压力情况（NPR = 5，矢量控制器频率为 0.677Hz）
（a）原始的动态压力数据；（b）低通滤波后的动态压力数据；（c）频谱分析图。

0.363Hz 的频率切换矢量状态时，实验获得的动态压力的变化情况。该动态过程中在 0 时刻时矢量控制开关为关闭状态。实验获得的 BDTN 矢量偏转角动态调节速率分别为 30.7(°)/s 和 21.4(°)/s。

从以上实验结果得到的结论是，在 NPR = 5 时，矢量控制器从矢量控制开关为关闭状态开始调节，动态压力传感器捕获的凹腔内的压力变化与控制开关开度的变化几乎一致，实验获得的流场的动态迟滞时间非常短，均小于 1ms。通过分析整个矢量切换过程的频谱情况可以发现，喷管在矢量状态快速切换过程中，在各矢量状态下仍然保持其特征振动频率，因此在 3000 ~ 4000Hz 区间，频谱图上出现了一个类似 U 形的频谱分布。由于实验时矢量控制器运动频率的限制，此次实验获得的 NPR = 5 时，最快的矢量动态调节速率为 40(°)/s。

考虑到喷管在实际工作中，还存在着从一个矢量状态调节到另一个矢量状态的工作过程，因此下面将开展喷管分别从矢量控制开关开度为 30%、50% 和 80% 三种情况下进行的动态调节的过程研究，分析在该过程中的动态迟滞时间。

图 11.84 所示为矢量控制器以 0.520Hz 切换矢量状态矢量、控制开关初始开

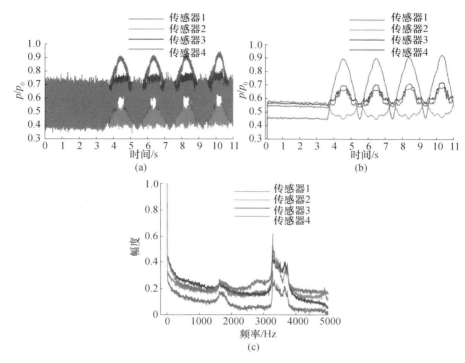

图 11.82　动态压力情况（NPR = 5，矢量控制器频率为 0.520Hz）

（a）原始的动态压力数据；（b）低通滤波后的动态压力数据；（c）频谱分析图。

度为 30% 时的动态压力原始数据和低通滤波后的数据。

图 11.85 所示为矢量控制器以 0.520Hz 切换矢量状态矢量、控制开关初始开度为 50% 时的动态压力原始数据和低通滤波后的数据。

图 11.86 所示为矢量控制器以 0.520Hz 切换矢量状态矢量，控制开关初始开度为 80% 时的动态压力原始数据和低通滤波后的数据。

从图 11.84 ~ 图 11.86 可以发现，由于 3 号和 4 号动态压力传感器在喷管的凹腔下壁面，此处马赫数较高，分流区较小，因此从实验结果来看，几乎没有延迟时间。2 号动态压力传感器位于凹腔上壁面，此处所有工况都存在一个很大的回流涡，从实验结果来看，2 号动态压力传感器在上述三种工况下，测得的压力有迟滞现象，迟滞时间在矢量控制开关开度为 30%、50% 和 80% 的三种情况，均不大于 10ms。

5. NPR = 10 静态实验结果与分析

图 11.87 和图 11.88 所示分别为 NPR = 10 时，最大矢量状态和无矢量状态的纹影图像。可以从纹影图中的射流边界中清晰地发现，新型双喉道气动矢量喷管确实可以产生非常稳定、明显的矢量效果。图 11.89 为数值模拟获得的最大矢量

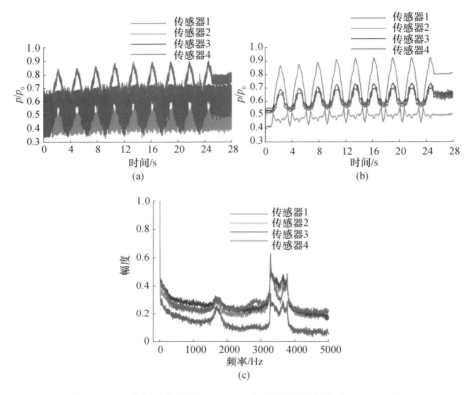

图 11.83　动态压力情况(NPR = 5,矢量控制器频率为 0.363Hz)

(a) 原始的动态压力数据;(b) 低通滤波后的动态压力数据;(c) 频谱分析图。

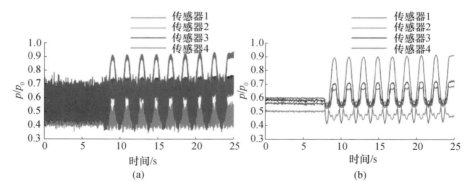

图 11.84　动态压力情况(控制开关初始开度为 30%,NPR = 5,

矢量控制器频率为 0.520Hz)

(a) 原始的动态压力数据;(b) 低通滤波后的动态压力数据。

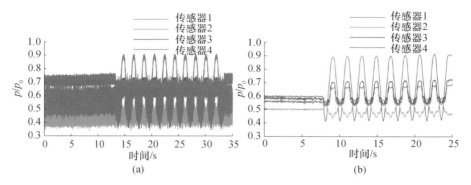

图 11.85 动态压力情况(初始控制开关开度为 50%,NPR = 5,
矢量控制器频率为 0.520Hz)

(a)原始的动态压力数据;(b)低通滤波后的动态压力数据。

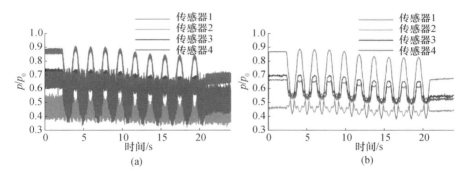

图 11.86 动态压力情况(初始控制开关开度为 80%,NPR = 5,
矢量控制器频率为 0.520Hz)

(a)原始的动态压力数据;(b)低通滤波后的动态压力数据。

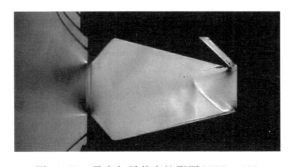

图 11.87 最大矢量状态纹影图(NPR = 10)

状态的密度等值线图。通过对比波系结构和矢量特征可以发现,数值模拟结果与
实验结果非常吻合。通过对比二维及三维数值模拟及实验获得的凹腔上下壁面压

力分布,如图11.90所示,可以发现数值模拟的结果与实验结果吻合得非常好,特别是凹腔下壁面的计算误差非常小,对于凹腔上壁面,计算获得的压力值偏低。从二维及三维各自的计算结果来看,二维的计算结果更接近于实验值。图11.91为此刻二维模型计算获得的马赫数云图。

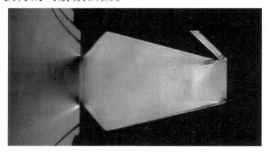

图 11.88 无矢量状态纹影图(NPR = 10)

图 11.89 最大矢量状态的密度等值线对比图(NPR = 10)

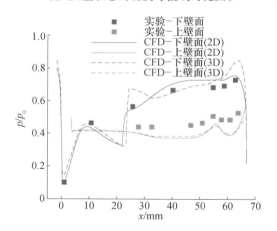

图 11.90 实验与数值模拟压力对比(NPR = 10)

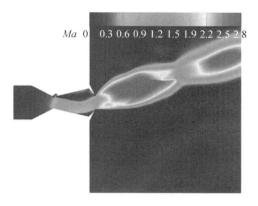

图 11.91　最大矢量状态下的马赫数云图(NPR = 10)

在落压比 NPR = 10 时,喷管最大矢量状态下,二维数值模拟的结果:矢量偏转角度为 21.30°、流量系数为 0.866、推力系数为 0.941。三维的数值模拟结果:矢量偏转角度为 20.27°、流量系数为 0.862、推力系数为 0.934。

图 11.92 所示为 0 ~ 16s 内,矢量控制开关从最大开度状态调节到关闭状态过程中,动态压力的原始数据。图 11.93 为该种情况下的三维谱阵图。从图中可以清晰地看到,随着喷管矢量状态的切换,采集到的喷管动态压力的频谱特征也发生变化,待矢量状态稳定后,喷管的频谱特征是较为稳定的,最大矢量状态的振动特征频率较高。

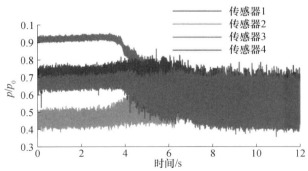

图 11.92　矢量调节过程中的动态压力原始数据(NPR = 10)

图 11.94 和图 11.95 分别为最大矢量状态及无矢量状态下的频谱分析图。可以发现:最大矢量状态下,在大约 1Hz、1700Hz 和 3700Hz 三个频率处出现极大值;同时,无矢量状态时,在大约 1Hz、1500Hz 和 3300Hz 三个频率处出现极大值。与上面所述的情况类似,在 NPR = 10 时,不同的喷管矢量状态会诱发不同频率的振动信号,因此也可以通过采集喷管的振动频率特征来初略判断喷管的矢量状态。

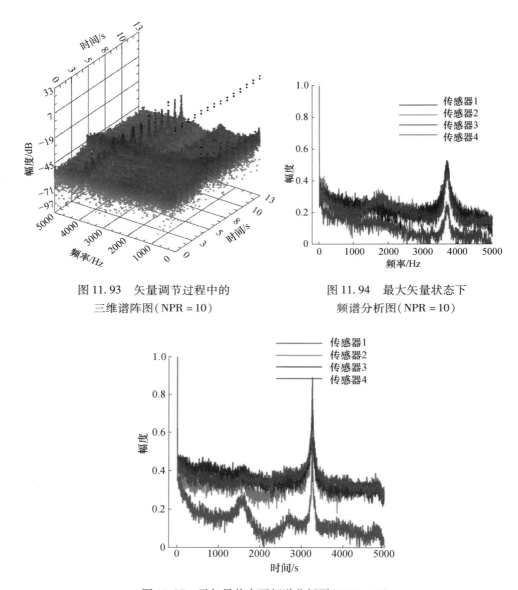

图 11.93　矢量调节过程中的
三维谱阵图（NPR＝10）

图 11.94　最大矢量状态下
频谱分析图（NPR＝10）

图 11.95　无矢量状态下频谱分析图（NPR＝10）

图 11.96 和图 11.97 所示分别为 NPR＝10 时,滤除高频噪声后,四个动态压力传感器捕获最大矢量状态和无矢量状态下的动态压力情况。

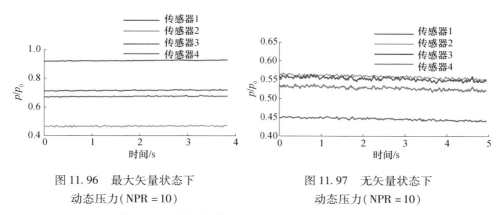

图 11.96　最大矢量状态下
动态压力(NPR = 10)

图 11.97　无矢量状态下
动态压力(NPR = 10)

6. NPR = 10 动态实验结果与分析

图 11.98 所示为矢量控制器以 0.677Hz 的频率切换矢量状态时,实验获得的动态压力的变化情况。该动态过程中在 0 时刻时矢量控制开关处于关闭状态。实验获得的喷管矢量偏转角动态调节速率为 34(°)/s。

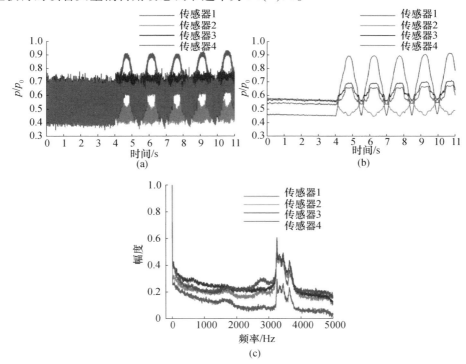

图 11.98　动态压力情况(NPR = 10,矢量控制器频率 = 0.677Hz)

(a) 原始的动态压力数据;(b) 低通滤波后的动态压力数据;(c) 频谱分析。

与图 11.98 类似,图 11.99 所示为矢量控制器以 0.520Hz 的频率切换矢量状态时,实验获得的动态压力的变化情况。该动态过程中在 0 时刻时矢量控制开关处于关闭状态。实验获得的 BDTN 矢量偏转角动态调节速率为 26.1(°)/s。

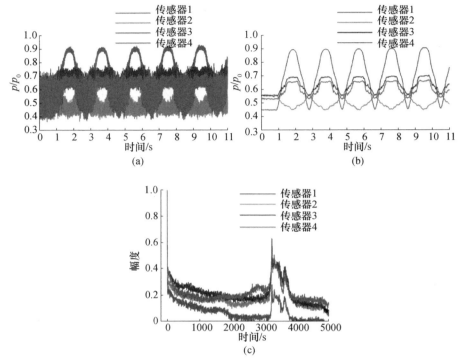

图 11.99　动态压力情况(NPR = 10,矢量控制器频率为 0.520Hz)

(a) 原始的动态压力数据;(b) 低通滤波后的动态压力数据;(c) 频谱分析。

图 11.100 所示为矢量控制器频率为 0.363Hz 时的动态压力情况。实验获得的喷管推力矢量偏转角动态调节速率为 18.2(°)/s。在该动态过程中在 0 时刻时矢量控制开关关闭。图中原始数据 1 和原始数据 2 对应的情况分别为,矢量控制开关中止运动的位置分别在矢量控制开关完全打开和关闭的两个特殊位置。从结果中可以发现,在喷管矢量动态调节过程中,凹腔内各压力变化非常迅速,在突然停止矢量切换时,喷管的压力没有出现任何明显的迟滞现象及抖动现象,可见新型气动矢量喷管矢量效果稳定且可靠。

从以上实验结果得到的结论是,在 NPR = 10 时,矢量控制器从矢量控制开关为关闭状态开始调节,动态压力传感器捕获的凹腔内的压力变化与控制开关开度的变化几乎一致,实验获得的流场的动态迟滞时间非常短,均小于 1ms。通过分析整个矢量切换过程的频谱情况可以发现,喷管在矢量状态快速切换过程中,在各矢

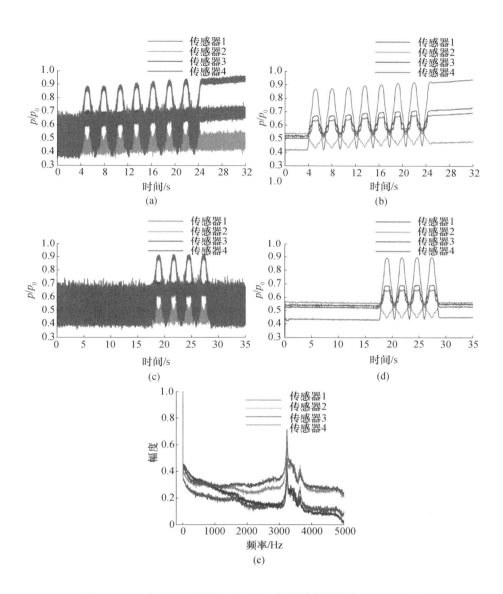

图 11.100　动态压力情况（NPR = 10，矢量控制器频率 = 0.363Hz）

（a）原始的动态压力数据 1；（b）低通滤波后的动态压力数据 1；（c）原始的动态压力数据 2；
（d）低通滤波后的动态压力数据 2；（e）频域分析。

量状态下仍然保持其特征振动频率。由于实验时矢量控制器机构运动频率的限制,NPR = 10 时,此次实验获得的最快的矢量动态调节速率为 34(°)/s。

考虑到喷管在实际工作中还存在从一个矢量状态调节到另一个矢量状态的工作过程,因此分别从矢量控制开关开度为 30%、50% 和 80% 三种情况下进行喷管动态调节的过程研究,分析在该过程中的动态迟滞时间。

图 11.101 所示为矢量控制器以 0.520Hz 切换矢量状态矢量、控制开关初始开度为 30% 时的动态压力原始数据和低通滤波后的数据。

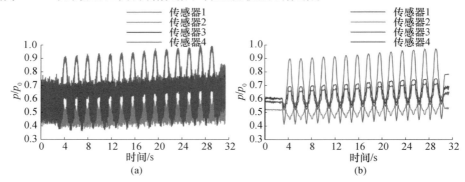

图 11.101   动态压力情况(控制开关初始开度为 30%,NPR = 10,
矢量控制器频率 = 0.520Hz)

(a)原始的动态压力数据;(b)低通滤波后的动态压力数据。

图 1.102 所示为矢量控制器以 0.520Hz 切换矢量状态、控制开关初始开度为 50% 时的动态压力原始数据和低通滤波后的数据。

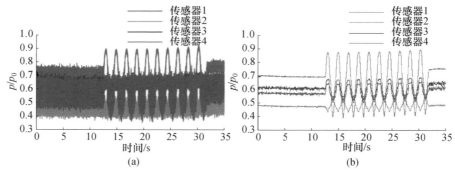

图 11.102   动态压力情况(控制开关初始开度为 50%,NPR = 10,
矢量控制器频率 = 0.520Hz)

(a)原始的动态压力数据;(b)低通滤波后的动态压力数据。

图 11.103 所示为矢量控制器以 0.520Hz 切换矢量状态、控制开关初始开度为

80% 时的动态压力原始数据和低通滤波后的数据。

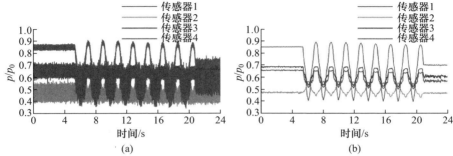

图 11.103　动态压力情况（控制开关初始开度为 80%，NPR = 10，
矢量控制器频率 = 0.520Hz）

（a）原始的动态压力数据；（b）低通滤波后的动态压力数据。

从图 11.101 ～图 11.103 可以发现，由于 3 号和 4 号动态压力传感器在喷管的凹腔下壁面，此处马赫数较高，分离区较小，因此从实验结果来看，几乎没有延迟时间。2 号动态压力传感器位于凹腔上壁面，此处所有工况都存在一个很大的回流涡。从实验结果来看，在上述三种工况下，2 号动态压力传感器测得的压力有迟滞现象，迟滞时间在矢量控制开关开度为 30%、50% 和 80% 的三种情况，均不大于 10ms。

11.6　本章小结

在前期新型双喉道气动矢量喷管的研究基础上，首先进行了多参数、单目标的优化设计，并借助 CFD 技术对该喷管的静态、动态气动性能进行了仿真研究，重点分析了喷管的容腔效应及流量系数对发动机性能的影响。然后设计并搭建了喷管实验台，开展了静态、动态风洞实验研究。得到的主要结论如下：

（1）优化设计得到的新型双喉道气动矢量喷管不仅不需要从发动机引入次流，而且具有优越的矢量性能，特别在较高落压比下，喷管的矢量偏转角仍非常可观，在 NPR = 3、NPR = 5 和 NPR = 10 的情况下，矢量偏转角分别达到了 27.24°、23.12°和 21.30°。

（2）研究发现，双喉道气动矢量喷管在起动时会先产生一个负向的矢量偏转角，随后推力矢量偏转角从最大负向矢量偏转角向最大正向矢量偏转角快速切换，该过程中喷管矢量偏转角的变化率非常大。计算得到的最大负向矢量偏转角约为喷管最大矢量偏转角的 60%，对于实际应用的喷管模型，整个矢量调节过程最终稳定约为 30ms，从最大负向矢量偏转角到最大正向矢量偏转角的转化过程约为

5ms，喷管矢量偏转角快速转换的瞬间，变化率达到8(°)/ms。

（3）利用非定常数值模拟获得喷管矢量起动的动态调节时间为10.5ms，喷管矢量关闭的动态调节时间为2.5ms。在矢量起动及关闭过程中，各参数特别是推力系数会出现一定的波动，且该过程中几乎不存在动态迟滞时间。

（4）在最大矢量状态时，当喷管落压比大于一个临界值之后，喷管内部波系及压力分布规律趋于稳定，此时流量系数在较小范围内做小幅波动。随着喷管进口总温的增加，其流量系数增加。在矢量调节状态下，随着次流流率的增加，流量系数减小。

（5）在落压比 NPR = 3、5 和 10 三个工况下，开展的静态实验结果与数值模拟结果吻合较好，实验获得的矢量偏转角度分别为 27.24°、23.20° 和 21.30°。

（6）首次开展了双喉道气动矢量喷管的动态实验，获得了在 NPR = 3、5 和 10 时，最快的矢量动态调节速率分别为 50(°)/s、40(°)/s 和 34(°)/s。在各落压比下，当喷管从无矢量状态开始调节时，实验获得的流场的动态迟滞时间均小于 1ms。当喷管从一个矢量状态调节到另一个矢量状态时，实验获得的流场的动态迟滞时间均不大于 10ms。

参考文献

［1］顾瑞. 新型双喉道气动矢量喷管机理与关键技术研究［D］. 南京:南京航空航天大学,2013.

［2］Flamm J D, Deere K A, Mason M L, et al. Design enhancements of the two – dimensional, dual throat fluidic thrust vectoring nozzle concept［C］. AIAA 2006 – 3701,Reston:AIAA,2006.

［3］Ishiguro M, Nakamure Y, Shimizu M. Flow separation inside conical nozzle of an arc heated wind tunnel［C］. AIAA 94 – 2594,1994.

［4］Emanuele Martelli, Francesco Nasuti, Marcello Onofri. Effect of wall shape and real gas properties on dual bell nozzle flowfield［C］. AIAA 2005 – 3943,Reston:AIAA,2005.

［5］Stark Ralf H,Koschel Wolfgang W. Experiment study of the temperature rise within the separation zone of bell type nozzles［C］. AIAA 2009 – 5147,Reston:AIAA,2009.

［6］Deere Karen A, Flamm Jeffrey D, Berrier Bobby L, et al. Computational study of an axisymmetric dual throat fluidic thrust vectoring nozzle for a supersonic aircraft application［C］. AIAA 2007 – 5085, Reston: AIAA,2007.

［7］宋科,李栋,乔志德,矢量推力喷流对飞行器气动载荷影响的研究［J］. 航空计算技术,2005,35(3):37 – 40.

［8］Sekhar Radhakrishnan, Meganathan Abraham J. Open cavity flow at subsonic speeds – comparison of numerical simulations with experiments［C］. AIAA 2002 – 0571,Reston:AIAA,2002.

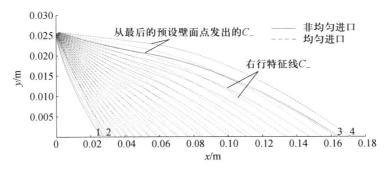

图 5.6　非均匀与均匀进口条件下初始膨胀区右行特征线比较

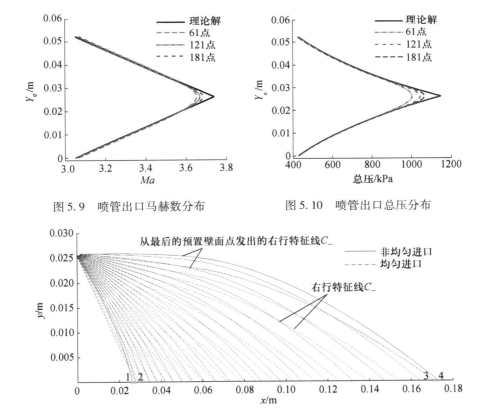

图 5.9　喷管出口马赫数分布　　　　图 5.10　喷管出口总压分布

图 5.11　非均匀与均匀进口条件下初始膨胀区右行特征线比较

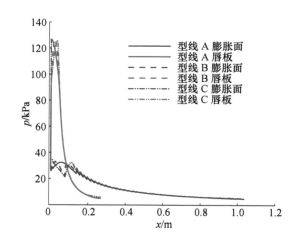

图 5.17　三种不同进口压力分布条件下的喷管壁面压力分布

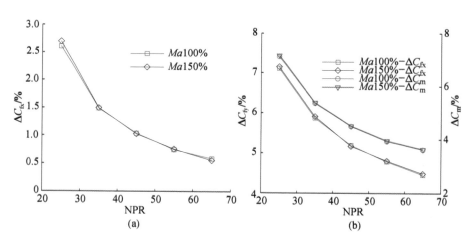

图 5.44　不同压比下喷管性能增益
（a）轴向推力系数增益；（b）升力和力矩系数增益。

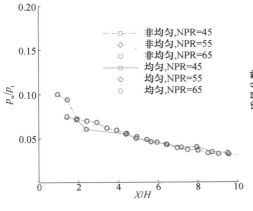

图 5.45　不同压比下喷管压力分布

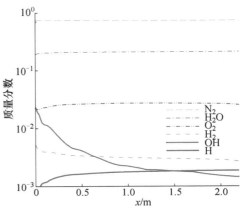

图 6.7　沿喷管中心线组分分布

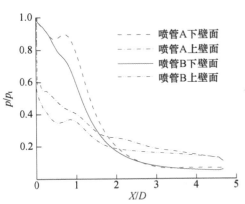

图 8.13　两套三维喷管的压力分布对比

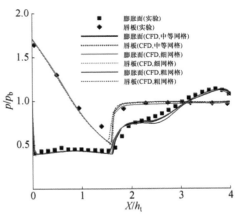

图 9.27　计算得到的上下壁面压力分布

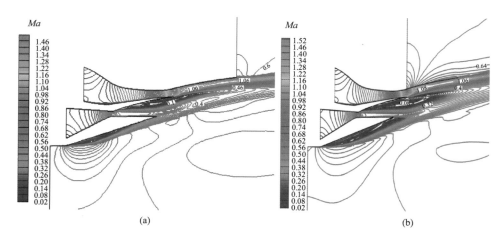

图 10.23　TBCC 发动机排气系统对称面上马赫数等值线图

（a）*Ma*0.6（模型 1）；（b）*Ma*0.6（模型 2）。

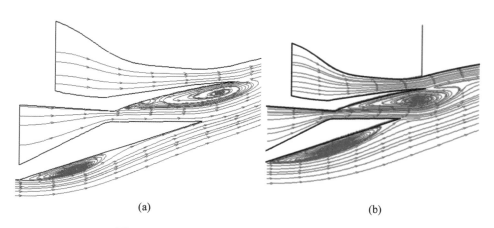

图 10.24　TBCC 发动机排气系统对称面上流线图

（a）*Ma*0.6（模型 1）；（b）*Ma*0.6（模型 2）。

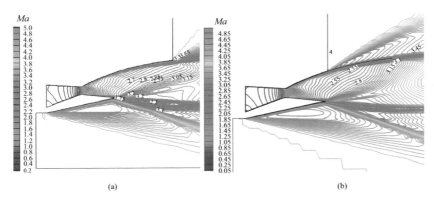

图 10.25　TBCC 发动机排气系统对称面上马赫数等值线图

（a）Ma4.0（模型 1）；（b）Ma4.0（模型 2）。

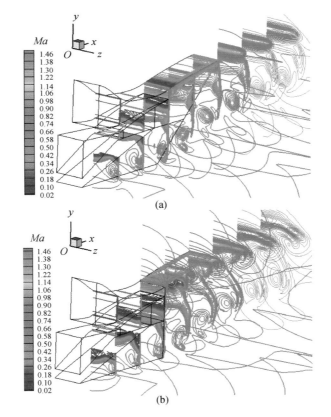

图 10.26　排气系统模型等 x 面上马赫数等值线图

（a）模型 1（Ma0.6，不加力状态）；（b）模型 2（Ma0.6，不加力状态）。

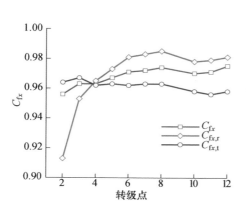

图 10.42　转级过程特征点
排气系统推力性能

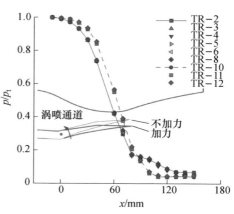

图 10.43　涡喷通道上膨胀面压力分布

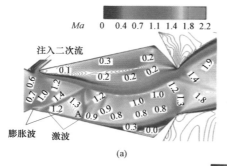

(a)

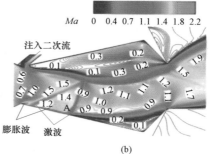

(b)

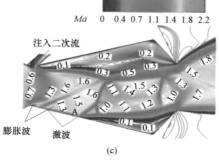

(c)

图 11.13　不同进口总温 T_{in}^* 下的马赫数云图（NPR = 5）

（a）$T_{in}^* = 300K$；（b）$T_{in}^* = 600K$；（c）$T_{in}^* = 1200K$。

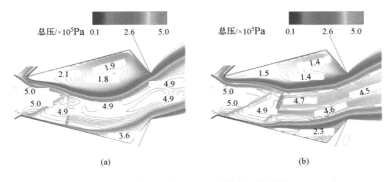

图 11.14　不同进口总温 T_{in}^{*} 下的总压云图（NPR = 5）

（a）$T_{in}^{*}=300K$；（b）$T_{in}^{*}=1200K$。

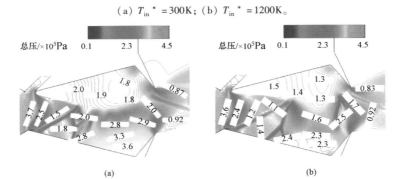

图 11.15　不同进口总温 T_{in}^{*} 下的静压云图（NPR = 5）

（a）$T_{in}^{*}=300K$；（b）$T_{in}^{*}=1200K$。

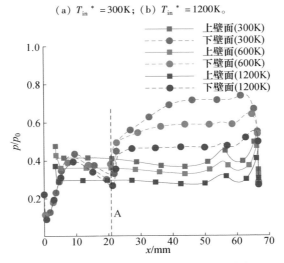

图 11.16　不同进口总温 T_{in}^{*} 下的上下壁面压力分布（NPR = 5）

图 11.20　轴对称模型马赫数
云图（NPR = 3）

图 11.21　轴对称模型马赫数
云图（NPR = 5）

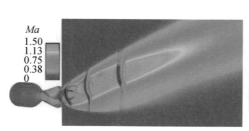

图 11.22　轴对称模型马赫数
云图（NPR = 10）

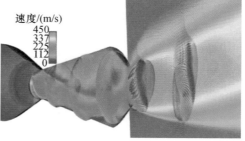

图 11.23　轴对称模型速度云图及
其速度矢量图（NPR = 5）

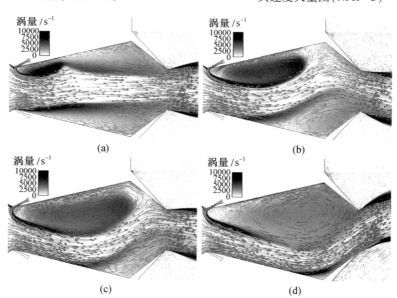

(a)　　　　　　　　　　　　　(b)

(c)　　　　　　　　　　　　　(d)

图 11.27　模型 2 的涡量云图和速度矢量图
（a）1.5ms；（b）5ms；（c）7ms；（d）10ms。

次流流量
控制装置

图 11.39　矢量调节状态喷管计算模型

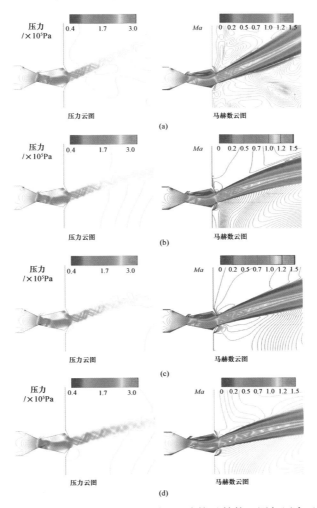

图 11.40　次流控制开关不同状态下,喷管马赫数云图与压力云图
(a) 状态 1;(b) 状态 2;(c) 状态 3;(d) 状态 4。

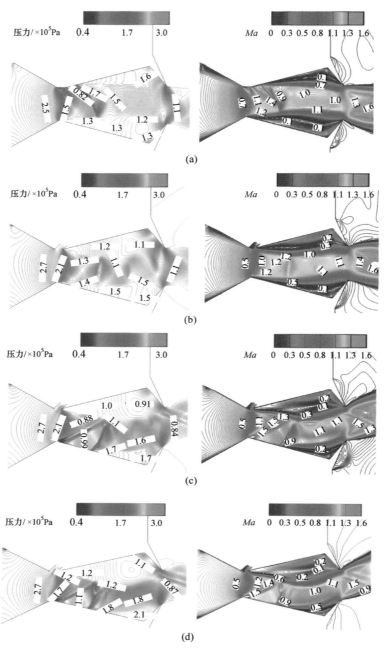

图 11.44 次流打开过程中,流场压力云图和马赫数云图(NPR = 3)

(a) 0ms;(b) 0.4ms;(c) 1.5ms;(d) 10.5ms。

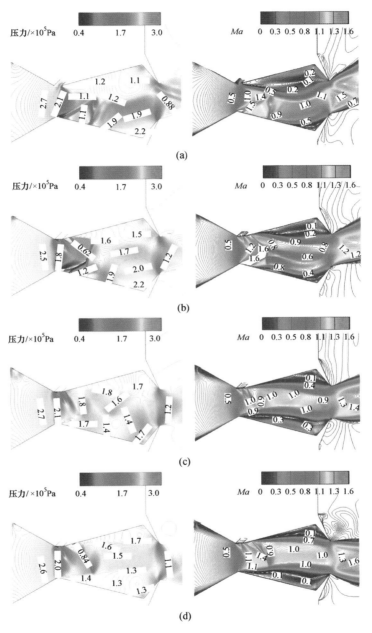

图 11.46　次流打开过程中，几个关键时间点上流场的
压力云图和马赫数云图（NPR = 3）

（a）0ms；（b）0.4ms；（c）0.8ms；（d）2.5ms。

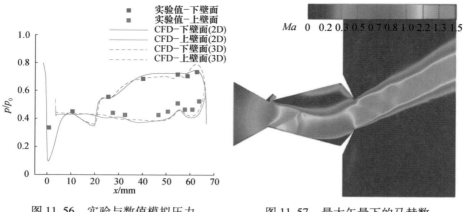

图 11.56　实验与数值模拟压力
对比情况(NPR = 3)

图 11.57　最大矢量下的马赫数
云图(NPR = 3)

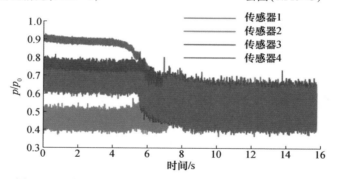

图 11.58　矢量调节过程中的动态压力原始数据(NPR = 3)

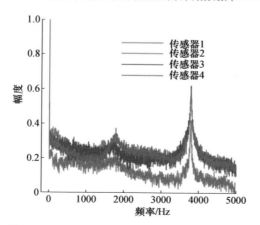

图 11.59　最大矢量状态频谱分析图(NPR = 3)

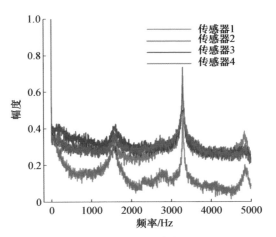

图 11.60　无矢量状态下频谱分析图（NPR = 3）

（a）3600 ~ 3800Hz；（b）3200 ~ 3400Hz。

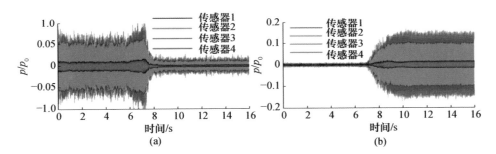

图 11.61　不同矢量状态下的各频率段内的动态压力情况

（a）3600 ~ 3800Hz；（b）3200 ~ 3400Hz。

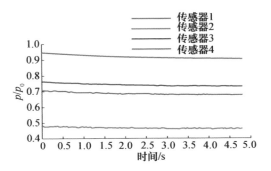

图 11.62　最大矢量状态低频动态压力（NPR = 3）

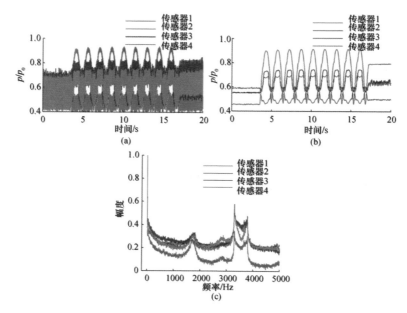

图 11.64　动态压力情况(NPR = 3, 矢量控制器频率为 0.677Hz)

（a）原始的动态压力数据；（b）低通滤波后的动态压力数据；（c）频谱分析图。

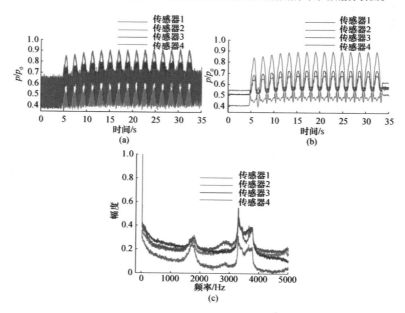

图 11.65　动态压力情况(NPR = 3, 矢量控制器频率为 0.520Hz)

（a）原始的动态压力数据；（b）低通滤波后的动态压力数据；（c）频谱分析图。

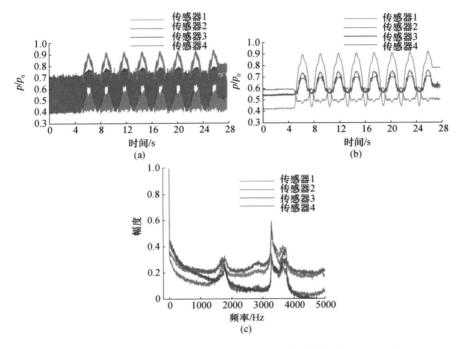

图 11.66　动态压力情况(NPR = 3,矢量控制器频率为 0.363Hz)

(a) 原始的动态压力数据;(b) 低通滤波后的动态压力数据;(c) 频谱分析图。

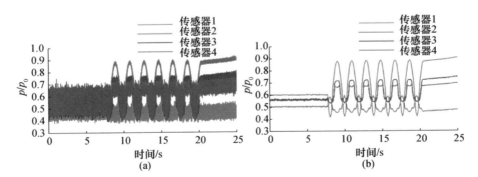

图 11.67　动态压力情况(控制开关初始开度为 30%,NPR = 3,

矢量控制器频率为 0.520Hz)

(a) 实验原始数据;(b) 低通滤波后的数据。

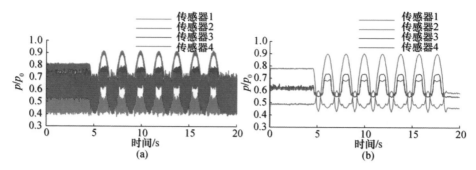

图 11.68　动态压力情况(控制开关初始开度为 50%，NPR = 3，
矢量控制器频率为 0.520Hz)

(a)实验原始数据；(b)低通滤波后的数据。

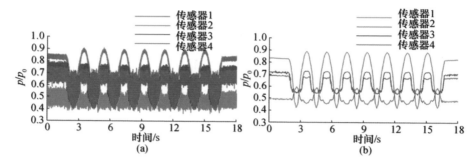

图 11.69　动态压力情况(控制开关开度为 80%，NPR = 3，
矢量控制器频率为 0.520Hz)

(a)实验原始数据；(b)低通滤波后的数据。

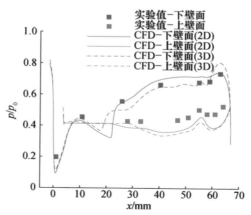

图 11.73　实验与数值模拟压力对比情况(NPR = 5)

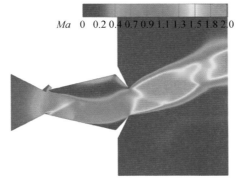

图 11.74　矢量最大情况马赫数云图（NPR = 5）

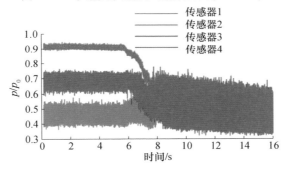

图 11.75　矢量调节过程中的动态压力原始数据（NPR = 5）

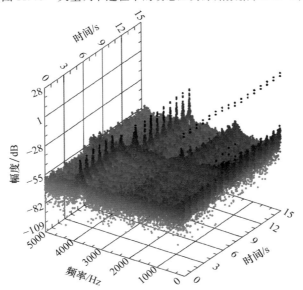

图 11.76　矢量调节过程中的三维谱阵图（NPR = 5）

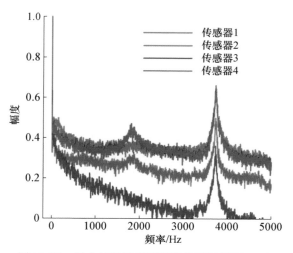

图 11.77　最大矢量状态下频谱分析图（NPR＝5）

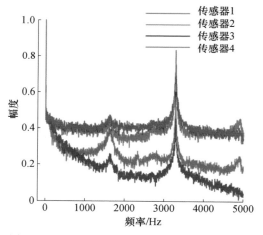

图 11.78　无矢量状态下频谱分析图（NPR＝5）

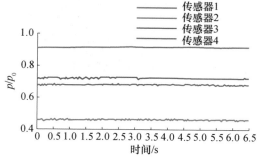

图 11.79　最大矢量状态下动态压力情况（NPR＝5）

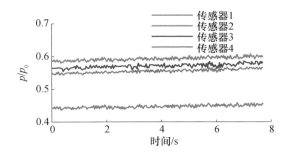

图 11.80　无矢量状态下动态压力情况(NPR = 5)

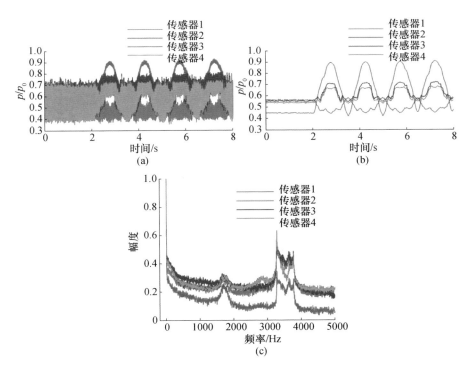

图 11.81　动态压力情况(NPR = 5,矢量控制器频率为 0.677Hz)

(a)原始的动态压力数据;(b)低通滤波后的动态压力数据;(c)频谱分析图。

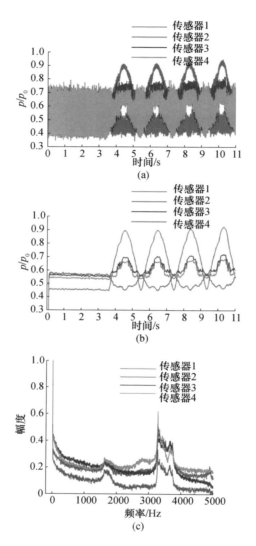

图 11.82　动态压力情况（NPR = 5,矢量控制器频率为 0.520Hz）

（a）原始的动态压力数据；（b）低通滤波后的动态压力数据；（c）频谱分析图。

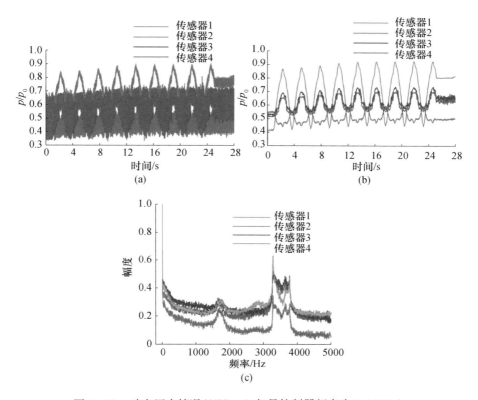

图 11.83　动态压力情况(NPR=5,矢量控制器频率为 0.363Hz)

(a) 原始的动态压力数据;(b) 低通滤波后的动态压力数据;(c) 频谱分析图。

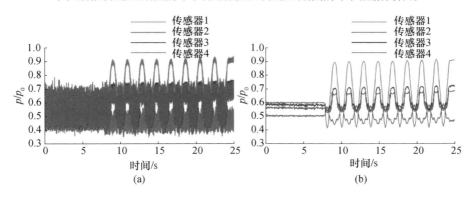

图 11.84　动态压力情况(控制开关初始开度为 30%,NPR=5,

矢量控制器频率为 0.520Hz)

(a) 原始的动态压力数据;(b) 低通滤波后的动态压力数据。

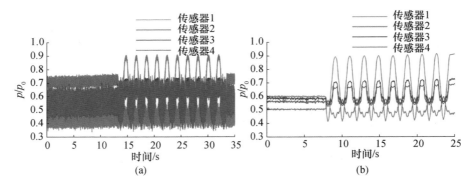

图 11.85　动态压力情况（初始控制开关开度为 50%，NPR = 5，
矢量控制器频率为 0.520Hz）

（a）原始的动态压力数据；（b）低通滤波后的动态压力数据。

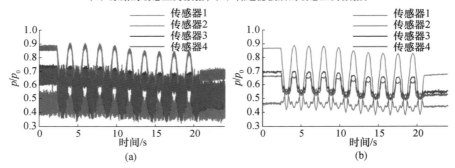

图 11.86　动态压力情况（初始控制开关开度为 80%，NPR = 5，
矢量控制器频率为 0.520Hz）

（a）原始的动态压力数据；（b）低通滤波后的动态压力数据。

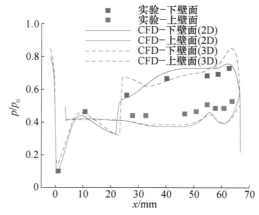

图 11.90　实验与数值模拟压力对比（NPR = 10）

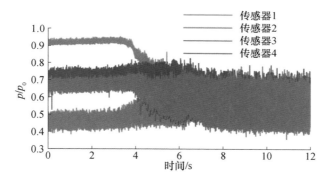

图 11.92　矢量调节过程中的动态压力原始数据(NPR = 10)

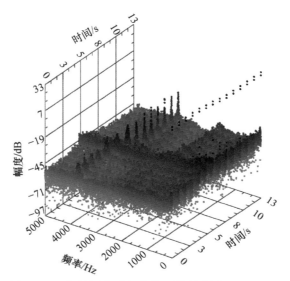

图 11.93　矢量调节过程中的三维谱阵图(NPR = 10)

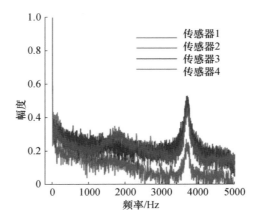

图 11.94　最大矢量状态下频谱分析图（NPR = 10）

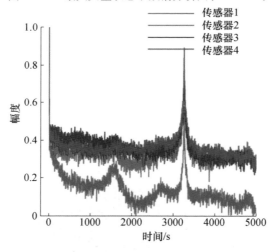

图 11.95　无矢量状态下频谱分析图（NPR = 10）

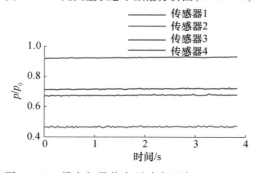

图 11.96　最大矢量状态下动态压力（NPR = 10）

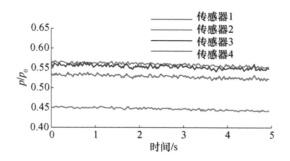

图 11.97　无矢量状态下动态压力(NPR = 10)

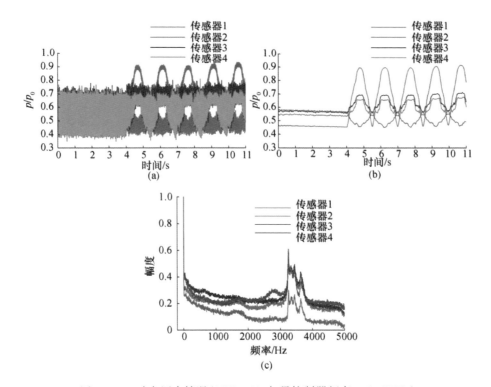

图 11.98　动态压力情况(NPR = 10,矢量控制器频率 = 0.677Hz)

(a)原始的动态压力数据;(b)低通滤波后的动态压力数据;(c)频谱分析。

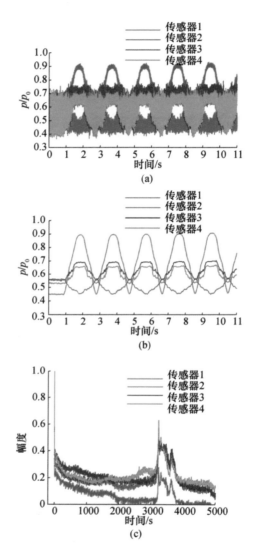

图 11.99　动态压力情况(NPR = 10,矢量控制器频率为 0.520Hz)

(a)原始的动态压力数据;(b)低通滤波后的动态压力数据;(c)频谱分析。

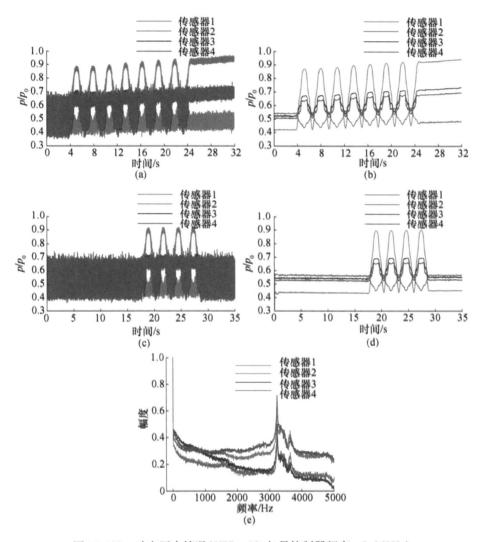

图 11. 100　动态压力情况(NPR = 10,矢量控制器频率 = 0. 363Hz)

(a) 原始的动态压力数据 1;(b) 低通滤波后的动态压力数据 1;(c) 原始的动态压力数据 2;

(d) 低通滤波后的动态压力数据 2;(e) 频域分析。

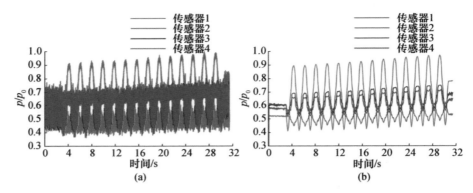

图 11.101　动态压力情况（控制开关初始开度为 30%，NPR = 10，
矢量控制器频率 = 0.520Hz）

（a）原始的动态压力数据；（b）低通滤波后的动态压力数据。

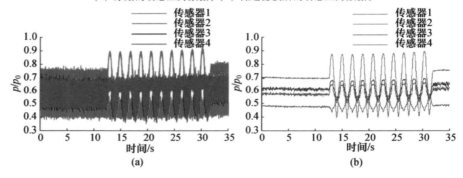

图 11.102　动态压力情况（控制开关初始开度为 50%，NPR = 10，
矢量控制器频率 = 0.520Hz）

（a）原始的动态压力数据；（b）低通滤波后的动态压力数据。

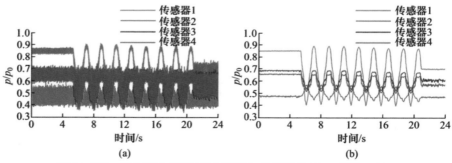

图 11.103　动态压力情况（控制开关初始开度为 80%，NPR = 10，
矢量控制器频率 = 0.520Hz）

（a）原始的动态压力数据；（b）低通滤波后的动态压力数据。